Kfz-Rechnen

Diedrich Lütjen und Manfred Müller,
Berufsschule für Kraftfahrzeugtechnik, Köln

Mit 164 Bildern, 31 Tabellen, 111 Beispielen
und 1892 Aufgaben

B. G. Teubner Stuttgart 1984

Vorwort

Für die Kfz-Technik ist das Fachrechnen ein wesentlicher Bestandteil der Fachtheorie. Praxisbezogene Aufgaben machen Zusammenhänge und Abhängigkeiten der physikalischen Größen deutlich und erfaßbar. Die Aufteilung in Themenbereiche erleichtert die Zuordnung zu den fachkundlichen Themen. Zur Technik des Rechnens gehört vor allem das Formelrechnen, wie es der angehende Kfz-Fachmann zunächst bei der Gesellenprüfung und später zur weiteren Fortbildung im Beruf braucht.

Jeder Themenbereich wird durch einen Informationsteil aufbereitet und durch Aufgaben gefestigt und vertieft. Die Formeln sind jeweils am Schluß der Information in einem gleichbleibenden Schema übersichtlich zusammengestellt. In diese Formeln werden Größen in bevorzugten Einheiten eingesetzt. Diese Einheiten sind durch Fettdruck hervorgehoben.

Mit den durchgerechneten Beispielen wird gleichzeitig ein bestimmtes Lösungsschema vorgegeben. Beim Lösen der Aufgaben sind folgende Erkenntnisse zu beachten: Bei den Rechnungen werden Größengleichungen nach DIN 1313 verwendet. Die einzusetzenden Werte und zu berechnenden Lösungen sind meist physikalische Größen. Darum müssen neben den Zahlenwerten auch die gesetzlichen Einheiten eingesetzt werden.

Wiederholungsaufgaben am Ende des Buches können zu Prüfungsvorbereitungen herangezogen werden.

Fur Kritik und Anregungen sind Verfasser und Verlag dankbar.

Köln, im Sommer 1984 Die Verfasser

CIP-Kurztitelaufnahme der Deutschen Bibliothek

Metallfachrechnen. — Stuttgart : Teubner
6. Kfz-Rechnen / von Diedrich Lutjen u. Manfred
Muller. — 1984.
ISBN-13: 978-3-519-06721-4 e-ISBN-13: 978-3-322-87197-8
DOI: 10.1007/978-3-322-87197-8

NE: Lutjen, Diedrich [Mitverf.]

Gesamtherstellung: Passavia Druckerei GmbH, Passau
Umschlaggestaltung: W. Koch, Sindelfingen

Inhaltsverzeichnis

1 Rechnen mit Formeln

1.1 SI-Einheitensystem

In der Naturwissenschaft und Technik, im Handel und in der Wirtschaft werden bei meßbaren Größen Einheiten verwendet, die in einem Einheitensystem überschaubar zusammengefaßt sind. Das moderne Einheitensystem ist ein internationales Einheitensystem. Nach der
französischen Bezeichnung „Système International d'Unités" lautet die Abkürzung SI.
Die Anwendung bestimmter gesetzlicher Einheiten ist durch Rechtsverordnung vorgesehen
bzw. zugelassen.

Basiseinheiten. Als Grundlage für das SI-System sind für sieben Basisgrößen entsprechende Basiseinheiten festgelegt. Basiseinheiten können untereinander nicht durch Einheitengleichungen verbunden werden.

Tabelle 1.1   Basiseinheiten

Basisgröße	Einheiten-zeichen	Einheitenname
Länge	m	das Meter
Masse	kg	das Kilogramm
Zeit	s	die Sekunde
Stromstärke	A	das Ampere
Temperatur	K	das Kelvin
Lichtstärke	cd	die Candela
Stoffmenge	mol	das Mol

> Basiseinheiten heißen SI-Einheiten.

Abgeleitete SI-Einheiten. Das SI-System wird erweitert, indem man aus den Basiseinheiten durch Produkten- oder Quotientenbildung neue Einheiten ableitet. Zahlenwerte
müssen dabei immer gleich 1 sein.

> Abgeleitete SI-Einheiten heißen auch SI-Einheiten (Zahlenwert immer gleich 1).

Beispiele

$$1\,m \cdot 1\,m = 1\,m^2$$
$$1\,m \cdot 1\,m \cdot 1\,m = 1\,m^3$$
$$1\,m \cdot 1/s = 1\,m/s$$
$$1\,m \cdot 1/s^2 = 1\,m/s^2$$
$$1\,kg \cdot 1\,m \cdot 1/s^2 = 1\,kgm/s^2$$
$$1\,kg \cdot 1/m^3 = 1\,kg/m^3$$

Tabelle 1.2   Abgeleitete SI-Einheiten (Auswahl)

Name	Einheiten-zeichen	Einheiten-gleichungen
Joule	J	$1\,J = 1\,Nm = 1\,Ws$
Newton	N	$1\,N = 1\,kgm/s^2$
Pascal	Pa	$1\,Pa = 1\,N/m^2$
Grad Celsius	°C	$1\,°C = 1\,K$
Ohm	Ω	$1\,Ω = 1\,V/A$
Volt	V	$1\,V = 1\,W/A$
Watt	W	$1\,W = 1\,J/s$

Zusätzliche gesetzliche Einheiten. Für jede physikalische Größe gibt es nur eine einzige SI-Einheit, aber mehrere weitere gesetzliche Einheiten.

> Zu den gesetzlichen Einheiten gehören alle SI-Einheiten und alle durch Rechtsver-
> ordnung zugelassenen Vielfachen oder Teile von Einheiten, wenn in den zugehörigen
> Einheitengleichungen der Zahlenwert nicht gleich 1 ist.

Aus allen SI-Einheiten können durch Vorsatzzeichen neue Einheiten gebildet werden. Sie
stellen dann dezimale Vielfache oder dezimale Teile der Grundeinheiten dar. Da beim Um-
rechnen in den Einheitengleichungen Zahlenfaktoren entstehen, die nicht gleich 1 sind,
gehören diese neuen Einheiten nicht zu den SI-Einheiten. Sie sind jedoch gesetzliche
Einheiten.

Tabelle 1.3   Vorsätze und Vorsatzzeichen (Auswahl)

	Vorsatz	Vorsatzzeichen	Faktor	als Potenz	Beispiele Bezeichnung	Einheitengleichungen
Vielfache	Mega	M	1 000 000	10^6	Meganewton	1 MN $= 10^6$ N $= 1 000 000$ N
	Kilo	k	1 000	10^3	Kilowattstunde	1 kWh $= 10^3$ Wh $= 1 000$ Wh
	Hekto	h	100	10^2	Hektoliter	1 hl $= 10^2$ l $= 100$ l
	Deka	da	10	10^1	Dekanewton	1 daN $= 10^1$ N $= 10$ N
Teile	Dezi	d	1/10	10^{-1}	Dezimeter	1 dm $= 10^{-1}$ m $= 0,1$ m
	Centi	c	1/100	10^{-2}	Centimeter	1 cm $= 10^{-2}$ m $= 0,01$ m
	Milli	m	1/1 000	10^{-3}	Millibar	1 mbar $= 10^{-3}$ bar $= 0,001$ bar
	Mikro	μ	1/1 000 000	10^{-6}	Mikrofarad	1 μF $= 10^{-6}$ F $= 0,000 001$ F

Tabelle 1.4   Nichtdezimale Vielfache oder Teile von SI-Einheiten

Größe	Einheitenname	Einheitenzeichen	Einheitengleichungen
Winkel	Grad		$1° = 60' = 3600''$
	Minute	'	$1/60° = 1' = 60''$
	Sekunde	''	$1/3600° = 1/60' = 1''$
Zeit	Minute	min	$1/60$ h $= 1$ min $= 60$ s
	Stunde	h	1 h $= 60$ min $= 3600$ s
	Tag	d	24 h $= 1$ d

> Bei den Einheiten für Zeit- und Winkelmaße dürfen keine Vorsatzzeichen benutzt werden. Eine Ausnahme bildet die Zeitsekunde (Beispiel: Millisekunde ms).

Tabelle 1.5   Besondere Eigennamen und Einheitenzeichen

Größe	Einheitenname	Einheitenzeichen	Einheitengleichungen	Besondere Namen
Volumen	Liter	l	1 l $= 1$ dm^3 $= 1/1000$ m^3	Liter für 1 dm^3
Masse	Tonne	t	1 t $= 1000$ kg $= 1$ Mg	Tonne für 1 Mg
Druck	Bar	bar	1 bar $= 100 000$ Pa $= 10^5$ Pa $=$	Bar für 0,1 MPa
			$= 0,1$ MPa $= 0,1$ MN/m^2 $=$	
			$= 10$ N/cm^2 $= 1$ daN/cm^2	
Fläche	Ar	a	1 a $= 100$ m^2	Anwendung nur bei
	Hektar	ha	1 ha $= 100$ a $= 10 000$ m^2	Grund- und Flurstücken

Besondere Regeln

– Zur Bezeichnung eines dezimalen Vielfachen oder dezimalen Teiles einer Einheit darf nur ein Vorsatz benutzt werden. Bei zusammengesetzten Einheiten steht nur bei einer Einheit ein Vorsatz.

– Die Basiseinheit kg hat bereits den Vorsatz Kilo (Sonderfall). Abgeleitete neue Einheiten werden nur durch den Vorsatz bei Gramm gebildet.

– Keine weiteren Vorsätze dürfen bei Flächeneinheiten (mm², cm², dm², km²) und bei Volumeneinheiten (mm³, cm³, dm³) verwendet werden, weil sie leicht zu Mißverständnissen führen können.

– Keine Vorsätze sind bei Winkel- und Zeiteinheiten zugelassen, ausgenommen die Basiseinheit Sekunde.

– Keine Vorsätze sind bei Grad Celsius (°C) üblich.

> Nicht alle gesetzlichen Einheiten sind SI-Einheiten, aber alle SI-Einheiten gehören zu den gesetzlichen Einheiten.

1.2 Größen, Formelzeichen, Einheiten

Größengleichungen

Zahlen in Verbindung mit Gegenständen oder Begriffen geben an, wie oft z. B. ein Gegenstand vorhanden ist. Solche Bezeichnungen heißen benannte Größen. Benannte Größen sind in der Regel Mengenangaben.

$$3\ \text{Tische} = 3 \cdot 1\ \text{Tisch}$$

Benannte Größe = Zahlenwert · Benennung

Beispiele 5 Bücher, 20 DM, 8 %, 4 Stück Zucker, 2 Dutzend

Physikalische Größen. Im Bereich der Physik und der Technik werden Zahlen in Verbindung mit Einheiten verwendet. Nach DIN 1313 heißen solche Angaben physikalische Größen. Physikalische Größen sind Mengenangaben.

$$120\ \text{km/h} = 120 \cdot 1\ \text{km/h}$$

Physikalische Größe = Zahlenwert · Einheit

Beispiele 4 m, 32 bar, 110 Nm, 6 h, 80 kW, 12 m/s, 4200 1/min

Formelzeichen. Für physikalische Größen gibt es Ersatzzeichen (Symbolbuchstaben). Sie sind in DIN 1304 zusammengefaßt und heißen Formelzeichen. Also gilt:

Formelzeichen = Zahlenwert · Einheit

Beispiele l für Länge, m für Masse, F für Kraft, p_e für Überdruck, F_G für Gewichtskraft

Formeln. Mit Hilfe der Formelzeichen werden gesetzmäßige Abhängigkeiten und Beziehungen in Formeln ausgedrückt. Jedes Formelzeichen in der Formel ist ein Symbol für eine Größe, meist für eine physikalische Größe.

Formeln sind Größengleichungen.

Einheitengleichungen

Eine physikalische Größe kann man fast immer in mehreren Einheiten angeben. Die zahlenmäßigen Beziehungen entnimmt man den Einheitengleichungen.

Einheitengleichungen geben zahlenmäßige Beziehungen zwischen verschiedenen Einheiten an, die jedoch alle für eine Größe gelten. Einheiten und Formelzeichen dürfen niemals verwechselt werden.

Beispiele $1\ \text{m} = 1000\ \text{m}$, $1\ \text{h} = 3600\ \text{s}$, $1\ \text{W} = 1\ \text{Nm/s} = 1\ \text{kgm}^2/\text{s}^3$

Die Einheiten sind in DIN 1301, ihre Schreibweisen in DIN 1313 festgelegt. Bei den Einheiten unterscheidet man folgende Schreibweisen und Verwendungsarten:

Einheiten	Beispiele
in Einheitengleichungen	$1\ \text{l} = 1\ \text{dm}^3 = 1000\ \text{cm}^3$ $1\ \text{daN} = 10\ \text{N} \approx 9{,}81\ \text{N} \approx 9{,}80665\ \text{kgm/s}^2$
als Teil der physikalischen Größe	$30\ \dfrac{\text{m}}{\text{s}} = 30\ \text{m/s}$
in Verbindung mit Formelzeichen	M in Nm $[M] = \text{N} \cdot \text{m} = \text{Nm}$

Einheiten werden nie in eckige Klammern gesetzt. In Einheitengleichungen setzt man Formelzeichen in eckige Klammern. Dadurch wird angezeigt, daß die Einheit der betreffenden Größe gemeint ist.

1.3 Grundregeln beim Formelrechnen

Zweck des Formelumstellens. Durch Umstellen einer Formel gewinnen wir die Formel für die vorliegende Aufgabe. Dabei beachten wir grundsätzlich: Das gesuchte Formelzeichen (Größe)

- steht nach dem Umstellen auf einer Formelseite allein,
- steht zum Schluß immer auf der linken Seite,
- steht nie im Nenner eines Bruches,
- hat in der Endgleichung kein Minuszeichen.

Bei den einzelnen Rechenoperationen zum Formelumstellen muß folgende Grundregel unbedingt beachtet werden:

> Jeder Rechenvorgang rechts vom Gleichheitszeichen muß in der gleichen Weise auch links vom Gleichheitszeichen durchgeführt werden (bzw. umgekehrt).

Beispiele $A = l \cdot b$ $\quad l = \dfrac{A}{b}$ $\quad$ (beide Seiten geteilt durch b)

$\qquad\qquad v = \dfrac{s}{t}$ $\quad s = v \cdot t$ $\quad$ (beide Seiten mal t)

Lösungsschema. In einer „Fachrechenaufgabe" ist die Ausgangsformel fast immer Ausgangspunkt für den Lösungsgang. Der Lösungsgang beginnt in der Regel damit, daß die Aufgabe vom Text „entkleidet" wird. Wir suchen die gesuchte Größe und die gegebenen Größen heraus und schreiben sie mit Formelzeichen, Zahlenwerten und Einheiten untereinander.

Beispiel Ein gefüllter zylindrischer Behälter enthält 50,6 l Kraftstoff. Der Durchmesser des Behälters beträgt 283 mm. Berechnen Sie die Behälterhöhe in cm nach der Formel

$$V = \frac{d^2 \cdot \pi}{4} \cdot h = d^2 \cdot 0{,}785 \cdot h$$

Ges. h in cm

Geg. $V = 50{,}6\,l\ = 50\,600\,\text{cm}^3$
$\qquad d = 283\,\text{mm} = 28{,}3\,\text{cm}$

Lös. $h = \dfrac{V}{d^2 \cdot 0{,}785}$

$\qquad h = \dfrac{50\,600\,\text{cm}^3}{28{,}3\,\text{cm} \cdot 28{,}3\,\text{cm} \cdot 0{,}785}$

$\qquad h = \mathbf{80{,}5\,cm}$

Kurzform der Aufgabe. Gegebene Größen in der passenden Einheit angeben.

Lösungsgang. Auch beim Rechnen mit dem elektronischen Taschenrechner sollte man sich merken:

a) Ausgangsformel hinschreiben,
b) Zahlenwerte und Einheiten bzw. Schlußeinheit einsetzen, ausrechnen,
c) Antwort zweimal unterstreichen (im Buch fett gedruckt).

(Randbeschriftungen zum Lösungsschema: Ausgangsformel (umgestellt) — Werte einsetzen — Antwort unterstreichen)

> Bei einer Aufgabe kann fast immer die Frage „Was wird gesucht?" am schnellsten beantwortet werden. Deshalb schreibt man beim Lösungsgang zuerst hin: Ges. oder Gesucht.

Wiederholungsaufgaben zum Formelrechnen finden Sie in Abschnitt 12.1.1 und 12.1.2.
Zum erfolgreichen fachlichen Rechnen mit Formeln gehören

- gute Kenntnisse der Formeln und Einordnung in die Fachgebiete,
- vollständige Beherrschung der Grundrechenarten und des Formelumstellens,
- sicheres Kennen der Formelzeichen,
- klare Übersicht über die üblichen Einheiten und ihre Umrechnungen.

2 Motor

2.1 Verbrennungsraum

2.1.1 Hubvolumen

Das Hubvolumen V_h (Hubraum) ist der Rauminhalt eines einzelnen Motorzylinders zwischen den Totpunkten OT und UT.

Der Zylinderraum wird wie das Volumen einer Rundsäule berechnet.

Volumen = Grundfläche mal Höhe

In diese Grundformel werden Formelzeichen für folgende Fachbegriffe eingesetzt (2.1):

- für die Grundfläche die Zylinderquerschnittsfläche A,
- als Durchmesser der Zylinderbohrungsdurchmesser d,
- als Höhe der Kolbenhub s,
- als Zylindervolumen das Hubvolumen V_h.

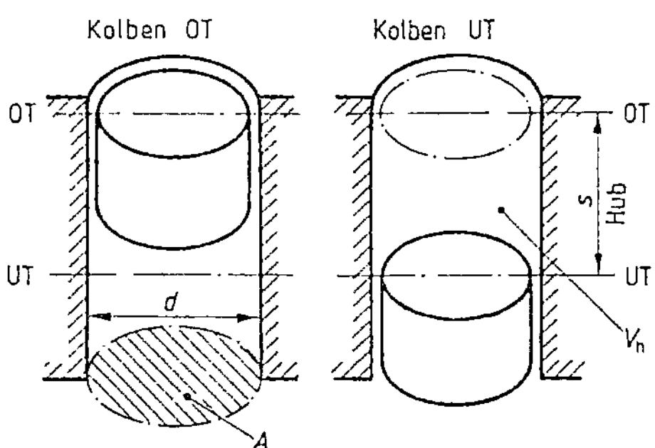

2.1 Hubvolumen (schematisch)

Bei Mehrzylindermotoren multipliziert man das Hubvolumen V_h des Einzelzylinders mit der Zylinderzahl z. Dadurch erhält man für alle Zylinder den Gesamthubraum als Motorhubvolumen V_H.

Grundformeln	Formelzeichen		Einheiten	
		Bedeutung	SI	weitere gesetzl.
Zylinderquerschnitt	A	Zylinderquerschnittsfläche	m²	mm², **cm²**
$A = \dfrac{d^2 \cdot \pi}{4}$ $\qquad A = d^2 \cdot 0{,}785$	d	Durchmesser der Zylinderbohrung (kurz: Bohrung)	m	mm, **cm**
	V_h	Hubvolumen (1 Zylinder)	m³	**cm³**
Hubvolumen (Einzylinder)	V_H	Motorhubvolumen (alle Zylinder)	m³	**cm³**, l, dm³
$V_h = A \cdot s$	s	Kolbenhub, Hub	m	mm, **cm**
Motorhubvolumen	z	Zylinderzahl	—	—
$V_H = V_h \cdot z$ $\qquad V_H = A \cdot s \cdot z$				
$V_H = d^2 \cdot 0{,}785 \cdot s \cdot z$				Fettdruck = bevorzugte Einheit

Um die Antwort für V_h oder V_H in cm³ zu erhalten, müssen die Werte für s und d immer in cm und der Wert für A in cm² eingesetzt werden. Es gilt die Einheitengleichung

$$1000 \text{ cm}^3 = 1 \text{ dm}^3 = 1 \text{ l}$$

Für die verschiedenen Rechenarten wählt man die passende Form der Formel aus.

- Formelumstellen $\qquad\qquad\qquad\qquad V_H = A \cdot s \cdot z$

- Tabellenrechnen $\qquad\qquad\qquad\qquad V_H = \dfrac{d^2 \cdot \pi}{4} \cdot s \cdot z$

- Elektronischer Rechner oder schriftliches Ausrechnen $\quad V_H = d^2 \cdot 0{,}785 \cdot s \cdot z$

10

Beispiel Ein Fünfzylinder hat eine Bohrung von 79,5 mm und einen Hub von 86,4 mm. Berechnen Sie das Hubvolumen in cm³ und in l (beide Antworten mit drei Dezimalstellen).

Ges. V_H in cm³ und in l

Geg. $z = 5$, $d = 79,5$ mm $= 7,95$ cm, $s = 86,4$ mm $= 8,64$ cm

Lös. $V_H = d^2 \cdot 0,785 \cdot s \cdot z$
$V_H = 7,95$ cm $\cdot$ 7,95 cm $\cdot$ 0,785 $\cdot$ 8,64 cm $\cdot$ 5
$V_H = \mathbf{2143,323}$ cm³ $= \mathbf{2,143}$ l

Aufgaben

1. Beschreiben Sie in Stichworten den Fachbegriff Hubvolumen. Geben Sie die Begrenzungen an.

2. Erklaren Sie den Unterschied zwischen V_h und V_H.

3. Zeigen Sie schriftlich, woraus die Zahl 0,785 entstanden ist und weshalb sie in die Formel $A = d^2 \cdot 0,785$ hineingehort.

4. Stellen Sie alle Grundformeln zum Thema Hubvolumen schrittweise nach allen vorkommenden Großen um.

5. Warum wird beim Hubvolumen nicht mit dem Kolbendurchmesser gerechnet?

6. Warum sollen in die Hubvolumenformel die entsprechenden Werte in cm bzw. in cm² eingesetzt werden?

7. Ein Vierzylinder-Viertaktmotor hat eine Bohrung von 83 mm und einen Hub von 69 mm. Wie groß ist das Motorhubvolumen V_H?

8. Berechnen Sie das Motorhubvolumen eines Vierzylindermotors. Die Zylinderbohrung betragt 77 mm, der Hub 68 mm.

9. Von einem Sechszylindermotor mit einer Bohrung von 72 mm und einem Hub von 75 mm ist das Motorhubvolumen zu berechnen.

10. Der Vierzylindermotor eines Pkw hat eine Zylinderbohrung von 77 mm und einen Hub von 64 mm. Berechnen Sie das Motorhubvolumen in l.

11. Bestimmen Sie das Hubvolumen in cm³ von einem Einzylinder-Zweitaktmotor. Die Bohrung betragt 39 mm, der Hub 41,8 mm.

12. Folgende Daten gehoren zu einem Lkw-Motor: Bohrung 115 mm, Hub 140 mm, Zylinder 6. Berechnen Sie V_h in l.

14. Wie groß ist der Hub in mm bei einem Sechszylindermotor mit 110 mm Bohrungsdurchmesser und 7,983 l Motorhubvolumen?

15. Die technischen Daten eines Pkw-Motors: Gesamthubvolumen 1191,69 cm³, Hub 64 mm, Zylinder 4. Wie groß ist d?

16. Berechnen Sie von einem Sechszylindermotor das Motorhubvolumen in cm³ und in l. Die Bohrung beträgt 105 mm, der Hub 130 mm

17. Das Motorhubvolumen eines Sechszylinder-Dieselmotors betragt 10,81 l. Bestimmen Sie den Hub, wenn fur die Bohrung 128 mm gemessen werden.

18. Ein Sechszylinder-Pkw hat ein Gesamthubvolumen von 2,497 l und einen Hub von 78,7 mm. Berechnen Sie den Durchmesser der Zylinderbohrung in mm.

19. Ein Sechszylinder-Lkw hat ein Gesamthubvolumen von 7,127 l und einen Hub von 125 mm. Berechnen Sie den Durchmesser der Zylinderbohrung.

20. Bestimmen Sie den Hub eines Dieselmotors mit folgenden Daten: Motorhubvolumen 9,5 l, Bohrung 120 mm, Anzahl der Zylinder 6.

21. Ein Dieselmotor mit sechs Zylindern hat Laufbuchsen mit 128 mm Bohrung. Der Hub beträgt 130 mm. Wie groß ist das Motorhubvolumen in cm³ und in l?

22. Von einem Vierzylindermotor mit 1,765 l Motorhubvolumen und einem Hub von 76 mm ist der Durchmesser der Zylinderbohrung zu berechnen.

23. Ein Sechszylindermotor hat bei einer Zylinderbohrung von 85 mm ein Motorhubvolumen von 2,6 l. Berechnen Sie s in mm.

13. Berechnen Sie die fehlenden Großen.

	a)	b)	c)	d)	e)	f)	g)	h)
d in mm	76,5	?	?	79	79,5	?	87	90,03
s in mm	?	73,4	58,86	?	86,4	76,95	69,8	?
V_h in cm³	?	?	357,57	411,53	?	498,02	?	425,03
z	4	4	4	4	?	4	6	?
V_H in l	1,47	1,297	?	?	2,143	?	?	2,55

2.1.2 Verdichtungsverhältnis

Verbrennungsraum nennt man den Raum oberhalb des Kolbens (DIN 1940). Bei laufendem Motor ändert sich ständig das Volumen des Verbrennungsraums (2.2):

- größter Verbrennungsraum (Kolben UT) $\hat{=}$ $V_h + V_c$ $\hat{=}$ $8 + 1 = 9$ Volumenteile
- kleinster Verbrennungsraum (Kolben OT) $\hat{=}$ V_c (Verdichtungsvolumen) $\hat{=}$ 1 Volumenteil
- Verhältnisbildung $\dfrac{\text{größter Verbrennungsraum}}{\text{kleinster Verbrennungsraum}} \hat{=} \dfrac{V_h + V_c}{V_c} \hat{=} \dfrac{8 + 1}{1} = 9 : 1 = 9$

Das Verhältnis $\dfrac{V_h + V_c}{V_c}$ bezeichnet man als Verdichtungsverhältnis oder Verdichtung ε (epsilon).

$$\varepsilon = \frac{V_h + V_c}{V_c}$$

Einheit: keine

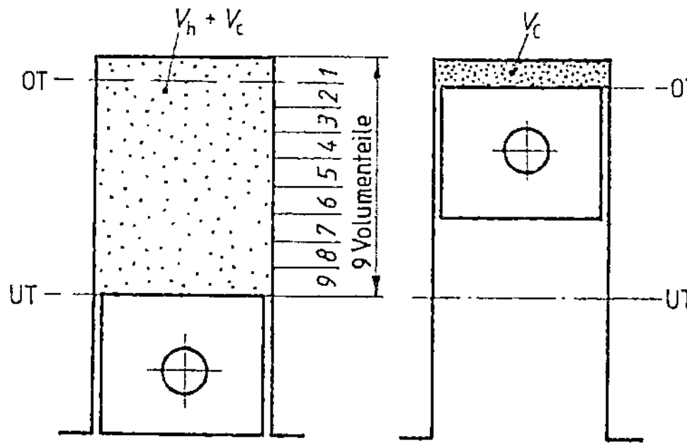

2.2 Größter und kleinster Verbrennungsraum bei $\varepsilon = 9$

Der Kennwert ε wird zum Vergleich von Motoren herangezogen. Übliche Verdichtungswerte:

Ottomotoren	$\varepsilon =$ 6 bis 11
Dieselmotoren	$\varepsilon =$ 12 bis 24

Das Verhältnis $\dfrac{V_h + V_c}{V_c}$ stellt eine Divisionsaufgabe dar. Den Wert dieser Division bezeichnet man als Verdichtung ε. Diese gibt an, auf den wievielten Teil das eingeströmte Frischgas im Verdichtungstakt komprimiert wird. Bei $\varepsilon = 9$ wird z. B. das Frischgas beim Verdichten auf den 9. Teil des Anfangsvolumens zusammengedrückt (2.2).

Grundformel	Formelzeichen		Einheiten	
		Bedeutung	SI	weitere gesetzl.
Verdichtungsverhältnis oder Verdichtung $$\varepsilon = \frac{V_h + V_c}{V_c}$$	ε	Verdichtung	—	—
	V_h	Hubvolumen (für 1 Zylinder)	m^3	cm^3, mm^3, dm^3, l
	V_c	Verdichtungsvolumen (für 1 Zylinder)	m^3	cm^3, mm^3, dm^3, l
				Fettdruck = bevorzuge Einheit

Die Verdichtung wird als reiner Zahlenwert (ohne Einheit) angegeben. Die in die Verdichtungsformel einzusetzenden Werte beziehen sich stets auf 1 Zylinder.

Beispiel Von einem Vierzylindermotor ist $V_H = 1{,}584$ l berechnet worden. Die Verdichtung ist mit $\varepsilon = 8$ angegeben. Berechnen Sie das Verdichtungsvolumen des Zylinders in cm^3.

Hinweis In die Verdichtungsformel ist immer V_h in cm^3 einzusetzen.

$$V_h = \frac{V_H}{z} = \frac{1584 \text{ cm}^3}{4} = 396 \text{ cm}^3$$

Ges. V_c in cm^3

Geg. $V_h = 396$ cm³, $\varepsilon = 8$

Lös. $V_c = \dfrac{V_h}{\varepsilon - 1} = \dfrac{396 \text{ cm}^3}{8 - 1} = \mathbf{56{,}6 \text{ cm}^3}$

2.1.3 Hubverhältnis

Für den Vergleich der Motoren verwendet man manchmal das Hub-Bohrungsverhältnis, kurz Hubverhältnis genannt (2.3). Das Hubverhältnis ist der Wert einer Division und wird als reiner Zahlenwert angegeben.

$$\text{Hubverhältnis } \frac{s}{d} = \frac{\text{Hub}}{\text{Zylinderbohrung}}$$
Einheit: keine

Tabelle 2.3 Hubverhältnis

$\frac{s}{d} > 1$	Langhubmotor
$\frac{s}{d} < 1$	Kurzhubmotor
$\frac{s}{d} = \frac{1}{1} = 1$	wird den Kurzhubmotoren zugerechnet

Aufgaben

1. Begründen Sie die Forderung, in die Verdichtungsformel nur die Werte eines einzelnen Zylinders einzusetzen. Warum wird die Einheit cm³ bevorzugt?

2. Warum kann man in der Grundform der Verdichtungsformel nicht V_c im Nenner gegen V_c im Zähler kürzen?

3. Stellen Sie die Grundform der Verdichtungs- so um, daß Sie V_c kürzen können.

4. Stellen Sie die Verdichtungsformel in Einzelschritten zuerst nach V_h und dann nach V_c um.

5. Berechnen Sie die Verdichtung. Das Hubvolumen des Einzelzylinders ist mit 385,84 cm³ angegeben. Das Auslitern des Verdichtungsraums ergibt 45,39 cm³.

6. Für einen Zylinder ergibt sich ein Hubvolumen von 457,5 cm³. Das Verdichtungsvolumen beträgt 59,42 cm³. Wie groß ist ε?

7. Von einem Vierzylinder-Motorrad liegen folgende Daten vor: Hubvolumen eines Zylinders 249,86 cm³, Verdichtungsvolumen 30,47 cm³. Berechnen Sie die Verdichtung.

8. Der Verdichtungsraum wurde mit 63,13 cm³ ausgelitert. Für das Hubvolumen eines Zylinders wird 492,4 cm³ eingesetzt. Wie groß ist die Verdichtung?

9. Bohrung 93 mm, Hub 68,5 mm, Verdichtungsvolumen 56,72 cm³. Berechnen Sie ε und s/d.

10. Die fehlenden Größen sind zu bestimmen.

11. Für einen Geländewagen ist ein Motorhubvolumen von 3528,848 cm³ errechnet worden. Berechnen Sie für diesen Achtzylinder-V-Motor die Verdichtung. Das Auslitern ergab 52,827 cm³.

12. Der Vierzylinder-Boxermotor eines Sportwagens hat ein Motorhubvolumen von 1,679 l. Das Verdichtungsvolumen eines Zylinders beträgt 58,3 cm³. Wie groß ist die Verdichtung?

13. Von einem Vierzylinder-Pkw ist das Verdichtungsvolumen von 39,632 cm³ für einen Zylinder gegeben. Das Verdichtungsverhältnis beträgt 7,8 : 1.
a) Berechnen Sie V_h in cm³ und V_H in l.
b) Wie groß ist die Bohrung, wenn der Hub 76,2 mm beträgt?
c) Liegt ein Langhub- oder ein Kurzhubmotor vor?

14. Ein Sportwagen hat eine Bohrung von 95 mm und einen Hub 70,4 mm. Das Verdichtungsvolumen eines Zylinders beträgt 66,501 cm³. Berechnen Sie die Verdichtung.

15. Für einen Sechszylinder-Boxermotor sind die Bohrung mit 84 mm, der Hub mit 70,4 mm angegeben. Die Verdichtung beträgt 7,5.
a) Wie groß ist das Verdichtungsvolumen eines Zylinders?
b) Berechnen Sie das Motorhubvolumen in l.
c) Bestimmen Sie das Hubverhältnis und ordnen Sie danach den Motor ein.

	d in mm	A in cm²	s in mm	V_h in cm³	V_c in cm³	ε	V_H in l	z	s/d
a)	76,7	?	?	360,204	42,377	?	?	4	?
b)	?	48,99	?	?	?	7,8	1,195	4	?
c)	85	?	70	?	45,118	?	?	4	?
d)	?	?	80	?	16,334	?	1,47	4	?
e)	?	?	92,4	?	30,03	21	?	5	?
f)	?	?	66,8	?	?	8,75	2,55	6	?

2.1.4 Verdichtungsänderung

Erhöhung. Die Leistung des Motors läßt sich durch verschiedene Maßnahmen steigern, z. B. durch Erhöhen der Verdichtung. Den Verdichtungsraum V_c kann man verkleinern.

Verdichtungserhöhung
– durch eine dünnere Kopfdichtung,
– durch Abschleifen des Zylinderkopfes,
– durch neue Kolben mit größerer Kompressionshöhe.

Minderung. Manchmal wird die Verdichtung verkleinert, um andere Kraftstoffe zu benutzen. Der Verdichtungsraum wird dann vergrößert.

Verdichtungsminderung
– durch eine dickere Kopfdichtung,
– durch niedrigere Kolben.

Bei Berechnungen zur Verdichtungsänderung ist es vorteilhaft, die beiden Verdichtungen mit ε_{min} und ε_{max} zu kennzeichnen (nicht mit alt und neu oder mit 1 und 2). Dadurch braucht man nur eine einzige Formel für eine Erhöhung oder Verminderung.

Die Höhenänderung Δh (Delta h) kann berechnet werden, wenn vom Motor der Hub s und die beiden Verdichtungen bekannt sind. Die niedrigere Verdichtung erhält das Formelzeichen ε_{min}, die höhere ε_{max} (2.4).

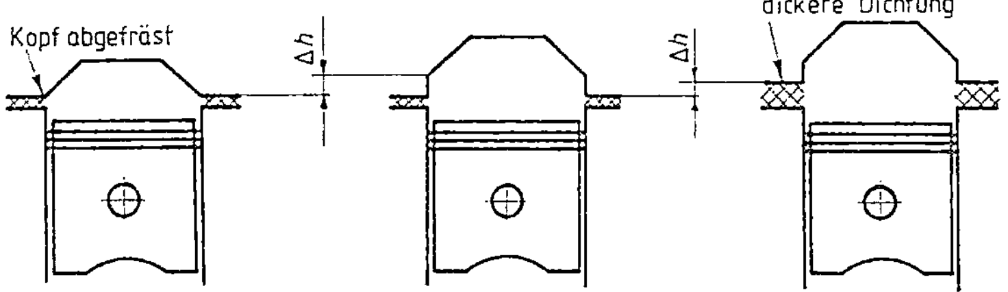

2.4 Verdichtungsänderung

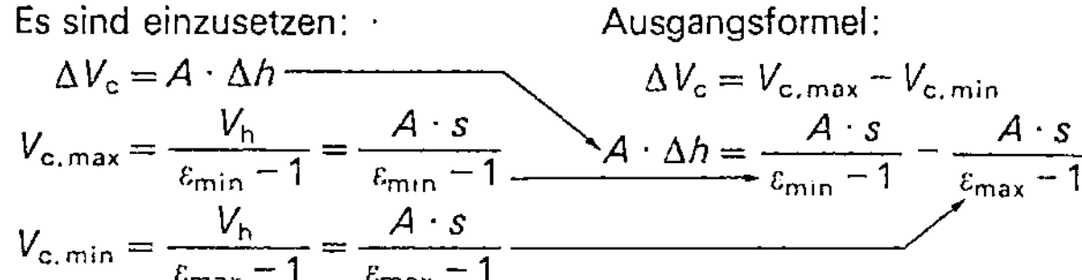

Es sind einzusetzen:

$$\Delta V_c = A \cdot \Delta h$$

$$V_{c.max} = \frac{V_h}{\varepsilon_{min} - 1} = \frac{A \cdot s}{\varepsilon_{min} - 1}$$

$$V_{c.min} = \frac{V_h}{\varepsilon_{max} - 1} = \frac{A \cdot s}{\varepsilon_{max} - 1}$$

Ausgangsformel:

$$\Delta V_c = V_{c.max} - V_{c.min}$$

$$A \cdot \Delta h = \frac{A \cdot s}{\varepsilon_{min} - 1} - \frac{A \cdot s}{\varepsilon_{max} - 1}$$

Endformel:

$$\Delta h = \frac{s}{\varepsilon_{min} - 1} - \frac{s}{\varepsilon_{max} - 1}$$

Beide Gleichungsseiten durch A dividieren.

Grundformeln	Formelzeichen		Einheiten	
		Bedeutung	SI	weitere ges.
Verdichtungsvolumenänderung	$V_{c.max}$	größeres Verdichtungsvolumen	m³	cm³
$\Delta V_c = V_{c.max} - V_{c.min}$	$V_{c.min}$	kleineres Verdichtungsvolumen	m³	cm³
	Δ	Unterschiedsbetrag		
$\Delta V_c = A \cdot \Delta h$	ΔV_c	Differenzwert von $V_{c.max} - V_{c.min}$	m³	cm³
Höhenänderung	Δh	Höhenänderung	m	mm, cm
	A	Querschnittsfläche	m²	cm²
$\Delta h = \dfrac{s}{\varepsilon_{min} - 1} - \dfrac{s}{\varepsilon_{max} - 1}$	s	Hub	m	mm
	ε_{min}	kleinere Verdichtung	—	—
	ε_{max}	größere Verdichtung	—	—

Beispiel Die Verdichtung einer 850er soll von 8,8 auf 9,2 gesteigert werden. Der Hub beträgt 56,4 mm. Wieviel mm muß der Zylinderkopf abgeschliffen werden?

Ges. Δh in mm

Geg. $\varepsilon_{min} = 8,8$; $\varepsilon_{max} = 9,2$; $s = 56,4$ mm

Lös. $\Delta h = \dfrac{s}{\varepsilon_{min} - 1} - \dfrac{s}{\varepsilon_{max} - 1} = \dfrac{56,4}{8,8 - 1}$ mm $- \dfrac{56,4}{9,2 - 1}$ mm $= 0,353$ mm

Aufgaben

1. Durch den Einbau einer dickeren Zylinderkopfdichtung wird der Verdichtungsraum $V_c = 40$ cm³ auf $V_{c,max} = 43$ cm³ vergrößert. Das Hubvolumen beträgt $V_h = 330$ cm³. Wie groß ist die Verdichtung vorher und nachher?

2. Ein Motor hat eine Verdichtung von 7,8. Durch den Einbau einer dünneren Kopfdichtung erhöht sie sich auf 8,1. Der Hub beträgt 92 mm. Bestimmen Sie die Höhenänderung Δh.

3. Bei einem Motorrad mit dem Hubvolumen $V_h = 325$ cm³ wurde der Verdichtungsraum von 39 cm³ auf 35 cm³ verkleinert. Berechnen Sie ε_{min} und ε_{max}.

4. Ein Motor wird in der Leistung gedrosselt. Statt einer 2,1 mm dicken Kopfdichtung wird ein 4,0 mm dicke Dichtung eingebaut. Die Bohrung beträgt 79,5 mm. Um wieviel cm³ wurde der Verdichtungsraum größer?

5. Um wieviel cm³ vergrößert sich der Verdichtungsraum, wenn durch eine dickere Dichtung die Höhenänderung 0,7 mm beträgt? Bohrung 69,9 mm.

6. Ein Motor wird so verändert, daß die Verdichtung $\varepsilon_{min} = 7,8$ um 0,9 erhöht wird. Das ursprüngliche Verdichtungsvolumen betrug 39 cm³. Das Hubvolumen ändert sich nicht. Berechnen Sie V_h und das neue Verdichtungsvolumen.

7. Die Straßenversion eines Rennmotorrads hat folgende technische Daten: $s = 92$ mm, $d = 89,5$ mm, $\varepsilon = 8,8$, $V_c = 74,2$ cm³. Bei der Rennausführung wird ein 1,9 mm höherer Kolben verwendet. Wie groß sind $V_{c,min}$ und ε_{max}?

8. Bei einer 50-cm³-Maschine sind der Hub mit 39,7 mm und das Verdichtungsverhältnis mit 10 : 1 angegeben. Zur Leistungssteigerung wird die Verdichtung auf 10,8 erhöht. Bestimmen Sie die Höhenänderung Δh.

9. Bei einem Motor mit dem Hub von 80 mm wird die Verdichtung von $\varepsilon_{min} = 8,2$ auf $\varepsilon_{max} = 9,0$ geändert. Berechnen Sie die Höhenänderung Δh.

10. Ein Sechszylinder-Motor mit $V_H = 2490$ cm³ wird in der ersten Reparaturstufe von 80 mm auf 80,5 mm aufgebohrt. Der Hub s beträgt 82,6 mm, $\varepsilon = 11,25$. Berechnen Sie V_h und V_c vor der Reparatur und V_h und ε nachher.

11. Die Verdichtung eines Dieselmotors wird durch den Einbau einer dünneren Kopfdichtung von 22,5 auf 24 erhöht. Für den Hub sind 109 mm angegeben. Berechnen Sie die Höhenänderung Δh.

12. Zur Verdichtungsminderung von 9,5 auf 8,7 wird eine neue Dichtung eingebaut. Der Hub beträgt 89,2 mm. Wieviel mm dicker ist die neue Dichtung?

13. Durch den Einbau einer 0,5 mm dickeren Dichtung stieg das Volumen des Verdichtungsraums um 3,25 cm³. Berechnen Sie die Querschnittsfläche des Zylinders.

14. Bei einem Motorrad ist $\varepsilon = 9,5$. Der Hub beträgt 52,4 mm. Um das Motorrad auch mit Normalbenzin fahren zu können, muß die Verdichtung auf 8,2 verkleinert werden. Wieviel mm muß die neue Kopfdichtung dicker sein?

15. Bei einem Pkw wird der Zylinderkopf um 0,6 mm abgeschliffen. Die Zylinderquerschnittsfläche ist mit 56 cm² angegeben. Berechnen Sie die Verdichtungsraumänderung.

16. Ein Kleinkraftrad hat folgende Daten: $d = 40$ mm, $s = 39,7$ mm, $\varepsilon = 10$. Im Verdichtungsraum haben sich 0,5 cm³ Ölkohle und Ruß abgelagert. Bestimmen Sie $V_{c,max}$, $V_{c,min}$, und ε_{max}.

17. Bei einem Kleinmotor wird zur Leistungssteigerung eine dünnere Zylinderkopfdichtung eingebaut. Die neue Dichtung ist 0,3 mm dünner als die alte. Dadurch hat sich V_c von 6,09 cm³ auf 5,85 cm³ verkleinert. Bestimmen Sie ε_{min} und ε_{max}, wenn $V_h = 49,88$ cm³ gegeben ist.

18. Von einem Motor sind $s = 70,5$ mm und $\varepsilon = 8,2$ gegeben. Durch Ausschleifen der Zylinder vergrößert sich die Bohrung von 69,5 mm auf 71,5 mm. Berechnen Sie beide Hubräume und ε_{max}.

19. Durch Ausschleifen der Motorzylinder vergrößert sich die Bohrung von 69 mm auf 71 mm. Berechnen Sie V_h vorher und nachher sowie ε_{max}, wenn $s = 70$ mm und $\varepsilon_{min} = 8$ gegeben sind.

20. Ein Zylinderkopf wird 1,5 mm abgeschliffen. Berechnen Sie den neuen Wert ε_{max} bei $s = 82$ mm und $\varepsilon_{min} = 8,4$ (alter Wert).

2.1.5 Druck in Gasen

Gasmoleküle bewegen sich in einem geschlossenen Raum (z. B. im Verbrennungsraum) mit großer Geschwindigkeit regellos durcheinander. Sie prallen beim Zusammenstoß und beim Auftreffen auf die Innenwandung elastisch zurück (2.5). Auf die Innenwandung werden durch den Aufprall der Moleküle Kräfte ausgeübt.

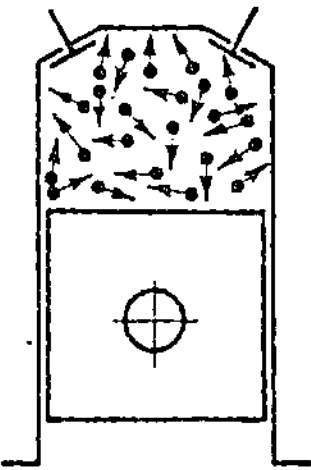

2.5 Gasmoleküle im Verbrennungsraum

> Die Gesamtheit der Gaskräfte, die auf die Kolbenbodenfläche A einwirkt, nennt man Kolbenkraft F. Sie wird in N (Newton) gemessen

In der Technik werden Gaskräfte dadurch ausgedrückt, daß man sie auf die Flächeneinheit von 1 cm² bezieht.

Beispiel Kolbenbodenfläche $A = 52{,}5$ cm², Kolbenkraft $F = 4200$ N

Auf $A = 52{,}5$ cm² wirkt eine Kraft von 4200 N,

auf $A = 1$ cm² wirkt eine Kraft von $\dfrac{4200\ \text{N}}{52{,}5} = 80\ \text{N}$.

> Den Bruch $\dfrac{\text{Kraft}}{\text{Fläche}} = \dfrac{F}{A}$ bezeichnet man als Druck p $\qquad p = \dfrac{F}{A}$ $\qquad$ Einheit: bar

Für den Gasdruck ist als SI-Einheit 1 Pa (Pascal) festgelegt. Da diese Einheit jedoch einem sehr geringen Druck entspricht, wird der Gasdruck meist in bar angegeben.

Einheitengleichungen

$$Pa = 1\ \frac{N}{m^2} \qquad 1\ bar = 1\ \frac{daN}{cm^2} = 10\ \frac{N}{cm^2}$$

1 bar = 1000 mbar (Millibar)

1 bar = 100 000 Pa = 0,1 MPa (Megapascal)

$$1\ bar = 1\ \frac{daN}{cm^2} = 10\ \frac{N}{cm^2} = 0{,}1\ \frac{N}{mm^2} = 100\,000\ \frac{N}{m^2}$$

2.1.6 Überdruck und absoluter Druck

> Der Druck über Null wird bei genauer Bezeichnung absoluter Druck p oder p_{abs} genannt. Einheit: bar
>
> Die atmosphärische Druckdifferenz zwischen dem absoluten Druck p_{abs} und dem Luftdruck $p_{amb} = 1$ bar heißt Überdruck p_e. $\qquad p_e = p_{abs} - p_{amb}$ $\qquad$ Einheit: bar

Im luftleeren Raum (Vakuum) ist der Druck gleich Null.

Bedeutung der angehängten Kennbuchstaben (Indexangaben):

abs $\triangleq$ absolutus $\triangleq$ unabhängig
amb $\triangleq$ ambiens $\triangleq$ umgebend
e $\triangleq$ excedens $\triangleq$ überschreitend

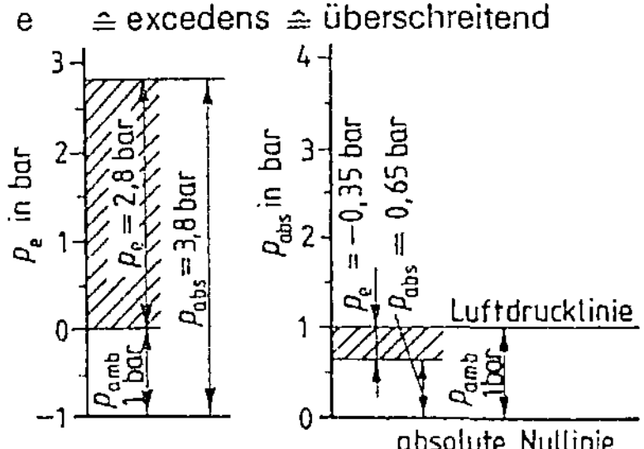

2.6 Überdruck und absoluter Druck

Ist $p_{abs} > 1$, wird der Überdruck p_e als positiv (+) angesehen.

Beispiel $p_{abs} = 3{,}8$ bar (2.6)
$\qquad p_e = p_{abs} - p_{amb} = 3{,}8$ bar $- 1$ bar
$\qquad p_e = \mathbf{2{,}8\ bar}$
(gesprochen: 2,8 bar Überdruck)

Ist $p_{abs} < 1$, erhält der Zahlenwert des Überdrucks ein negatives Vorzeichen ($-$).

Beispiel $p_{abs} = 0{,}65$ bar (2.6)
$\qquad p_e = p_{abs} - p_{amb} = 0{,}65$ bar $- 1$ bar
$\qquad p_e = \mathbf{-0{,}35\ bar}$
(gesprochen: minus 0,35 bar Überdruck)

> Beim Rechnen wird für den Luftdruck (Atmosphärendruck) immer 1 bar eingesetzt.

Grundformeln		Formelzeichen		Einheiten	
		Bedeutung	SI	weitere ges.	
Druck (allgemein) $$p = \dfrac{F}{A}$$ Druck im Motorzylinder $$p_m = \dfrac{F_K}{A} \qquad p_m = \dfrac{F_K}{d^2 \cdot 0{,}785}$$		p, p_m	Druck, mittlerer indizierter Arbeitsdruck	Pa, N/m²	bar, daN/cm²
		F, F_K	Kraft, Kolbenkraft	N	daN, kN
		A	Fläche, Zylinderquerschnittsfläche	m².	cm²
		d	Zylinderdurchmesser	m	cm
				Fettdruck = bevorzugte Einheit	

Beispiel   Die maximale Verbrennungskraft eines Ottomotors beträgt 16 344 N. Der zugehörige maximale Arbeitsdruck ist $p_{max} = 45$ bar. Berechnen Sie den Durchmesser der Zylinderbohrung.

Hinweis   Die Kraft F_K wird in daN umgerechnet, damit A in cm² herauskommt. Die Formel $A = d^2 \cdot 0{,}785$ wird nach $d = \sqrt{\dfrac{A}{0{,}785}}$ umgestellt. Man erhält d in cm. Es ist üblich, den Durchmesser d in mm umzurechnen.

Ges. A in cm² und d in mm

Geg. $F_K = 16 344$ N $= 1634{,}4$ daN, $p_{max} = 45$ bar $= 45 \dfrac{\text{daN}}{\text{cm}^2}$

Lös. $A = \dfrac{F_K}{p_{max}} = \dfrac{1634{,}4 \text{ daN} \cdot \text{cm}^2}{45 \text{ daN}} = 36{,}32 \text{ cm}^2$

$d = \sqrt{\dfrac{A}{0{,}785}} = \sqrt{\dfrac{36{,}32 \text{ cm}^2}{0{,}785}} = 6{,}8 \text{ cm} = 68 \text{ mm}$

Aufgaben

1. Von einem Pkw-Motor ist ein mittlerer indizierter Arbeitsdruck von 6,75 bar gegeben. Die Bohrung beträgt 69,5 mm. Berechnen Sie die zugehörige Kolbenkraft in N.

2. Bei einem Motor beträgt der maximale Arbeitsdruck $p_{max} = 36$ bar. Die Zylinderquerschnittsfläche wird mit 42,99 cm² angegeben. Berechnen Sie die maximale Kolbenkraft.

3. Von einem Motorrad sind bekannt: Durchmesser der Zylinderbohrung 38 mm, mittlere Kolbenkraft 793,8 N. Berechnen Sie die Zylinderquerschnittsfläche und den mittleren Arbeitsdruck.

4. Auf die Zylinderquerschnittsfläche von 37,92 cm² wirkt eine maximale Kolbenkraft von 9,5 kN. Bestimmen Sie den maximalen Arbeitsdruck in bar.

5. Der Motor eines Motorrads hat einen mittleren Arbeitsdruck von 6,7 bar. Die Bohrung beträgt 40 mm. Berechnen Sie die Kolbenkraft.

7. Ein Lkw-Motor hat einen Zylinderdurchmesser von 123 mm. Wie groß ist der mittlere Arbeitsdruck bei einer Kolbenkraft von 9370 N?

8. Berechnen Sie den Bohrungsdurchmesser eines Pkw-Motors. Zu einer Kolbenkraft von 3868,48 N wurde ein mittlerer Arbeitsdruck von 7,7 bar errechnet.

9. Bei einem Motor mit einer Bohrung von 80 mm entsteht ein maximaler Arbeitsdruck von 21 bar. Wie groß ist dann die größte Kolbenkraft in kN?

10. Bei einem Motor werden die Zylinder von 74 mm auf 75,8 mm aufgebohrt. Der alte maximale Arbeitsdruck betrug 40,2 bar. Berechnen Sie den neuen Arbeitsdruck bei gleicher Kolbenkraft.

11. Berechnen Sie für einen Sechszylinder-Pkw bei einem mittleren Arbeitsdruck von 10,88 daN/cm² die mittlere Kolbenkraft. Der Bohrungsdurchmesser beträgt 92 mm.

6. Berechnen Sie die fehlenden Größen in den geforderten Einheiten.

	a)	b)	c)	d)	e)	f)	g)	h)	i)
d	80 mm	82,5 mm	77 mm	79,5 mm	? mm	82 mm	? mm	77 mm	80 mm
A	? cm²	? cm²	? cm²	? cm²	37,92 cm²	?	? cm²	? cm²	? cm²
F_K	4481,4 N	? kN	3,63 kN	? kN	? N	24 kN	7,93 kN	3537 N	? daN
p_m	? bar	36 bar	? bar	7,4 bar	6,78 bar	?	13,5 bar	? bar	7,7 bar

2.1.7 Mittlere Kolbengeschwindigkeit

Die Hin- und Herbewegung des Kolbens wird in eine Kreisbewegung der Kurbelwelle umgeleitet. Eine Kurbelwellenumdrehung entspricht dem zweifachen Hub $= 2 \cdot s$.

Den gleichlangen Abschnitten auf dem Kurbelkreis (0 bis 12) stehen verschieden lange Abschnitte bei den Kolbenstellungen ($0'$ bis $12'$) gegenüber (2.7). Daraus folgt:

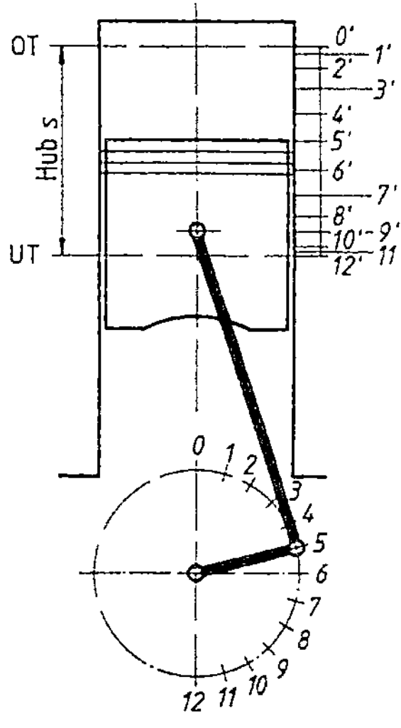

2.7 Mittlere Kolbengeschwindigkeit

Der Kolben durchläuft in gleichen Zeitabschnitten verschieden lange Streckenabschnitte. Die Geschwindigkeit muß sich also dauernd ändern und ist in den Totpunkten sogar 0 m/s. Man rechnet daher mit einer mittleren Kolbengeschwindigkeit.

Formelentwicklung und Beispiel

Geg. Hub $s = 70$ mm, Kurbelwellendrehzahl $n = 4500$ 1/min

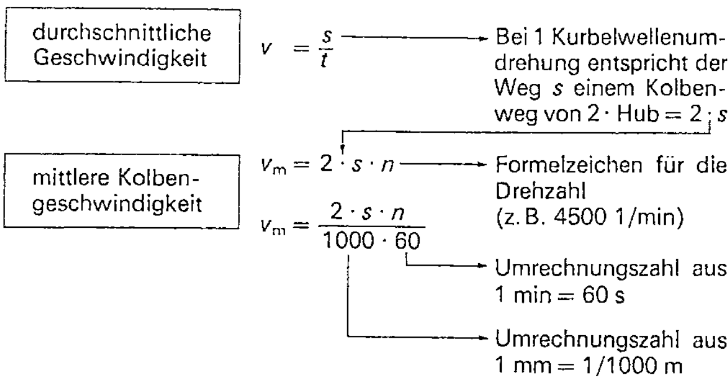

durchschnittliche Geschwindigkeit $\qquad v = \dfrac{s}{t}$ — Bei 1 Kurbelwellenumdrehung entspricht der Weg s einem Kolbenweg von $2 \cdot$ Hub $= 2 \cdot s$

mittlere Kolbengeschwindigkeit

$$v_m = 2 \cdot s \cdot n$$ — Formelzeichen für die Drehzahl (z. B. 4500 1/min)

$$v_m = \frac{2 \cdot s \cdot n}{1000 \cdot 60}$$

Umrechnungszahl aus 1 min $= 60$ s

Umrechnungszahl aus 1 mm $= 1/1000$ m

$$v_m = \frac{2 \cdot 70 \cdot 4500}{1000 \cdot 60} \; \frac{m}{s} = 10,5 \, \frac{m}{s}$$

Grundformel	Formelzeichen		Einheiten	
		Bedeutung	SI	weitere ges.
Mittlere Kolbengeschwindigkeit $$v_m = \frac{2 \cdot s \cdot n}{1000 \cdot 60}$$	v_m s n	mittlere Kolbengeschwindigkeit Hub Drehzahl (Drehfrequenz)	m/s m 1/s Fettdruck = bevorzugte Einheit	—— mm 1/min

In Formeln mit Umrechnungszahlen dürfen nur Zahlenwerte in den vorgeschriebenen Einheiten eingesetzt werden (s. oben).

Den Größtwert der Kolbengeschwindigkeit berechnet man durch eine Näherungsformel. Näherungswert ist der Faktor 1,6. $v_{max} \approx 1,6 \cdot v_m$

Beispiel Der Hub eines Ottomotors beträgt 84,3 mm. Berechnen Sie die Drehzahl bei einer mittleren Kolbengeschwindigkeit von 15,74 m/s.

Hinweis Setzen Sie auch bei der umgestellten Formel nur Zahlenwerte in den vorgeschriebenen Einheiten ein.

Ges. n in 1/min

Geg. $s = 84,3$ mm, $v = 15,74$ m/s

Lös. $n = \dfrac{v \cdot 1000 \cdot 60}{2 \cdot s} = \dfrac{15,74 \cdot 1000 \cdot 60}{2 \cdot 84,3}$ 1/min $= 5601,4$ 1/min ≈ 5600 1/min

Aufgaben

1. Wann dürfen Zahlenwerte nur in vorgeschriebenen Einheiten in Formeln eingesetzt werden?

2. Wie kann die Grundformel durch das Einsetzen von s in m vereinfacht werden?

3. Beweisen Sie, daß auch die Kolbengeschwindigkeit einen zurückgelegten Weg je Zeiteinheit darstellt.

4. Welche Besonderheiten treten beim Kurbeltrieb auf, wenn der Größtwert v_{max} erreicht ist?

5. Berechnen Sie die fehlenden Großen.

	a)	b)	c)	d)	e)	f)	g)	h)	i)	j)	k)	l)	m)	n)
v_m in m/s	?	9,12	6,4	11,2	?	12	8,88	?	7,2	7,92	9,8	?	8	13,49
s in mm	88	?	64	?	72	80	?	63	120	?	140	82,6	80	?
n in 1/min	4600	3700	?	5000	6000	?	3600	6000	?	3300	?	4700	?	5800

6. Berechnen Sie die mittlere Kolbengeschwindigkeit v_m.

	s in mm	n in 1/min
a)	60,1	5000
b)	69,8	5400
c)	86,4	4800
d)	72	5800
e)	76,8	6000
f)	78,8	6000
g)	80	6100
h)	150	1400
i)	39,7	8500
j)	41,8	8800
k)	54	7500
l)	53,4	9000
m)	70,6	7250
n)	68,6	8500

7. Ein Pkw hat einen Hub von 65,8 mm. Wie groß ist die mittlere Kolbengeschwindigkeit bei einer Drehzahl von 5800 1/min?

8. Von einem Pkw-Motor ist eine mittlere Kolbengeschwindigkeit von 12,4 m/s errechnet worden. Der Hub beträgt 64 mm. Berechnen Sie die zugehörige Drehzahl.

9. Berechnen Sie den Hub eines Schleppermotors. Bei einer Drehzahl von 2200 1/min betragt die mittlere Kolbengeschwindigkeit 7,15 m/s.

10. Ein Pkw-Motor hat einen Hub von 66 mm. Berechnen Sie die mittlere Kolbengeschwindigkeit bei einer Drehzahl von 6200 1/min.

11. Der Kolben eines Motorrads hat einen Hub von 54 mm. Wie hoch ist die Drehzahl bei einer mittleren Kolbengeschwindigkeit von 9,9 m/s?

12. Von dem Motor eines Motorrollers sind der Hub von 58 mm und die mittlere Kolbengeschwindigkeit von 9,86 m/s bekannt. Wie groß ist die zugehorige Drehzahl?

13. Von einem Pkw sind gegeben: Hub 84,4 mm, Drehzahl 5600 1/min. Bestimmen Sie die mittlere Kolbengeschwindigkeit.

14. Wie groß ist der Hub, wenn eine mittlere Kolbengeschwindigkeit von $v_m = 10,2$ m/s bei $n = 5100$ 1/min angegeben wird?

15. Von einem Motorrad ist der Hub mit 54 mm angegeben. Berechnen Sie die mittlere Kolbengeschwindigkeit bei einer Drehzahl von 7400 1/min.

16. Bei einem Pkw wurde bei der Drehzahl von 4000 1/min eine mittlere Kolbengeschwindigkeit von 9,2 m/s errechnet. Berechnen Sie den Hub.

17. Wie groß ist die mittlere Kolbengeschwindigkeit eines Dieselmotors bei einer Drehzahl von 2300 1/min? Der Hub beträgt 140 mm.

18. Von einem Moped-Motor ist die mittlere Kolbengeschwindigkeit zu berechnen. Gegeben sind der Hub von 42 mm und die Drehzahl von 5500 1/min.

19. Bei der mittleren Kolbengeschwindigkeit von 11,67 m/s hat ein Dieselmotor eine Drehzahl von 3500 1/min. Berechnen Sie den Hub.

20. Für die mittlere Kolbengeschwindigkeit wurde der genaue Wert von 11,866 m/s berechnet. Der Hub betragt 69,8 mm. Bestimmen Sie die erforderliche Drehzahl.

21. Zu einer mittleren Kolbengeschwindigkeit von 9,2 m/s gehort eine Drehzahl von 4000 1/min. Bestimmen Sie den Hub.

22. Für die mittlere Kolbengeschwindigkeit 12,4 m/s wird die zugehörige Drehzahl gesucht. Der Hub beträgt 120 mm.

23. Berechnen Sie die mittlere Kolbengeschwindigkeit. Die Drehzahl 5500 1/min und der Hub von 66 mm sind gegeben.

24. Ein Dieselmotor erreicht bei einer Drehzahl von 2100 1/min eine mittlere Kolbengeschwindigkeit von 9,8 m/s. Berechnen Sie den Hub.

2.2 Steuerdaten

2.2.1 Steuerdiagramm

In Steuerdiagrammen können Steuerdaten durch markierte Abschnitte auf Kreisen oder Spiralen dargestellt werden (2.8). Bei Vier- und Zweitaktmotoren werden die Öffnungszeiten, die Schließzeiten und der Zündzeitpunkt angegeben, bei Dieselmotoren der Förderbeginn in Grad Kurbelwinkel. Auf der Schwungscheibe bzw. der Keilriemenscheibe sind Einstellmarkierungen (Kerben) angebracht, die auf den 1. Zylinder bezogen sind.

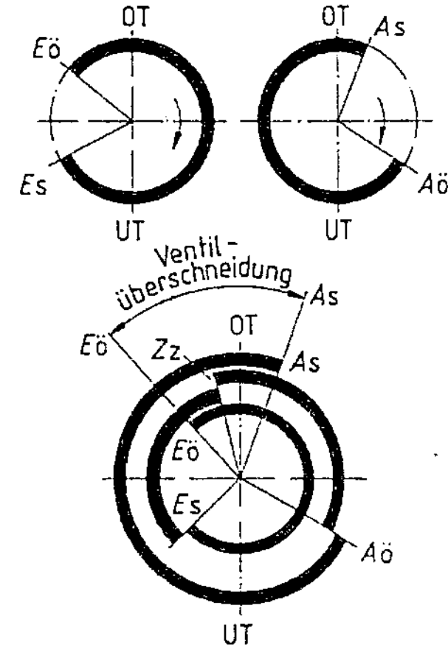

2.8 Steuerdiagramme
Eö ≙ Einlaß öffnet
Es ≙ Einlaß schließt
Aö ≙ Auslaß öffnet
As ≙ Auslaß schließt
Zz ≙ Zündzeitpunkt (Ottomotor)
Fb ≙ Förderbeginn (Dieselmotor)

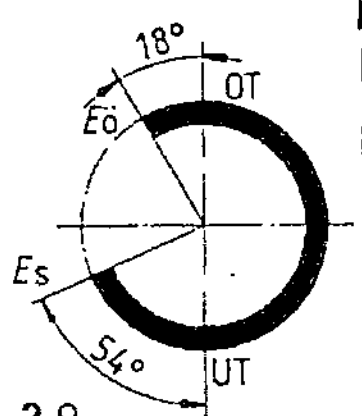

2.9

Ein Takt entspricht dem zugehörigen Kurbelwinkel α (alpha).

Beispiel Ges. Ventilöffnungswinkel α

Geg. Eö = 180° v. OT,
Es = 54° n. UT (2.9)

Lös. α = Eö + 180° + Es
α = 18° + 180° + 54° = 252°

Kurbelwinkel und Bogenmaß. Der Kurbelwinkel α wird in der Regel in Grad angegeben. Er kann auch auf dem Umfang als Bogenmaß l_B in mm dargestellt werden. Das Bogenmaß l_B ist vom Durchmesser d des dazugehörenden Kreises abhängig.

Beispiel Bei einem Motor wird die Zündung nach der Markierung auf der Riemenscheibe auf 10 mm v. OT eingestellt. Der Durchmesser der Riemenscheibe beträgt 180 mm. Geben Sie den Zündzeitpunkt Zz in °KW an.

Kreisumfang $\rightarrow d \cdot \pi \triangleq 360°$ Vollwinkel

1 mm Bogenmaß $\rightarrow \quad \triangleq \dfrac{360°}{d \cdot \pi}$ Kurbelwinkel

10 mm Bogenmaß $\rightarrow l_B \triangleq \dfrac{360° \cdot l_B}{d \cdot \pi} = \dfrac{360° \cdot 10\,\text{mm}}{180\,\text{mm} \cdot 3{,}14} = 6{,}37° = 6°22'12''$
$\approx 6{,}4° = 6°24$

Daraus ergibt sich die Formel

$$\alpha = \frac{l_B \cdot 360°}{d \cdot \pi}$$

Die Zündung wird auf 6,4° v OT eingestellt.

2.2.2 Öffnungszeit der Ventile

Die Öffnungszeit t ist nicht nur vom Öffnungswinkel α abhängig, sondern auch in starkem Maße von der Drehzahl n.

Beispiel Ges. Öffnungszeit t in s

Geg. n = 5000 1/min, Eö = 17° v. OT, Es = 53° n. UT

Lös. in drei Abschnitten

a) α = Eö + 180° + Es
α = 17° + 180° + 53°
α = 250°

b) 1 Umdrehung $\triangleq$ 360°
5000 Umdrehungen $\triangleq$ 360° · 5000

c) 360° · 5000 $\triangleq$ 1 min = 60 s

360° $\triangleq \dfrac{60}{5000}$ s

1° $\triangleq \dfrac{60}{5000 \cdot 360}$ s

250° $\triangleq \dfrac{60 \cdot 250}{5000 \cdot 360}$ s

t = 0,00833 s

Aus den Dreisatzrechnungen ergibt sich die Formel

$$\text{Öffnungszeit } t = \frac{\text{Kurbelwinkelgrad } \alpha \cdot 60}{\text{Drehzahl } n \cdot 360°} \qquad t = \frac{\alpha \cdot 60}{n \cdot 360°} \qquad \text{Einheit: s}$$

Grundformeln	Formelzeichen		Einheiten	
		Bedeutung	SI	weitere gesetzl.
Kurbelwinkel	α	Kurbelwinkel	—	1°; 1'; 1"
$\alpha = \dfrac{l_B \cdot 360°}{d \cdot \pi}$	l_B	Bogenmaß, Bogenlänge	m	mm
	d	Durchmesser	m	mm
Öffnungszeit	t	Öffnungszeit für Ventile oder Schlitze	s	—
$t = \dfrac{\alpha \cdot 60}{n \cdot 360°} \qquad t = \dfrac{\alpha}{n \cdot 6°}$	n	Drehzahl	1/s	**1/min**
			Fettdruck = bevorzugte Einheit	

Aufgaben

1. Von einem Viertaktmotor sind folgende Steuerdaten gegeben: Eo 15° v. OT, Es 53° n. UT, Ao 67° v. UT, As 18° n. OT. Wie groß sind die Ventiloffnungswinkel α_{EV} und α_{AV} in Grad?

2. Der Einlaßkanal eines Zweitaktmotors wird 55° v. OT freigegeben und 55° n. OT wieder geschlossen. Berechnen Sie den Offnungswinkel des Einlaßkanals in °KW.

3. Von einem Zweitaktmotor sind folgende Steuerdaten bekannt: Zz 8° v. OT, Eo 55° v. OT, Es 55° n. OT, Uö 55° v. UT, Us 55° n. UT, Ao 70° v. UT, As 70° n. UT. Berechnen Sie die Kurbelwinkel für a) Voransaugen, b) Ansaugen, c) Vorverdichten, d) Uberströmen, e) Verdichten, f) Arbeiten und g) Ausstoßen.

4. Der Durchmesser der markierten Schwungscheibe eines Dieselmotors beträgt 285 mm. Rechnen Sie den Forderbeginn Fb 22° v. OT in ein Bogenmaß l_B in mm um.

5. Wieviel mm vor OT muß auf der Schwungscheibe eines Motors der Zundzeitpunkt für 15° eingestellt werden? Der Schwungscheibendurchmesser betragt 310 mm.

6. Auf wieviel Grad vor OT muß die Zundung eingestellt werden, wenn Zz 22 mm v. OT gegeben ist? Der zugehorige Riemenscheibendurchmesser beträgt 175 mm.

7. Auf einer Schwungscheibe ist der Forderbeginn 58 mm v. OT markiert. Der Schwungscheibendurchmesser betragt 330 mm. Wieviel Grad vor OT liegt der Förderbeginn Fb?

8. Von einem Motor sind Eo 22° v. OT und Es 67° n UT als Steuerdaten gegeben. Berechnen Sie den Offnungswinkel in ° KW und als Bogenlange l_B in mm an der Schwungscheibe, wenn der Durchmesser 380 mm betragt.

9. Der Zundzeitpunkt eines Motors liegt 22° v. OT. In welcher Zeit legt der Kolben bei der Drehzahl von 5100 1/min den Weg von Zz bis OT zuruck?

10. Der Zundverzug eines Ottomotors betragt 0,0012 s. Bestimmen Sie Zz bei der Drehzahl $n = 3900$ 1/min. Die Flammfront soll 15° n. OT voll ausgebildet sein.

11. Bei einem Dieselmotor beträgt der Riemenscheibendurchmesser 190 mm. Der Einspritzbeginn liegt 29 mm v. OT, das Einspritzende 2 mm n. OT. Bestimmen Sie die Einspritzdauer bei einer Kurbelwellendrehzahl von $n = 2250$ 1/min.

12. Fur den Ansaugtakt eines Ottomotors steht bei $n = 2750$ 1/min eine Offnungszeit von 0,016 s zur Verfugung. Wann muß das Einlaßventil schließen, wenn es 28° v. OT öffnet?

13. Ein Dieselmotor beginnt 18° v. OT einzuspritzen. Bei einer Drehzahl von 2500 1/min betragt die Einspritzzeit 0,0014 s. Berechnen Sie den in dieser Zeit zurückgelegten Kurbelwinkel α.

14. Der Zündzeitpunkt eines Motors liegt 28° v. OT. Auf wieviel mm vor OT muß auf einer Riemenscheibe die Kerbe Zz angebracht sein, wenn der Durchmesser 165 mm beträgt?

15. Bei einer Drehzahl von 3200 1/min lauft der Ansaugtakt in einer Zeit von 0,0139 s ab. Wie groß ist der Offnungswinkel α in °KW und in mm als Bogenmaß l_B auf der Riemenscheibe bei $d = 182$ mm?

16. Bei $n = 1900$ 1/min liegt der Einspritzbeginn bei einem Dieselmotor 18° v. OT. Die Einspritzzeit beträgt $t = 0,0018$ s.
a) Bestimmen Sie den Einspritzwinkel in °KW.
b) Wieviel Grad nach OT liegt das Einspritzende?

2.2.3 Zündunterbrecher

Der Unterbrecher im Verteiler ist ein nockenbetätigter
Schalter. Er steuert den Primärstromkreis der Zündspule.
Durch Öffnen des Unterbrechers entsteht im Sekundär-
stromkreis die hohe Induktionsspannung, die den Funken-
überschlag an den Elektroden der Zündkerze ermöglicht.
Bei jeder Verteilerwellen- bzw. Nockenwellenumdrehung
öffnet der Unterbrecher so oft, wie Zündkerzen bzw.
Zylinder vorhanden sind.

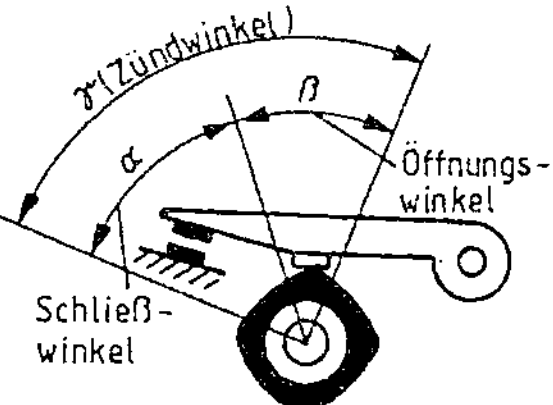

2.10   Zündwinkel

> Als Zündwinkel γ (gamma) bezeichnet man den Drehwinkel des Nockens an der
> Verteilerwelle von einer Kontaktschließung zur anderen (2.10).
>
> Als Zündabstand bezeichnet man den Abstand zwischen zwei Zündfunken, ge-
> messen als Kurbelwinkelgrad an der Schwungscheibe.

Bei Viertaktmotoren gilt folgende Beziehung:

2 Kurbelwellenumdrehungen ($= 720°$ KW) $\triangleq$ 1 Verteilerwellenumdrehung ($= 360$ VW) $\triangleq$ 1 Arbeitsspiel

Beispiele für Zündwinkel bei Viertaktmotoren:

	Zündwinkel γ
Einzylindermotoren	$720°$ KW $\triangleq 360°$ VW $\triangleq$ 1 Zündfunke $\triangleq 360° \triangleq 100\%$
Vierzylindermotoren	$720°$ KW $\triangleq 360°$ VW $\triangleq$ 4 Zündfunken $\triangleq 90° \triangleq 100\%$
Sechszylindermotoren	$720°$ KW $\triangleq 360°$ VW $\triangleq$ 6 Zündfunken $\triangleq 60° \triangleq 100\%$

Die Größe des Zündwinkels γ ist von der Zylinderzahl z abhängig.

$$\text{Zündwinkel } \gamma = \frac{360° \text{ (Verteilerwelle)}}{\text{Zylinderzahl}} \qquad \gamma = \frac{360°}{z}$$

Die Prinzipskizze 2.10 zeigt:

$$\gamma = \text{Schließwinkel} + \text{Öffnungswinkel} \qquad \gamma = \alpha + \beta$$

Bei Zweitaktmotoren gelten folgende Beziehungen:

1 Kurbelwellenumdrehung ($= 360°$) $\triangleq$ 1 Zünderwellenumdrehung ($= 360°$) $\triangleq$ 1 Arbeitsspiel

Schließ- und Öffnungswinkel

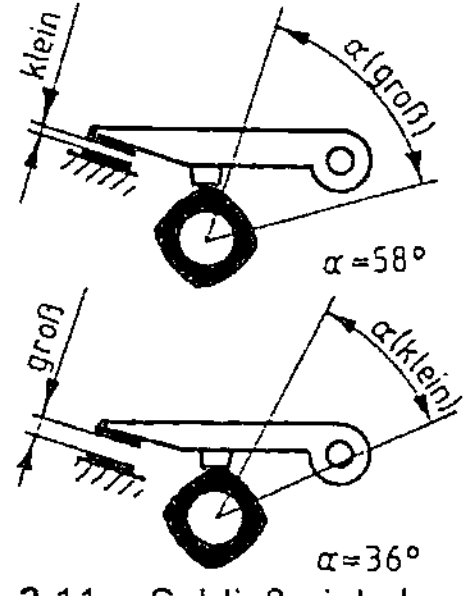

2.11   Schließwinkel

Tabelle 2.12   **Richtwerte für Schließwinkel**

Vierzylindermotoren	etwa 50°
Sechszylindermotoren	etwa 38°
Achtzylindermotoren	etwa 33°

> Als Schließwinkel α (alpha) bezeichnet man den
> Drehwinkel, den der Verteilerwellennocken durch-
> läuft, wenn der Kontakt geschlossen ist.
>
> Als Öffnungswinkel β (beta) bezeichnet man den
> Drehwinkel des Verteilerwellennockens bei geöffne-
> tem Kontakt.

Den Schließwinkel gibt man meist als Drehwinkel in Grad
an, manchmal auch in Prozent (bezogen auf den Zündwinkel γ). Von der Größe des Schließwinkels ist die Stärke
des Primärmagnetfelds abhängig. Bei zunehmender Zylinderzahl wird der Schließwinkel zwangsläufig kleiner, weil
immer mehr Schließ- und Öffnungsvorgänge bei jeder
Umdrehung der Verteilerwelle gesteuert werden müssen
(2.11). Wir merken uns:

großer Schließwinkel $\triangleq$ kleinem Kontaktabstand
kleiner Schließwinkel $\triangleq$ großem Kontaktabstand

Umrechnen des Schließwinkels

Beispiel Bei einem Vierzylinder-Viertaktmotor ist ein Schließwinkel von 62 % erforderlich. Wie groß sind der Zündwinkel und der Schließwinkel in Grad?

$$\gamma = \frac{360^\circ}{z} = \frac{360^\circ}{4} = 90^\circ$$

$$100\,\% \triangleq 90^\circ$$

$$1\,\% \triangleq \frac{90^\circ}{100}$$

$$62\,\% \triangleq \frac{90^\circ \cdot 62}{100} = 58{,}8^\circ$$

Folgerung Aus der Dreisatzrechnung ergibt sich die Formel

$$\alpha^\circ = \frac{\gamma^\circ \cdot \alpha\,\%}{100\,\%}$$

Wird γ° durch $\dfrac{360^\circ}{z}$ ersetzt, ergibt sich die Formel

$$\alpha^\circ = \frac{360^\circ \cdot \alpha\,\%}{z \cdot 100\,\%}$$

Der Funkenbedarf wird in Funkenzahl je Minute angegeben und ist abhängig

– von der Drehzahl der Verteilerwelle,
– von der Anzahl der Zylinder.

Funkenzahl f

bei Viertaktmotoren
$$f = \frac{n}{2} \cdot z$$

bei Zweitaktmotoren
$$f = n \cdot z$$

Zündspulen sind so ausgelegt, daß sie den Spannungsbedarf und die erforderliche Funkenzahl je Minute abdecken.

2.2.4 Schließzeit des Unterbrecherkontakts

> Als Schließzeit t bezeichnet man die Zeit, in der ein Kontakt geschlossen ist.

Die Schließzeit ist abhängig

– von dem Schließwinkel α und
– von der Kurbelwellendrehzahl n.

Beispiel zur Formelentwicklung. Wie groß ist bei einem Viertaktmotor die Schließzeit des Kontakts bei einer Kurbelwellendrehzahl $n = 4800$ 1/min und einem Schließwinkel $\alpha = 58{,}8^\circ$?

Hinweis In folgender Dreisatzrechnung wird die Verteilerwellendrehzahl eingesetzt.

$$1\,\frac{\text{Umdr.}}{\text{min}} \triangleq 360^\circ \triangleq 60\,\text{s}$$

$$1\,\frac{\text{Umdr.}}{\text{min}} \triangleq 1^\circ \triangleq \frac{60}{360}\,\text{s}$$

$$1\,\frac{\text{Umdr.}}{\text{min}} \triangleq 58{,}8^\circ \triangleq \frac{60 \cdot 58{,}8}{360}\,\text{s}$$

$$\frac{4800}{2}\,\frac{\text{Umdr.}}{\text{min}} \triangleq 58{,}8^\circ \triangleq \frac{60 \cdot 58{,}8 \cdot 2}{360 \cdot 4800}\,\text{s} = 0{,}004\,\text{s}$$

Aus der Dreisatzrechnung ergibt sich folgende Formel bei Viertaktmotoren:

$$t = \frac{60 \cdot \alpha \cdot 2}{360^\circ \cdot n}$$

gekürzt:
$$t = \frac{\alpha}{3^\circ \cdot n}$$

Beispiel Bei der Zündpunkteinstellung eines Sechszylindermotors wird auf dem Schließwinkelmeßgerät ein Schließwinkel $\alpha = 64\,\%$ abgelesen. Wie groß ist die Kurbelwellendrehzahl n, wenn die Schließzeit $t = 0{,}0032$ s beträgt?

Hinweis α muß zuerst in $^\circ$ umgerechnet werden.

$$\alpha^\circ = \frac{360^\circ \cdot \alpha\,\%}{z \cdot 100\,\%} = \frac{360^\circ \cdot 64\,\%}{6 \cdot 100\,\%} = 38{,}4^\circ$$

Ges. n in 1/min

Geg. $z = 6,\ \alpha = 64\,\% \triangleq 38{,}4^\circ,\ t = 0{,}0032$ s

Lös. $n = \dfrac{\alpha}{3^\circ \cdot t} = \dfrac{38{,}4^\circ}{3^\circ \cdot 0{,}0032} \cdot \dfrac{1}{\text{min}} = 4000$ 1/min

Grundformeln	Formelzeichen		Einheiten	
		Bedeutung	SI	weitere ges.
Zündwinkel $$\gamma = \frac{360°}{z} \qquad \gamma = \alpha + \beta$$ **Schließwinkelumrechnung** $$\alpha° = \frac{\gamma \cdot \alpha\%}{100\%} \qquad \alpha° = \frac{360° \cdot \alpha\%}{z \cdot 100\%}$$	α $\alpha°$ $\alpha\%$ β γ z t n f	Schließwinkel Schließwinkel in ° Schließwinkel in % Öffnungswinkel Zündwinkel Zylinderzahl Schließzeit des Kontakts Drehzahl der Kurbelwelle Funkenzahl	— — — — — — s 1/s —	° (Grad) ° (Grad) % ° (Grad) ° (Grad) — — **1/min** **1/min**
Schließzeit beim Viertaktmotor Zweitaktmotor $$t = \frac{\alpha}{3° \; n} \qquad t = \frac{\alpha}{6° \cdot n}$$ **Funkenzahl beim** Viertaktmotor Zweitaktmotor $$f = \frac{n}{2} \cdot z \qquad f = n \cdot z$$				Fettdruck = bevorzugte Einheit

Aufgaben

1. Bestimmen Sie die Zundwinkel fur a) Zwei-, b) Drei-, c) Funf- und d) Achtzylindermotoren.

2. Von einem Vierzylinder-Viertaktmotor ist der Schließwinkel α mit 60 % angegeben. Bestimmen Sie α in °.

3. Berechnen Sie den Schließwinkel α in % bei einem Sechszylinder-Viertaktmotor, wenn $\alpha =$ 42° gegeben ist.

4. Wie groß ist die Schließzeit t eines Unterbrechers, wenn der Schließwinkel $\alpha = 50°$ und die Kurbelwellendrehzahl $n = 1150$ 1/min gegeben sind?

5. Bestimmen Sie den Schließwinkel α in Grad. Gegeben: Schließzeit $t = 0,008$ s, Kurbelwellendrehzahl $n = 2250$ 1/min.

6. Wieviel Zylinder hat der Motor, wenn der Zündwinkel 90° beträgt?

7. Bei einem Vierzylinder-Viertaktmotor beträgt der Schließwinkel 54 %.
a) Wie groß ist der Zündwinkel γ?
b) Bestimmen Sie den Schließwinkel in Grad.
c) Berechnen Sie die Schließzeit t, wenn $n = 5500$ 1/min gegeben ist.

8. Wie lange ist der Unterbrecherkontakt eines Vierzylinder-Otto-Viertaktmotors bei einer Kurbelwellendrehzahl von $n = 4000$ 1/min geschlossen? Der Schließwinkel beträgt $\alpha = 58,9\%$.

9. Berechnen Sie den Schließwinkel α in Grad mit folgenden Angaben: $t = 0,003$ s, $n = 5800$ 1/min.

10. Der Schließwinkel eines Sechszylindermotors beträgt 40° 30'. Die Drehzahl ist mit $n = 4800$ 1/min angegeben. Bestimmen Sie a) den Schließwinkel α in %, b) den Zünd-winkel γ in Grad, c) den Öffnungswinkel β in Grad, d) den Funkenbedarf f in 1/min und e) die Schließzeit des Kontakts t in s.

11. Wandeln Sie den Schließwinkel $\alpha = 39,60°$ in % um. Der Unterbrecher gehort zu einem Fünfzylindermotor.

12. Bestimmen Sie die Drehzahl der Kurbelwelle nach folgenden Daten des Unterbrechers: $\alpha = 63°$, $t = 0,006$ s.

13. Bei einem Sechszylindermotor wird ein Schließwinkel von 65 % gemessen. Geben Sie den Schließwinkel in Grad an.

14. Von einem Unterbrecher ist der Schließwinkel auf zweifache Art vorgegeben: $\alpha = 57,60°$ und $\alpha = 64$ %. Bestimmen Sie die Zylinderzahl z.

15. Bei einem Vierzylindermotor ist der Schließwinkel mit $\alpha = 54°$ angegeben. Wie groß ist α in %?

16. Fur einen Viertaktmotor werden die Drehzahl $n = 4785$ 1/min und die Schließzeit des Kontakts $t = 0,0031$ s berechnet. Der Öffnungswinkel beträgt $\beta = 27,5°$. Bestimmen Sie dazu
a) den Schließwinkel α in Grad,
b) den Zündwinkel γ in Grad,
c) die Zylinderzahl z,
d) den Schließwinkel α in %.

17. Der Schließwinkel eines Unterbrechers ist mit $\alpha = 36°$ angegeben und gehört zu einem Sechszylindermotor.
a) Wie groß ist der Zündwinkel γ?
b) Bestimmen Sie α in %.
c) Berechnen Sie die Drehzahl der Kurbelwelle bei einer Schließzeit des Kontakts von $t = 0,003$ s.

2.3 Wärmewirkung

2.3.1 Temperatur

Wird einem Stoff Wärme zugeführt, verursacht diese Energiezuführung eine ununterbrochene Bewegung der Atome und Moleküle dieses Stoffes.

Bei Gasen bewirkt die Wärme als Energie eine unregelmäßige Bewegung der Moleküle (2.13).

Bei flüssigen und festen Stoffen führen die kleinsten Teilchen um ihre Ruhelage Schwingungen aus.

Wärme ist ein Ausdruck für die Schwingungsenergie der kleinsten Teilchen eines Stoffes. Den Wärmezustand eines Stoffes gibt man durch die Temperatur an. Sie ist ein Maß für die Stärke der Atom- und Molekülschwingungen.

Die Temperatur wird grundsätzlich in Kelvin (K) gemessen. In besonderen Fällen kann sie auch in Grad Celsius (°C) ausgedrückt werden (2.14).

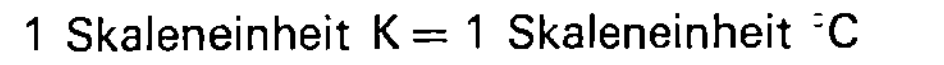

$$1 \text{ Skaleneinheit K} = 1 \text{ Skaleneinheit °C}$$

Temperaturangaben beruhen auf folgenden Erkenntnissen:
- hohe Temperatur $\triangleq$ großen Molekularschwingungen;
- tiefe Temperatur $\triangleq$ kleinen Molekularschwingungen;
- absoluter Nullpunkt $\triangleq$ keiner Molekularschwingung.

Der absolute Nullpunkt bildet den Anfang der Meßskala Kelvin.

Formelzeichen	Bedeutung	SI-Einheit	Beispiele
T, Θ (Theta)	Temperatur	K	$T = 310,15\,\text{K}$
t, ϑ (theta)	Temperatur (Celsius)	°C	$t = +37\,°\text{C}$
$T_0 = 273,15\,\text{K} \triangleq 0\,°\text{C}$	Eispunkt (Wasser)	K	$t = T - T_0$
$\Delta T, \Delta t, \Delta \vartheta$	Temperaturdifferenz	K	$t = 310,15\,\text{K} - 273,15\,\text{K} \triangleq 37\,°\text{C}$ $t = +37\,°\text{C}$ $\Delta T = \Delta t = \Delta \vartheta$
$T_1 - T_2 = \Delta T$	Temperaturbereich	K	$\Delta T = 363,15\,\text{K} - 68\,\text{K} = 295,15\,\text{K}$
$t_1 - t_2 = \Delta t$	Temperaturbereich	°C	$\Delta t = 90\,°\text{C} - 68\,°\text{C} = 22\,°\text{C}$ $295,15\,\text{K} - 273,15\,\text{K} \triangleq 22\,°\text{C}$

2.3.2 Ausdehnungszahlen

Volumenausdehnungszahl. Beim Erwärmen dehnen sich Stoffe aus und ziehen sich beim Abkühlen wieder zusammen. Da die Ausdehnung nach drei Richtungen erfolgt, nennt man sie auch Raumausdehnung oder Volumenausdehnung (2.15).

Bei festen und flüssigen Stoffen ist die Ausdehnung von der Temperaturänderung, von der Stoffart und von der Größe des Volumens abhängig.

2.13 Unregelmäßige Bahn eines Gasteilchens nach dem Prinzip der Brownschen Molekularbewegung

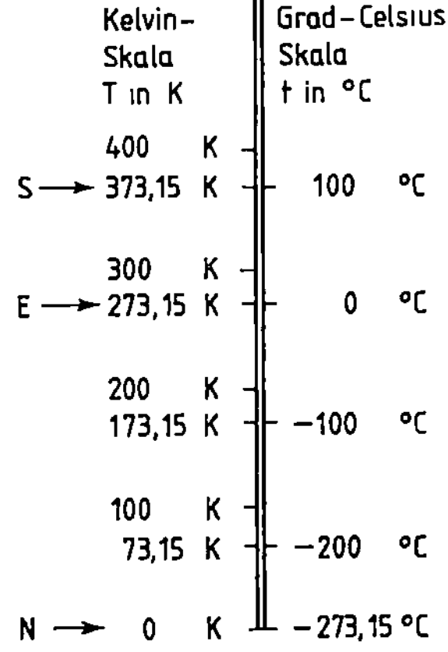

2.14 Kelvin- und Grad-Celsius-Skala

S $\triangleq$ Siedepunkt des Wassers
E $\triangleq$ Eispunkt des Wassers
N $\triangleq$ Nullpunkt des Wassers

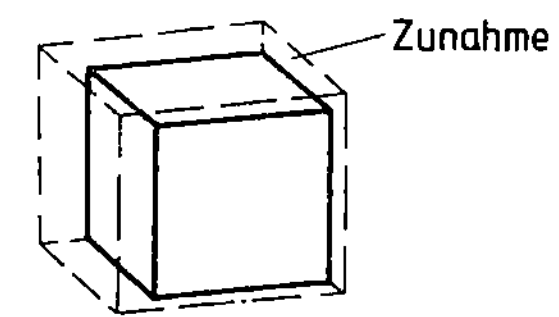

2.15 Volumenzunahme in drei Richtungen

<table>
<tr><td>Die Volumenausdehnungszahl γ (gamma) gibt die Volumenzunahme in mm³ je 1 Kelvin Temperaturzunahme und je 1 mm³ Volumen an.</td><td>Einheit:
$\dfrac{mm^3}{K \cdot mm3} = \dfrac{1}{K}$</td></tr>
</table>

Bei Gasen ist die Volumenausdehnungszahl immer gleich groß. Sie ist der $1/273$ Teil eines Volumens V_0 bei 0 C. Der Druck muß dabei immer konstant bleiben.

Für alle Gase gilt:

$$\gamma_{Gas} = \frac{1}{273}\,\frac{1}{K}$$

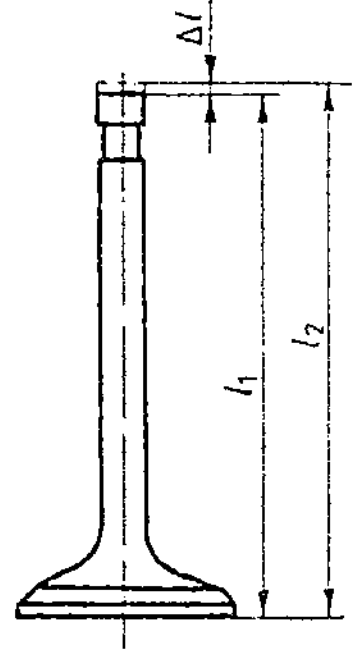

2.16 Längenausdehnung bei Ventilen

Längenausdehnungszahl. In der Technik ist bei bestimmten Bauteilen (z. B. bei Ventilen von Verbrennungsmotoren, 2.16) die Längenausdehnung von Bedeutung. Zur Berechnung einer Längenausdehnung brauchen wir vor allem die Längenausdehnungszahl des betreffenden Stoffes. Sie gehört zu den Stoffwerten der Werkstoffe und ist aus Tabellen abzulesen.

<table>
<tr><td>Die Längenausdehnungszahl α gibt die Längenzunahme in mm je 1 Kelvin Temperaturzunahme und je 1 mm ursprüngliche Länge an.</td><td>Einheit:
$\dfrac{mm}{mm \cdot K} = \dfrac{1}{K}$</td></tr>
</table>

Die Volumenausdehnungszahl γ ist dreimal so groß wie die Längenausdehnungszahl α.

$$\gamma = 3 \cdot \alpha$$

Grundformeln	Formelzeichen		Einheiten	
		Bedeutung	SI	weitere ges.
Temperaturunterschied	T	Temperatur (in Kelvin)	K	—
	$\Delta T, \Delta t$	Temperaturunterschied	K	°C
$\Delta T = T_2 - T_1$	T_1	Temperatur vor der Erwärmung	K	—
Volumenänderung bei festen und flüssigen Stoffen	T_2	Temperatur nach der Erwärmung	K	—
	t	Temperatur (in °C)	—	°C
$\Delta V = V_1 \cdot \gamma \cdot \Delta T$	V_0	Gasvolumen bei 273 K bzw. 0 °C	m³	dm³, l
$V_2 = V_1 (1 + \gamma \cdot \Delta T)$	V_1	Volumen vor der Erwärmung	m³	dm³, l
Volumenänderung bei Gasen	V_2	Volumen nach der Erwärmung	m³	dm³, l
$\Delta V = V_0 \cdot \gamma \cdot \Delta T$ $\quad \gamma_{Gas} = \dfrac{1}{273}\,\dfrac{1}{K}$	ΔV	Volumendifferenz	m³	dm³, l
	γ	Volumenausdehnungszahl	1/K	1/°C
$V_0 = \dfrac{V_1}{1 + \gamma \cdot \Delta T}$	γ_{Gas}	$1/273$ des Gasvolumens bei 0 °C	1/K	1/°C
$V_2 = V_0 (1 + \gamma \cdot \Delta T)$	α	Längenausdehnungszahl	1/K	1/°C
Längenänderung	l_1	Länge vor der Erwärmung	m	mm
$\Delta l = l_1 \cdot \alpha \cdot \Delta T$	l_2	Länge nach der Erwärmung	m	mm
$l_2 = l (1 + \alpha \cdot \Delta T)$	Δl	Längendifferenz	m	mm
				Fettdruck = bevorzugte Einheit

Beispiel Bei 20 °C hat ein Gas ein Volumen von 10,5 m³. Wie groß ist das Volumen bei 250 °C?

Hinweis Bei der Aufgabe wird der Druck als konstant angenommen. Zuerst muß das Volumen bei der Bezugstemperatur von 0 °C berechnet werden.

a) Ges. V_0 in m³

Geg. $\Delta T_1 = 20$ K, $V_1 = 10,5$ m³,
$\gamma = 1/273$ 1/K

Lös. $V_0 = \dfrac{V_1}{1 + \gamma \cdot \Delta T}$

$V_0 = \dfrac{10,5 \text{ m}^3}{1 + \dfrac{1}{273}\dfrac{1}{K} \cdot 20 \text{ K}}$

$V_0 = 9{,}783 \text{ m}^3$

b) Ges. V_2 in m³

Geg. $V_0 = 9{,}783$ m³, $\Delta t_2 = 250$ °C $= 250$ K,
$\gamma = 1/273$ 1/K

Lös. $V_2 = V_0 (1 + \gamma \cdot \Delta T)$

$V_2 = 9{,}783 \text{ m}^3 \left(1 + \dfrac{1}{273 \text{ K}} \cdot 250 \text{ K}\right)$

$V_2 = 18{,}742 \text{ m}^3$

Aufgaben

1. Vervollständigen Sie die Temperaturangaben für die Einheiten Kelvin (K) und Grad Celsius (°C).

	a)	b)	c)	d)	e)	f)	g)	h)	i)	j)	k)
Kelvin	283 K	?	250 K	318 K	?	?	203 K	?	?	45 K	275 K
Grad Celsius	?	17 °C	?	?	−8 °C	1727 °C	?	315 °C	−270 °C	?	?

2. Das Auslaßventil eines Motors ist 122 mm lang. Es wird um 318 K erwärmt. $\alpha = 0{,}0000115$ 1/K. Berechnen Sie die Längenausdehnung.

3. Ein Einlaßventil hat bei 20 °C eine Länge von 98 mm. Bei der Betriebstemperatur des Motors hat sich das Ventil um 0,124 mm ausgedehnt. Wie groß war die Temperaturzunahme? $\alpha = 0{,}0000115$ 1/K.

4. Ein Kolbendurchmesser wird mit 112 mm angegeben. Um wieviel mm wird der Durchmesser bei einer Temperaturerhöhung von 312 °C größer? Der Kolben besteht aus einer Aluminiumlegierung ($\alpha = 0{,}000023$ 1/K).

5. Ein Kupferdraht von 1,90 m Länge wird von 22 °C auf 96 °C erwärmt. Wie lang ist der Draht nach der Erwärmung bei $\alpha = 0{,}000017$ 1/K?

6. Eine Pleuelstange wird von 23 °C auf 103 °C erwärmt und dehnt sich dabei von 220 mm auf 220,20944 mm aus. Berechnen Sie die Längenausdehnungszahl α.

7. Eine 226 mm lange Stößelstange erwärmt sich von 18 °C auf 112 °C. Wie lang ist sie nach der Erwärmung, wenn $\alpha = 0{,}000023$ 1/K?

8. Ein Ventil hat bei 20 °C eine Länge von 128 mm. Es wird auf 300 °C erwärmt. Die Längenausdehnungszahl beträgt 0,0000115 1/K.
a) Um wieviel mm wird das Ventil länger?
b) Wie lang ist das Ventil nach der Erwärmung?

9. In einem Motor mit 7,3 l Kühlwasser erhöht sich die Wassertemperatur von 23,5 °C auf 92 °C. Wie groß ist das Flüssigkeitsvolumen nach der Erwärmung? $\gamma = 0{,}00018$ 1/K.

10. Um wieviel l nimmt das Volumen des Motoröls zu, wenn 5,2 l von 19 °C auf 105 °C erwärmt werden? $\gamma = 0{,}00072$ 1/K.

11. Ein Tank ist mit 9700 l Heizöl gefüllt. Er faßt genau 9800 l, ohne überzulaufen. Bei welcher Temperaturzunahme läuft der Tank über (gemessen in K)? $\gamma = 0{,}00012$ 1/K.

12. Beim Anstieg der Temperatur um 56 °C erhöht sich ein Wasservolumen um 900 cm³. Wieviel l Wasser wurden erwärmt? $\gamma = 0{,}00018$ 1/K.

13. Der Kühler eines Motors ist bis zum Überlauf mit 10,5 l gefüllt. Wieviel Wasser geht bei einer Temperaturerhöhung von 18 °C auf 95 °C verloren? $\gamma = 0{,}00018$ 1/K.

14. Das Volumen eines heißen Stahlblocks hat sich beim Abkühlen von 960 °C auf 200 °C um 688,02 cm³ verringert. Die Volumenausdehnungszahl beträgt 0,0000345 1/K. Bestimmen Sie das ursprüngliche Volumen vor dem Abkühlen.

15. Ein Zylinderkopf aus einer Aluminiumlegierung ($\gamma = 0{,}0000714$ 1/K) hat bei 15 °C ein Volumen von 2307 cm³. Wie groß ist das Volumen, wenn die Temperatur auf 192 °C steigt?

16. Wieviel dm³ beträgt das Volumen von 1200 dm³ Acetylen nach der Abkühlung von 22 °C auf 0 °C?

17. Wenn 3 m³ Luft von 23 °C auf 211 °C erwärmt werden, ändert sich das Volumen.
a) Berechnen Sie das Volumen bei 0 °C.
b) Wie groß ist das Volumen bei 211 °C?

18. Geg. $V_0 = 329$ m³ (Luft), $\Delta V = 10{,}5$ m³ Luft (nach der Erwärmung); Ges. ΔT in K.

19. Wieviel m³ Luft entweichen aus einem Klassenzimmer, wenn die Luft von 17 °C auf 22,5 °C erwärmt wird? Das Klassenzimmer ist 10,50 m × 7,20 m × 3,00 m groß.

2.4 Grundlagen für Kräfte-, Drehmoment-, Leistungsberechnungen

2.4.1 Kräftemaßstab

Die Wirkung einer Kraft ist durch drei Angaben bestimmt: 1. Angriffspunkt, 2. Wirkungslinie, 3. Größe (2.17). Der Kraftpfeil ist das zeichnerische Symbol für die Kraft. Der Pfeilanfang kennzeichnet meist den Angriffspunkt der Kraft. Die Pfeilrichtung gibt die Wirkungsrichtung der Kraft und damit auch die Lage der Wirkungslinie an. In Verbindung mit dem anzugebenden Kräftemaßstab KM entspricht die Pfeillänge der Größe der dargestellten Kraft.

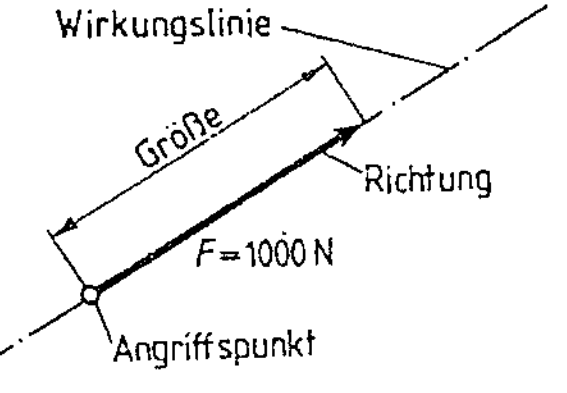

$$\text{Pfeillänge (in mm)} \; \hat{=} \; \frac{\text{Größe der Kraft (in N)}}{\text{Kraft je Längeneinheit (in N/mm)}}$$

2.17 Kraftpfeil
KM: 10 mm ≙ 500 N

Addition und Subtraktion von Kräften (gleiche Wirkungslinien). Kräfte mit einem gemeinsamen Angriffspunkt können durch eine Gesamtkraft, die Resultierende F_R, ersetzt werden.

Kräfte in gleicher Richtung werden addiert, indem man die Kraftpfeile aneinandersetzt (2.18).

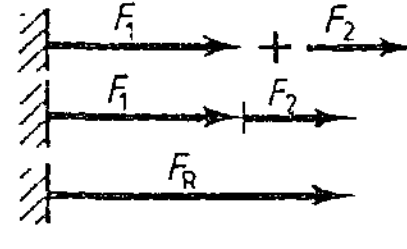

Kräfte in entgegengesetzter Richtung werden subtrahiert. Der große Kraftpfeil wird um den kleineren gekürzt (2.19).

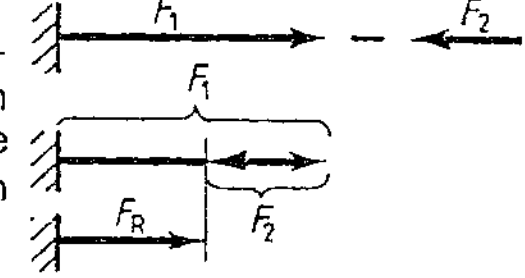

2.18 Addition

2.19 Subtraktion

Kräfteparallelogramm (verschiedene Wirkungslinien). Die Resultierende von Kräften auf verschiedenen Wirkungslinien ergeben sich bei der Ergänzung zum Parallelogramm als Diagonale (2.20 bis 2.22).

Ges. F_R

Ges. F_R

Ges. F_1 und F_2

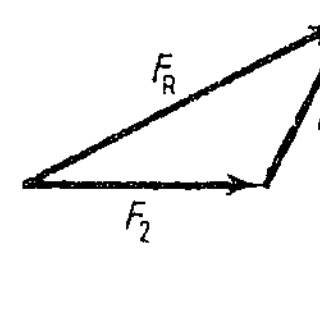

2.20 Kräfteparallelogramm

2.21 Krafteckverfahren

2.22 Kraftzerlegung

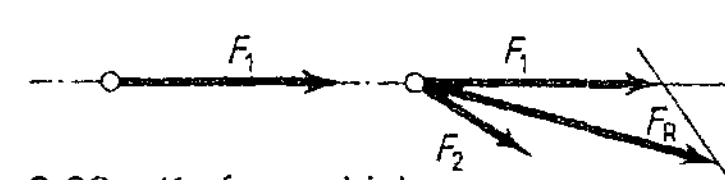

2.23 Kraftverschiebung

Ein Kraftpfeil kann auf seiner Wirkungslinie bei Konstruktionszeichnungen verschoben werden (2.23).

Beispiel An einem Bauteil wirken drei Kräfte in horizontaler Richtung (2.24). Gesucht sind Richtung und Größe der Resultierenden (KM 1 mm ≙ 20 N).

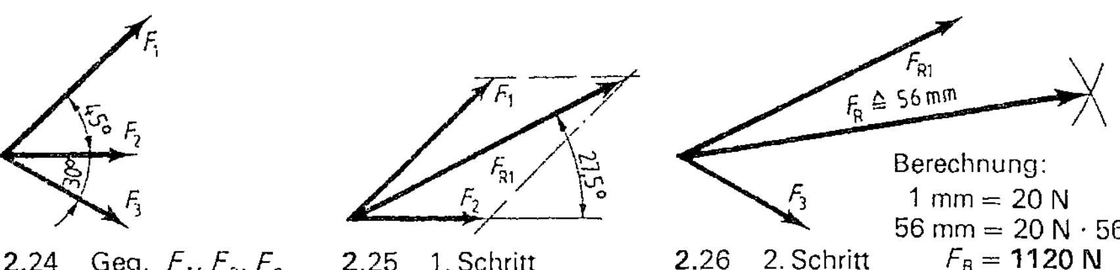

2.24 Geg. F_1, F_2, F_3

2.25 1. Schritt

2.26 2. Schritt

Berechnung:
1 mm = 20 N
56 mm = 20 N · 56
$F_R = 1120\ \text{N}$

Aufgaben

1. Zeichnen Sie von den Kräftepaaren **2.27** die Resultierende F_R. Bestimmen Sie mit Hilfe des Kräftemaßstabs KM 1 mm $\triangleq$ 1 N die Größe der Resultierenden in N.

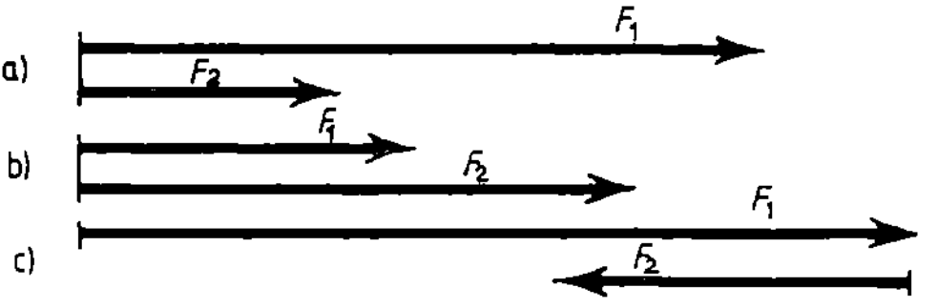

2.27 Kraftepaare

2. Bestimmen Sie Große und Richtung der Resultierenden F_R. Die Lage der Einzelkrafte ist in Bild **2.28** dargestellt. $F_1 = 420$ N, $F_2 = 340$ N, KM 1 mm $\triangleq$ 5 N.

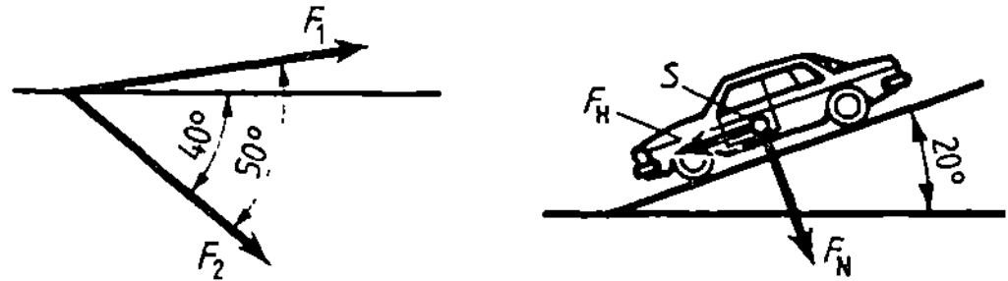

2.28   Lage der Einzelkrafte   2.29   Prinzipskizze

3. Ein Pkw rollt eine Rampe hinunter (**2.29**). Die Hangabtriebskraft F_H betragt 525 daN. Vom Schwerpunkt des Fahrzeugs aus ist die Normalkraft $F_N = 1425$ daN senkrecht auf die Fahrbahn gerichtet. Konstruieren Sie die Resultierende G (Gewichtskraft) und bestimmen Sie die Große in daN. Zeichnen Sie mit dem Kraftemaßstab KM 1 mm $\triangleq$ 25 daN.

4. Auf einer abschussigen Strecke steht ein Wagen (**2.30**). Bestimmen Sie zur Hangabtriebskraft F_H die Gegenkraft F in kN. Die Gegenkraft verhindert ein Abwartsrollen. Bestimmen Sie F in kN mit folgenden Angaben: $G = 40$ kN, KM 1 mm $\triangleq$ 50 daN.

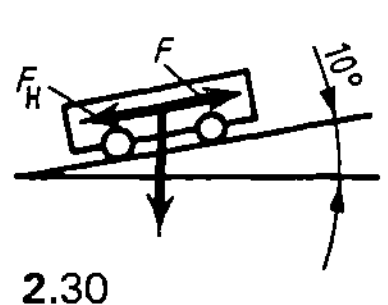

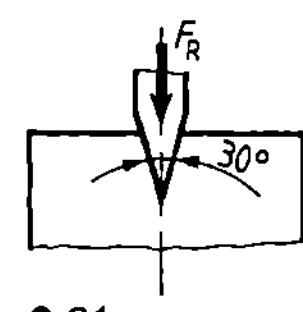

2.30   2.31

6. Auf einen Kolben wirkt eine senkrechte Kraft von 400 daN. Die Pleuelstange steht in einem Winkel von 20° zur Senkrechten.

a) Konstruieren Sie die Pleuelstangenkraft F_P und die Seitenkraft F_S bei KM 1 mm $\triangleq$ 10 daN.
b) Wie groß sind F_P und F_S in N?

7. Ein Werkstattkran ist an zwei Streben aufgehangt. Vom Kran wird ein Motor mit der Gewichtskraft $G = 225$ daN hochgehoben (**2.32**). Konstruieren Sie die Gegenkrafte F_Z in den Zugstreben und bestimmen Sie die Größe in daN (KM 1 mm $\triangleq$ 2,5 daN).

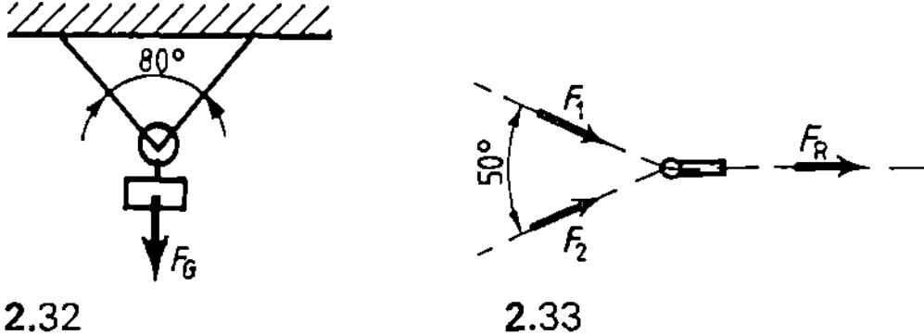

2.32   2.33

8. In den Handbremsseilen werden die Krafte F_1 und F_2 von je 800 N wirksam (**2.33**). Konstruieren Sie die Resultierende F_R und die Große ihrer Zugkraft in N (KM 1 mm $\triangleq$ 10 N).

9. Uber eine Rolle wird ein Bauteil mit einer Gewichtskraft von 1750 N hochgezogen (**2.34**). Bestimmen Sie fur die drei Falle a, b und c Große und Richtung der auf das Lager wirkenden Resultierenden F_R (KM 1 mm $\triangleq$ 25 N).

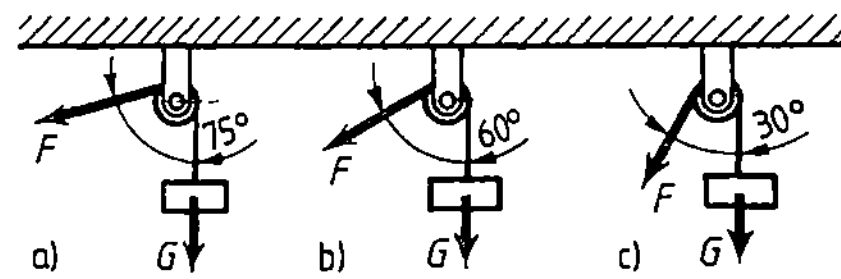

2.34

10. Ein Holzstamm soll mit einem Keil gespalten werden. Er wird mit $F_R = 215$ N in das Holz getrieben (**2.31**). Bestimmen Sie Größe und Richtung der Seitenkrafte F_S (KM 1 mm $\triangleq$ 5 N).

Hinweis Die Seitenkrafte liegen senkrecht zu den Keilflanken und gehen von der Resultierenden F_R aus.

5. Bestimmen Sie Größe und Richtung der fehlenden Krafte.

	a)	b)	c)	d)	e)	f)	g)	h)	i)	j)	k)
F_R	? N	? N	? N	? kN	600 N	24 N	180 N	230 N	35 kN	27 kN	160 daN
F_1	300 N	450 N	320 N	2 kN	? N	? N	? N	? N	? kN	35 kN	120 daN
F_2	180 N	200 N	240 N	1,5 kN	? N	? N	? N	? N	? kN	? kN	? daN
$\sphericalangle\,F_1\,F_R$					45°	45°	90°	120°	30°	45°	30°
$\sphericalangle\,F_1\,F_2$	30°	90°	60°	180°	90°	60°	120°	150°	60°		
KM 1 mm $\triangleq$	3 N	5 N	4 N	20 N	6 N	0,25 N	2 N	5 N	0,5 kN	0,5 kN	2 daN

2.4.2 Festigkeitsberechnungen

Bauteile werden auf verschiedene Arten durch Kräfte beansprucht. Die Einwirkung dieser Kräfte bezeichnet man als Belastung F, gemessen in N. Um unterschiedliche Belastungen miteinander vergleichen zu können, wird die Gesamtbelastung F in eine spezifische Belastung je 1 mm² Fläche ungerechnet.

> **Beanspruchung** heißt die von außen wirkende Belastung F je 1 mm² Querschnitt.
>
> **Festigkeit** heißt der innere Widerstand des Werkstoffs gegen eine Beanspruchung von außen. Einheit: N/mm²

Spannung. Die von außen wirkende Beanspruchung und die als innerer Widerstand wirkende Festigkeit rufen im Werkstoff Spannungen hervor. Unter Spannung σ (sigma) versteht man die Teilkraft, die auf 1 mm² des Querschnitts einwirkt (2.35).

> Spannung $\sigma = \dfrac{\text{Belastung}}{\text{Querschnitt}}$ $\qquad \sigma = \dfrac{F}{S}$ $\qquad$ Einheit: N/mm²

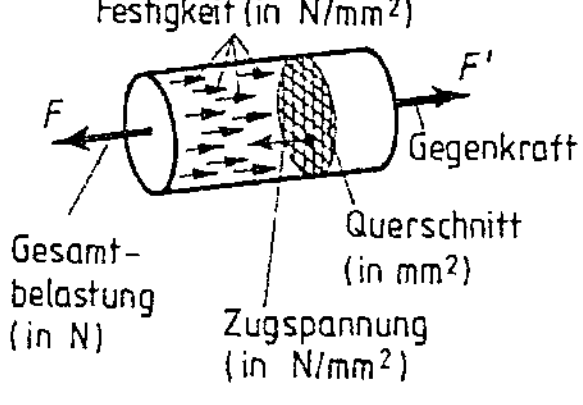

2.35 Spannung

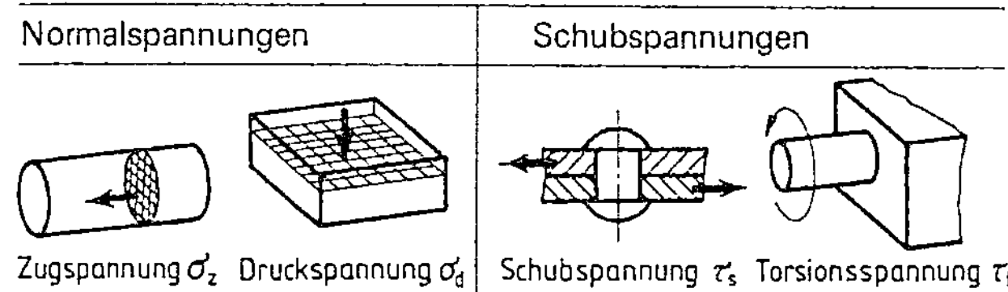

2.36 Spannungsarten

Spannungen unterscheidet man in der Regel nach zwei Hauptwirkrichtungen:

- **Senkrecht** auf den Querschnitt gerichtete Spannungen (Normalspannungen) bezeichnet man mit σ, z. B. Zugspannung σ_z und Druckspannung σ_d.
- **Parallel** zum Querschnitt gerichtete Spannungen bezeichnet man mit τ (tau), z. B. Schub- und Scherspannung τ_s und Verdrehspannung (Torsion) τ_t (2.36).

Bei steigender Belastung des Werkstoffs wird schließlich eine Grenze erreicht, bei der das Bauteil zerstört wird.

> Der Höchstwert der Spannung tritt an der Bruchgrenze auf. Diese Spannung wird als **Zugfestigkeit** R_m des Werkstoffs bezeichnet. Einheit: N/mm²
>
> $R_m = \dfrac{F_m}{S_o}$

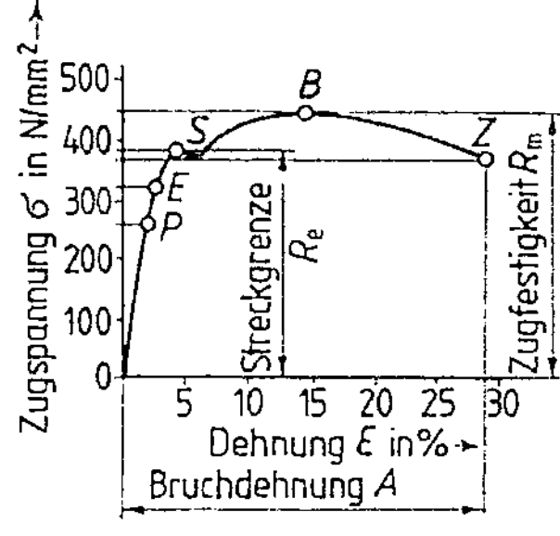

2.37 Spannungs-Dehnungs-Diagramm (Zugversuch: weicher Stahl)

Nach DIN 50145, 5/75 (Werkstoffprüfung: Zugversuch) werden folgende Formelzeichen verwendet:

R_m = Zugfestigkeit (früher Bruchspannung σ_B)
F_m = Höchstzugkraft (kurz Höchstkraft)
S_o = Anfangsquerschnitt des Probestabs

Spannungs-Dehnungs-Diagramm. Bei Werkstoffprüfungen wird als Zugversuch eine Zugprobe in einer Zerreißmaschine bis zum Bruch gedehnt. Aus der Höchstkraft F_m und dem Anfangsquerschnitt S_o wird die Zugspannung bzw. die Zugfestigkeit R_m in N/mm² berechnet. Aus dem Spannungs-Dehnungs-Diagramm lassen sich Zugspannungen und Werkstoffverhalten bei Belastungen ablesen (2.37). Durch die Kennlinie sind charakteristische Werkstoffmerkmale gekennzeichnet.

$P \mathrel{\hat{=}}$ **Proportionalitätsgrenze**; die Kennlinie ist noch eine Gerade, Spannung und Dehnung verändern sich bis dahin proportional (im gleichen Verhältnis).
$E \mathrel{\hat{=}}$ **Elastizitätsgrenze**; bis dahin keine bleibenden Formänderungen des Werkstoffs (Dehnschrauben).
$S \mathrel{\hat{=}}$ **Streckgrenze**; nach Überschreiten dieses Punktes bleibende plastische Verformungen.
$B \mathrel{\hat{=}}$ **Bruchgrenze**; maximale Beanspruchung, erste Merkmale beginnender Zerstörung des Prüfstabs.
$Z \mathrel{\hat{=}}$ **Zerreißgrenze**; der Prüfstab zerreißt nach starker Dehnung und Brucheinschnürung.

Tabelle 2.38 Allgemeine Baustähle (Auswahl nach DIN 17100, 1/80)

Kurzbezeichnung	St 33	St 37	St 44	St 50	St 52	St 60	St 70
Zugfestigkeit R_m in N/mm²	310	360	430	490	510	590	690

Beispiel Stahl St 44-2 bedeutet: Diese Stahlsorte hat eine Mindestzugfestigkeit von $R_m = 430\ \text{N/mm}^2$ und gehört zur Gütegruppe 2 (für besondere Anforderungen).
Berechnung: $44 \cdot 9{,}81 = 431{,}64 \approx \mathbf{430}$

Die zulässige Spannung ist abhängig von der Mindestzugfestigkeit des Werkstoffs, der Formgebung des Bauteils und der Art der Belastung.

> Damit in jedem Fall eine ausreichende Sicherheit gewährleistet ist, darf ein Bauteil nur einer zulässigen Spannung ausgesetzt werden, so daß kein Bruch und auch keine Verformung eintreten können.
>
> $$\sigma_{zul} = \frac{F_{zul}}{S}$$

Beim Berechnen von Festigkeitswerten wird in der Regel R_m als Mindestzugfestigkeit eingesetzt. Bei Festigkeitsberechnungen von Schrauben setzen wir den in Gewindetabellen angegebenen Spannungsquerschnitt als Querschnitt S ein.

Sicherheitszahl

> Den Verhältniswert $\dfrac{\text{Mindestzugfestigkeit } R_m}{\text{zulässige Spannung } \sigma_{zul}}$ bezeichnet man als Sicherheit oder Sicherheitszahl v (nü).
>
> $$v = \frac{R_m}{\sigma_{zul}}$$

Scherfestigkeit. Bei Berechnungen mit Schub- oder Scherfestigkeiten τ_B beziehen sich die einzusetzenden Werte oft auf die Zugfestigkeit R_m.
Stahl, Leichtmetalle (zähe Werkstoffe) $\tau_B \approx 0{,}8 \cdot R_m$; Grauguß (spröder Werkstoff) $\tau_B \approx R_m$

Grundformeln	Formelzeichen		Einheiten	
		Bedeutung	SI	weitere ges.
Spannung (allgemein) $$\sigma = \frac{F}{S}$$	σ	Spannung	N/m²	**N/mm²**
	σ_{zul}	zulässige Spannung	N/m²	**N/mm²**
	σ_z	Zugspannung	N/m²	**N/mm²**
	σ_d	Druckspannung	N/m²	**N/mm²**
zulässige Spannung $$\sigma_{zul} = \frac{F_{zul}}{S} \qquad \sigma_{zul} = \frac{R_m}{v}$$	τ_s	Schub-/Scherspannung	N/m²	**N/mm²**
	τ_t	Torsionsspannung (Verdrehung)	N/m²	**N/mm²**
	F	Kraft, Belastung	N	**kN, daN**
	F_m	Höchstzugkraft	N	**kN, daN**
	R_m	Zugfestigkeit	N/m²	**N/mm²**
Zugfestigkeit Sicherheit	S	Querschnitt	m²	**mm²**, cm²
	S_o	Anfangsquerschnitt	m²	**mm²**, cm²
$$R_m = \frac{F_m}{S_o} \qquad v = \frac{R_m}{\sigma_{zul}}$$	F_{zul}	zulässige Belastung	N	**kN, daN**
	v	Sicherheit, Sicherheitszahl	—	—
Scherfestigkeit Stahl, Leichtmetall Grauguß	τ_B	Schub-/Scherfestigkeit	N/m²	**N/mm²**
	τ_{dB}	Druckfestigkeit	N/m²	**N/mm²**
$$\tau_B \approx 0{,}8 \cdot R_m \qquad \tau_B \approx R_m$$			Fettdruck = bevorzugte Einheit	

Beispiel Für die Verschraubung eines Getriebes werden Schrauben aus St 37 verwendet. In der Gewindetabelle ist für M 16 ein Spannungsquerschnitt $S = 157$ mm² angegeben. Berechnen Sie die mögliche Belastung F_{zul} in N, wenn eine 5fache Sicherheit verlangt wird.

Ges. F_{zul} in N $\qquad$ Geg. $S = 157$ mm², $R_m = 360$ N/mm², $v = 5$

Lös. $\sigma_{zul} = \dfrac{R_m}{v} = \dfrac{360}{5}$ N/mm² $= 72$ N/mm²

$$F_{zul} = \sigma_{zul} \cdot S = 72 \ \frac{N}{mm^2} \cdot 157 \ mm^2 = 11\,304 \ N$$

Aufgaben

1. Eine Abschleppstange mit $d = 24$ mm wird mit $F = 56\,000$ N auf Zug beansprucht. Bestimmen Sie die Zugspannung σ_z in N/mm².

2. Ein Rundstahl mit $d = 11,5$ mm ist bei einer Zugkraft von 50,5 kN gerissen. Wie groß war die Zugfestigkeit des Werkstoffs?

3. Ein Bauteil hat eine Spannung von $\sigma_z = 129$ N/mm² aufzunehmen. Welche Stahlarten mussen bei einer Sicherheitszahl von 2,4 und von 3,8 verwendet werden?

4. Mit einem Flachstahl 28 × 12 DIN 1017-St 37 wird ein Zugversuch durchgefuhrt. Nach welcher Zugkraft kann man das Erreichen der Bruchgrenze erwarten?

5. Ein Vierkantstahl wird durch die Kraft $F = 94\,187$ N auf Druck beansprucht. Die maximale Druckspannung betragt $\sigma_d = 430$ N/mm². Berechnen Sie den quadratischen Querschnitt S in mm² und die Kantenlange l in mm.

6. Berechnen Sie die Last m in t, mit der ein Zughaken an einer Hebevorrichtung belastet werden darf, wenn die zulässige Zugspannung mit $\sigma_{zul} = 324$ N/mm² angegeben ist. Der Durchmesser des gefahrdeten Querschnitts beim Haken beträgt 18 mm.

7. Fur eine Kette aus St 37-3 mit einer Zugfestigkeit $R_m = 420$ N/mm² wird eine zulässige Spannung von 62 N/mm² festgesetzt. In einem Zugversuch wurde beim Erreichen der Bruchgrenze für den Werkstoff eine maximale Zugkraft von $F_m = 66$ kN gemessen.
a) Wie groß ist der Durchmesser des verwendeten Rundstahls?
b) Berechnen Sie die zulässige Belastung in N.
c) Bestimmen Sie die Sicherheitszahl v.

8. Ein Drahtseil ist aus 114 Einzeldrähten zusammengefaßt. Jeder hat einen Durchmesser von 0,55 mm. Die Zugfestigkeit des Werkstoffs ist mit 1720 N/mm² angegeben. Berechnen Sie die zulässige Zugkraft F_{zul} in N bei einer Sicherheitszahl $v = 7,5$.

9. Ein Bauteil besteht aus einem Flachstahl 60 × 20 DIN 1017-St 52 und wird durch die Kraft $F = 122,4$ kN auf Zug beansprucht.
a) Wie groß ist die Zugspannung σ_z in N/mm²?
b) Bestimmen Sie die Sicherheitszahl v.

10. Bestimmen Sie die Sicherheitszahl bei Verwendung von St 52, wenn die zulassige Zugspannung $\sigma_{z,zul} = 204$ N/mm² beträgt.

11. Berechnen Sie fur eine Bremshebelmechanik den möglichen Durchmesser einer Zugstange aus St 60. Die Zugkraft beträgt 1800 N. Als Sicherheitszahl ist $v = 6,5$ angegeben.

12. Von einem Kolbenbolzen sind $d_1 = 18$ mm und $d_2 = 12$ mm gegeben. Wie groß ist die Scherspannung τ_S in N/mm² bei einer Belastung $F = 16\,670$ N? Beachten Sie, daß die Scherspannung zweischnittig auftritt!

13. Ein Draht wird mit 5100 N auf Zug beansprucht. Dadurch entsteht im Draht die Spannung $\sigma_z = 260$ N/mm². Wie groß ist der Durchmesser des Drahts in mm?

14. Ein Vierkantstahl 20 DIN 178-St 44 erhalt in Längsrichtung eine Bohrung mit $d = 8$ mm. Berechnen Sie die zulässige Zugbelastung in N, wenn eine 3fache Sicherheit erforderlich ist.

15. Ein Seil (St 70) besteht aus 10 Litzen mit je 8 Drähten. Der Durchmesser jedes Drahts beträgt 1,2 mm. Fur welche Last in kg darf dieses Seil unter Berücksichtigung einer 5fachen Sicherheit verwendet werden?

16. Fur eine Schraube mit der Festigkeitsklasse 12.9 ist eine Mindestzugfestigkeit $R_m = 1200$ N/mm² festgelegt. Die Schraube wird durch $F = 60$ kN auf Zug beansprucht.
a) Wie groß ist σ_{zul} in N/mm² bei $v = 4,5$?
b) Berechnen Sie den erforderlichen Kerndurchmesser d_K in mm.
c) Bestimmen Sie das metrische Regelgewinde aus einer Tabelle.

17. Berechnen Sie für einen Sicherungsbolzen aus St 60 den Durchmesser in mm bei einer Scherbelastung von $F = 37\,052$ N und 4facher Sicherheit. Für die Scherfestigkeit wird als Erfahrungswert $^4/_5$ der Zugfestigkeit eingesetzt ($\tau_B = 0,8 \cdot R_m$).

18. Von einem Probestab aus GG-20 mit $R_m = 200$ N/mm² und $d = 32$ mm sollen auf einer Zerreißmaschine Werkstoffkennwerte festgestellt werden. Berechnen Sie die aufzubringende Zugkraft F_m in N.

2.4.3 Drehmoment

Jeden festen Körper, bei dem das Einwirken einer Kraft eine Drehwirkung hervorruft, nennt man physikalisch einen **Hebel**. Die Größe der Drehwirkung ist abhängig

- von der Größe der angreifenden Kraft und
- von der wirksamen Länge des Hebelarms.

Für den Begriff Drehwirkung verwendet man den Begriff Drehmoment oder kurz Moment.

> Das Drehmoment ist das Produkt aus Kraft mal Hebelarm.
>
> $M = F \cdot r$ Einheit: Nm

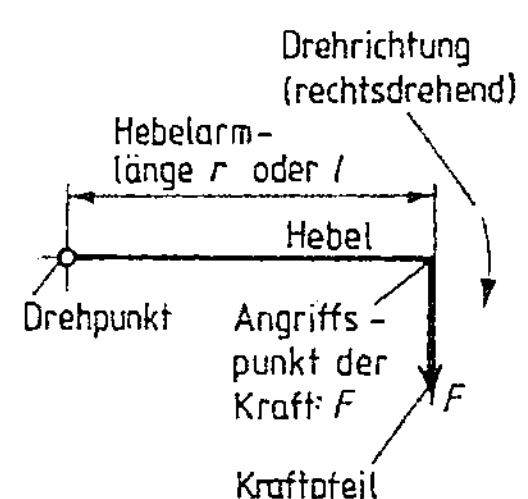

2.39 Drehmoment

Am Hebel unterscheidet man nach Bild 2.39

- den Drehpunkt,
- den Angriffspunkt der Kraft (Zug- oder Druckkraft),
- die Drehrichtung (links- oder rechtsdrehend),
- die Hebelarmlänge (kürzester, d.h. senkrechter Abstand zwischen der Wirkungslinie der Kraft und dem Drehpunkt).

Grundformeln		Formelzeichen		Einheiten	
			Bedeutung	SI	weitere ges.
$M = F \cdot r$	$M = F \cdot l$	M	Drehmoment oder Moment	Nm	—
		F	Kraft	N	daN, kN, MN
		r, l	wirksame Hebelarmlänge	m	mm, cm

Beispiel Eine Mutter wird mit einem Drehmoment von 95 Nm angezogen. Die wirksame Länge des benutzten Drehmomentschlüssels beträgt 250 mm. Mit welcher Kraft wurde angezogen?

Ges. F in N

Geg. $M = 95$ Nm, $l = 250$ mm

Lös. $F = \dfrac{M}{l} = \dfrac{95}{0{,}25}$ N $= 380$ N

Aufgaben

1. Eine Schraube wird mit einer Kraft von 158 N angezogen. Wie groß ist das Drehmoment bei einem Hebelarm von 160 mm?

2. Welche Kraft muß an einem Schraubenschlussel angreifen, wenn eine Mutter mit 84 Nm angezogen werden soll? Der wirksame Hebelarm betragt 300 mm.

3. Bei einem Lkw sollen die Radmuttern mit 480 Nm angezogen werden. Wie lang muß der wirksame Hebelarm mindestens sein, wenn die Handkraft 275 N beträgt?

4. Zundkerzen sollen mit einem Drehmoment von 28 Nm angezogen werden. Wie lang muß der Hebelarm des Drehmomentschlussels bei einem Kraftaufwand von 350 N sein?

5. Mit welcher Handkraft müssen Pleuellagerschrauben angezogen werden, wenn der Drehmomentvoranzug von 40 Nm nicht uberschritten werden darf? Die Hebellange des Drehmomentschlussels betragt 450 mm.

6. Zylinderkopfschrauben sollen mit einem Drehmoment von 120 Nm angezogen werden. Berechnen Sie die erforderlichen Handkräfte bei Verwendung verschieden langer Drehmomentschlussel. Wirksame Hebelarmlangen: a) 21 cm, b) 25 cm, c) 28 cm, d) 42 cm.

7. Berechnen Sie die unterschiedlichen Drehmomente, wenn verschiedene Drehmomentschlüssel benutzt werden. Bei jedem Versuch soll die gleich große Handkraft von 340 N eingesetzt werden. Wirksame Hebelarmlängen:
a) 180 mm,
b) 200 mm,
c) 250 mm,
d) 300 mm.

8. Berechnen Sie den Hub s des 2,2-l-Einspritzmotors nach folgenden Angaben: maximales Drehmoment 185 Nm, Pleuelstangenkraft $F_p = 4282{,}4$ N. Berucksichtigen Sie die Beziehung Hub $s = 2 \cdot$ Kurbelkreisradius r.

2.4.4 Hebelgesetz

Alle Berechnungen beim Hebel gehen von einem Gleichgewichtszustand aus. Der Hebel befindet sich also in Ruhe. Die für diesen Fall geltenden Gesetzmäßigkeiten werden durch das Hebelgesetz erfaßt und durch eine Momentengleichung ausgedrückt.

> Hebelgesetz $F_1 \cdot r_1 = F_2 \cdot r_2$

Bei jedem Hebel muß zuerst die entsprechende Momentengleichung aufgestellt werden.

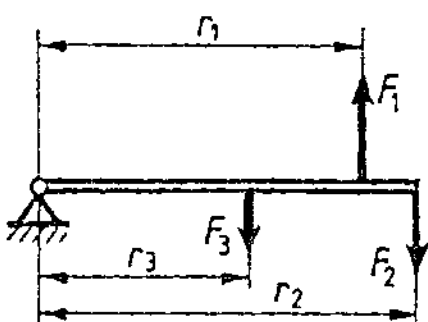

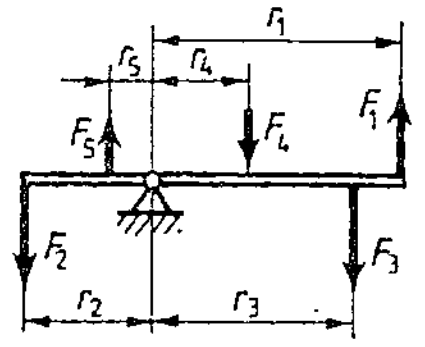

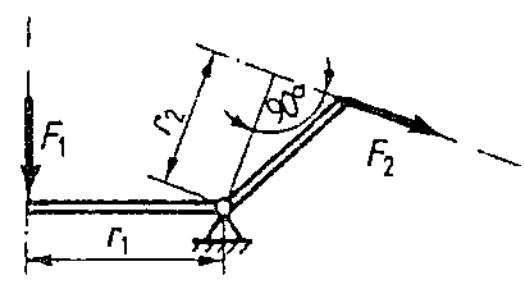

a) einseitiger Hebel

$F_1 \cdot r_1 = F_2 \cdot r_2 + F_3 \cdot r_3$

b) zweiseitiger Hebel

$F_1 \cdot r_1 + F_2 \cdot r_2 =$
$F_3 \cdot r_3 + F \cdot r_4 + F_5 \cdot r_5$

c) Winkelhebel

$F_1 \cdot r_1 = F_2 \cdot r_2$

2.40 Hebelarten

Aus den unterschiedlichen Momentengleichungen der verschieden belasteten Hebeln ergibt sich für das Hebelgesetz eine allgemein gültige Formulierung.

> Ein Hebel ist im Gleichgewicht, wenn die Summe aller linksdrehenden Momente gleich der Summe aller rechtsdrehenden Momente ist.
>
> $\Sigma M_l = \Sigma M_r$ $\quad\quad$ Σ (Sigma) bedeutet: Summe aller ...

Die wirksame Hebelarmlänge und die Wirkungslinie der Kraft bilden immer einen Winkel von 90°. Dadurch wird als wirksamer Hebelarm stets der kürzeste Abstand zwischen Drehpunkt und Wirkungslinie der Kraft eingesetzt.

Grundformeln	Formelzeichen		Einheiten	
		Bedeutung	SI	weitere ges.
Hebelgesetz in verschiedenen Formen	F	Kraft	N	daN, kN, MN
$\boxed{F_1 \cdot r_1 = F_2 \cdot r_2}$	r, l	Hebelarmlänge	m	mm, cm
	Σ	Summenzeichen	—	—
$\boxed{F_1 \cdot r_1 = F_2 \cdot r_2 + F_3 \cdot r_3}$	M	Drehmoment, Moment	Nm	—
$\boxed{M_1 = M_2} \quad \boxed{\Sigma M_l = \Sigma M_r} \quad \boxed{\overset{\curvearrowright}{M} = \overset{\curvearrowleft}{M}}$	$\overset{\curvearrowright}{M}$ $\overset{\curvearrowleft}{M}$	links- und rechtsdrehendes Moment	Nm	— Fettdruck = bevorzugte Einheit

Beispiel Wie groß ist die am Winkelhebel 2.41 angreifende Kraft F_2 in N?

Ges. F_2 in N

Geg. $F_1 = 450\,\text{N},\quad r_1 = 75\,\text{mm},\quad r_2 = 52\,\text{mm}$

Lös. $F_2 = \dfrac{F_1 \cdot r_1}{r_2} = \dfrac{450\,\text{N} \cdot 0{,}075\,\text{mm}}{0{,}052\,\text{mm}} = 649\,\text{N}$

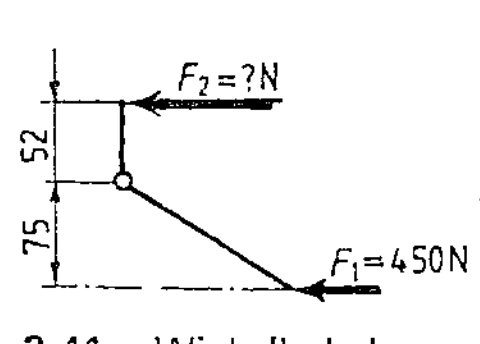

2.41 Winkelhebel

Aufgaben

1. Berechnen Sie die fehlenden Größen.

	a)	b)	c)	d)	e)
F_1	? N	? N	440 N	1250 N	650 N
l_1	150 mm	37 cm	? mm	26 cm	0,113 m
F_2	600 N	550 N	80 N	? N	95 N
l_2	450 mm	130 cm	145 mm	56 mm	? mm

2. Mit welcher Kraft F_1 wirken die Schneiden verschiedener Kneifzangen auf ein Werkstuck, wenn die Handkraft $F_2 = 120$ N betragt (2.42)?

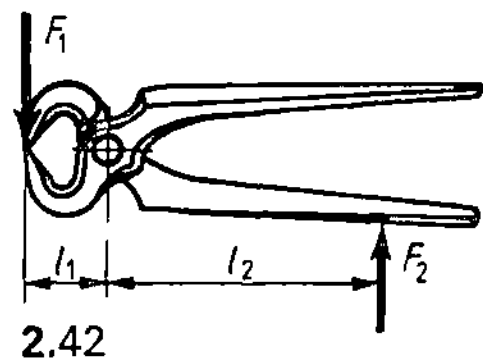

2.42

	a)	b)	c)	d)	e)	f)	g)
l_1 in mm	29	32	35	38	42	46	50
l_2 in mm	100	130	150	170	200	220	240

3. Ges. l_1 in mm (2.43)
Geg. $F_1 = 1,2$ kN, $F_2 = 725$ N

4. Ges. F_2 in N (2.44)
Geg. $F_1 = 310$ N, $F_3 = 172$ N

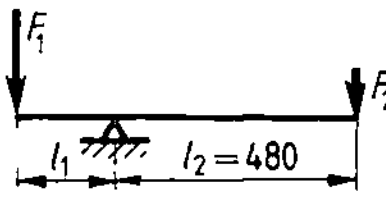

2.43

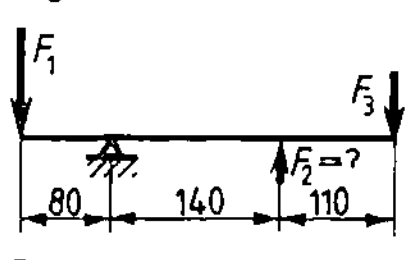

2.44

5. Ges. l_1 in mm (2.45)
Geg. $F_1 = 93,75$ N, $F_2 = 351$ N,
$F_3 = 150$ N, $F_4 = 78$ N

6. Ges. F_4 in N (2.46)
Geg. $F_1 = 40$ N, $F_2 = 20$ N,
$F_3 = 40$ N, $F_5 = 48$ N

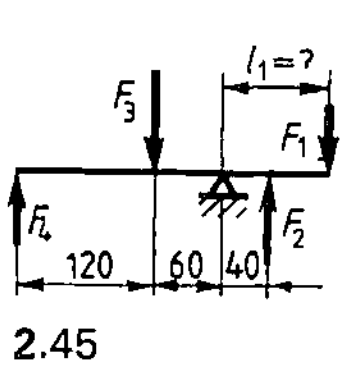

2.45

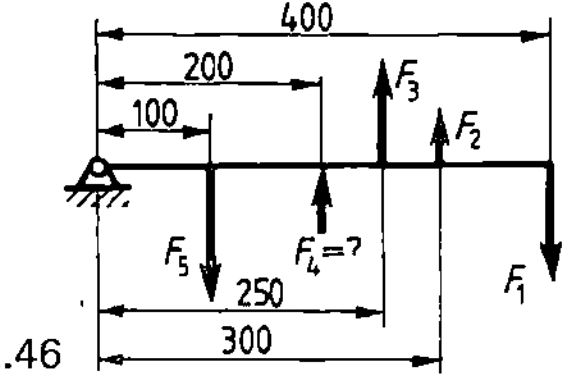

2.46

7. Ges. l_1 in mm (2.47)
Geg. $F_1 = 40$ N, $F_2 = 48$ N, $F_3 = 48$ N

8. Ges. F_1 in N (2.48)

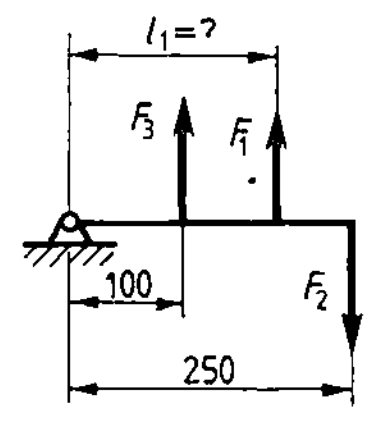

2.47

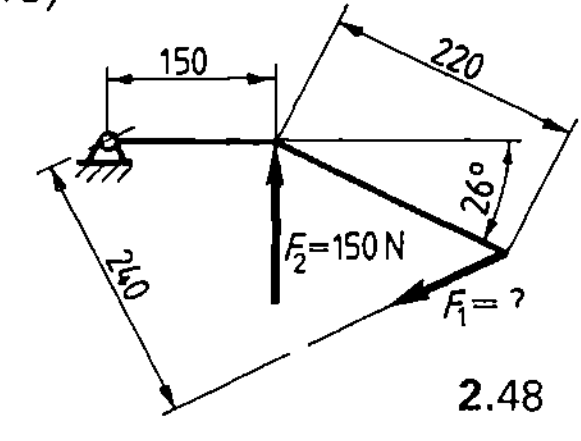

2.48

9. Ges. F_2 in N (2.49)

10. Gesucht: F_2 in N nach Bild 2.50.

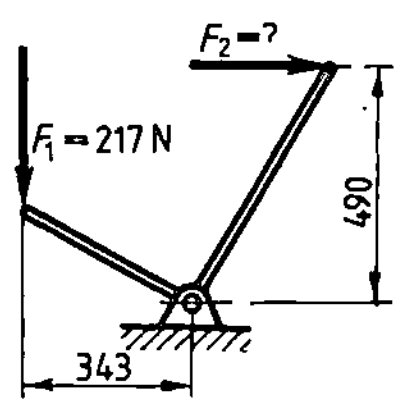

2.49

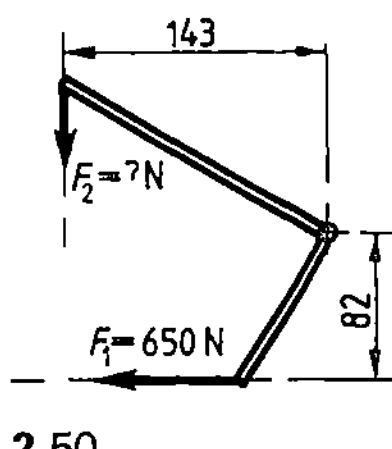

2.50

11. Eine Kiste belastet das kurze Ende eines zweiseitigen Hebels mit der Gewichtskraft $F_2 = 7,2$ kN (2.51). Wie groß ist F_1 in N?

12. Die Spannkraft einer Ventilfeder betragt 750 N. Berechnen Sie die Kraft F_1, die der Nocken zum Offnen des Ventils aufbringen muß (2.52).

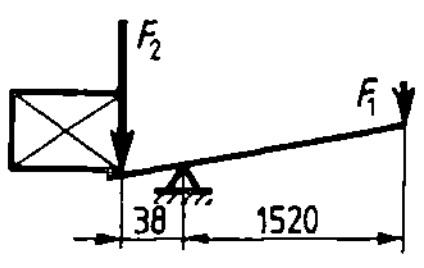

2.51

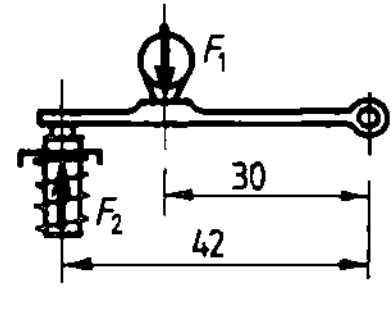

2.52

13. Bei einem Wagenheber werden als wirksame Hebelarmlangen 1,75 m und 20 cm angegeben. Mit welcher Kraft F_1 in N muß der lange Hebelarm betätigt werden, wenn das hochzuhebende Kfz-Teil 420 kg schwer ist?

14. Ein Werkstattkran ist ein zweiseitiger Hebel. Am „kurzen" Hebelarm hebt er eine 160 kg schwere Werkzeugmaschine hoch. Am „langen" Hebelarm von 1,80 m Länge wirkt eine Gegenkraft von 350 N. Wie groß ist der „kurze" Hebelarm?

15. Ein Scheibenwischer hat von Mitte Wischerblatt bis zum Drehpunkt einen 350 mm langen Hebelarm. An diesem Hebelarm wirkt beim Scheibenwischen eine durchschnittliche Reibungskraft von $F_2 = 0,8$ N. Mit welcher Kraft greift der Wischermotor am kurzen Hebelarm $l_1 = 43,75$ mm an?

16. Ein Bremspedal ist ein einseitiger Hebel. Beim Abbremsen soll eine Fußkraft $F_1 = 380$ N an einem Hebelarm von $l_1 = 270$ mm wirksam sein. Welche Kraft F_2 greift am kurzen Hebelarm $l_2 = 90$ mm an?

17. An einem zweiseitigen Hebel greifen $F_1 = 540$ N und $F_2 = 375$ N an (beide rechtsdrehend). Die zugehorigen Hebelarmlangen sind $l_1 = 160$ mm und $l_2 = 215$ mm. Wie groß ist die linksdrehende Kraft F_3 bei einer Hebelarmlange von $l_3 = 375$ mm?

"""

2.4.5 Momentengleichung und Achskräfte

Das Leergewicht eines Fahrzeugs und die Zuladung werden als Achslasten auf die Vorder- und Hinterachse verteilt. Die Achslasten werden genau so wie andere Massen von der Erde angezogen. Daher wirken von den Radaufstandspunkten aus entsprechende Achskräfte auf die Fahrbahn.

> **Achslasten** m sind Gewichts- bzw. Massegrößen.   Einheit: kg
>
> Die **Achskräfte** der Vorder- und Hinterachse F_V, F_H oder F_A, F_B ergeben zusammen die Fahrzeuggewichtskraft F_G.   Einheit: N

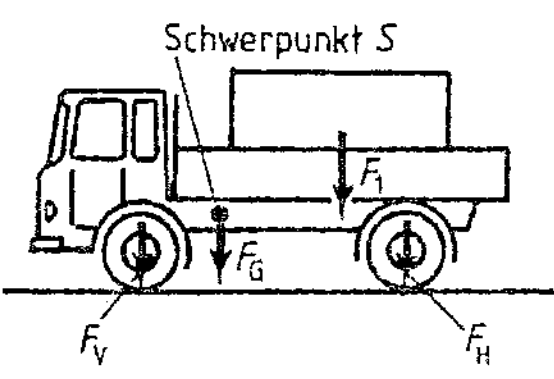

Kräftegleichung
$$F_G + F_1 = F_A + F_B$$

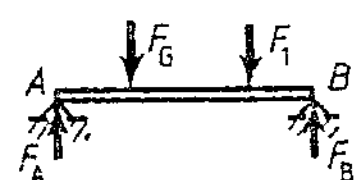

Drehpunkt in A

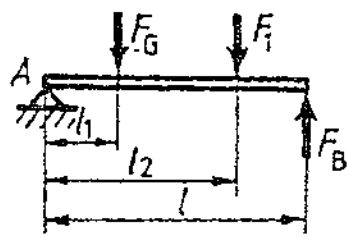

Drehpunkt in B

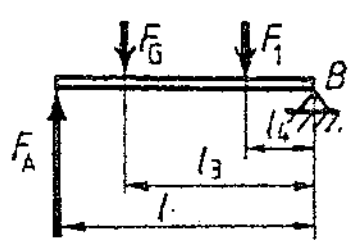

2.53 Achs- und Auflagerkräfte

Zur Berechnung der Achskräfte F_V und F_H wendet man das Hebelgesetz in Form der Momentengleichung an. Achslasten in kg müssen zuerst in Gewichtskräfte umgerechnet werden. Die Umrechnung erfolgt mit Hilfe des dynamischen Grundgesetzes der Mechanik, das von Newton aufgestellt wurde.

$$F = m \cdot a \quad \text{oder} \quad \boxed{F_G = m \cdot g}$$

Die Fallbeschleunigung beträgt $g = 9{,}81$ m/s² oder $g \approx 10$ m/s².

Einheitengleichung $\quad \boxed{1\,\text{N} = 1\,\dfrac{\text{kgm}}{\text{s}^2}}$

Die Kräftewirkungen durch das Fahrzeug auf die Fahrbahn sind mit den Kräftewirkungen eines Trägers auf seine Stützen (Auflager) vergleichbar. In den Auflagern A und B wirken F_A und F_B als Gegenkräfte (**2.53**).

Berechnung der Auflagerkräfte. Die Auflager A und B werden abwechselnd als Drehpunkt eingesetzt. Für jeden Fall wird eine Momentengleichung aufgestellt (**2.53**).

Drehpunkt in A

$$F_B \cdot l = F_G \cdot l_1 + F_1 \cdot l_2$$
$$F_B = \frac{F_G \cdot l_1 + F_1 \cdot l_2}{l}$$

Drehpunkt in B

$$F_A \cdot l = F_G \cdot l_3 + F_1 \cdot l_4$$
$$F_A = \frac{F_G \cdot l_3 + F_1 \cdot l_4}{l}$$

Zur Kontrolle stellen wir die Kräftegleichung auf

$$F_A + F_B = F_G + F_1$$

Grundformeln	Formelzeichen		Einheiten	
		Bedeutung	SI	weitere ges.
Dynamisches Grundgesetz der Mechanik	F, F_G	Kraft, Gewichtskraft	**N**	kN, MN
$\boxed{F_G = m \cdot g}$	m	Masse, Achslast	**kg**	t, g
	g	Fallbeschleunigung	**m/s²**	—
Kräftegleichung	F_A, F_B	Auflagerkräfte	**N**	kN, MN
$\boxed{F_G + F_1 = F_A + F_B}$	F_G, F_1	Gewichtskräfte	**N**	kN, MN
	F_V, F_H	Gewichtskraft der Vorder- bzw. Hinterachse	**N**	kN, MN
Momentengleichungen	l, l_1	Hebelarmlängen	**m**	cm, mm
$\boxed{F_B \cdot l = F_G \cdot l_1 + F_1 \cdot l_2}$				
$\boxed{F_A \cdot l = F_G \cdot l_3 + F_1 \cdot l_4}$				Fettdruck = bevorzugte Einheit

Aufgaben

Hinweis Für die Fallbeschleunigung ist $g = 9{,}81\ \text{m/s}^2$ einzusetzen

1. Ges F_A in N,
$\quad\quad\ F_B$ in N

Geg. $G = 1280\ \text{N}$

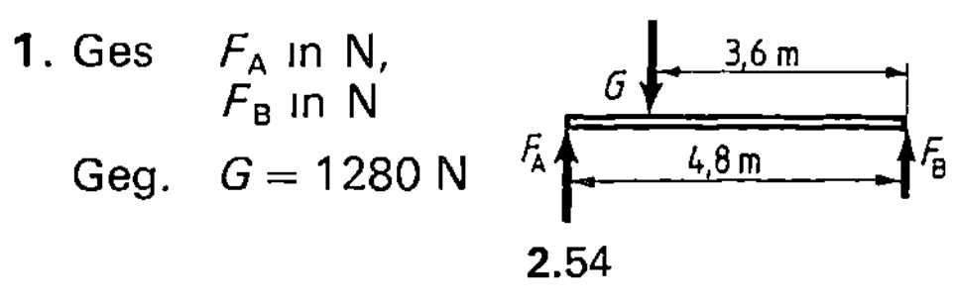

2.54

2. Ges. m in kg,
$\quad\quad\ F_B$ in N

Geg. $F_A = 2{,}5\ \text{kN}$

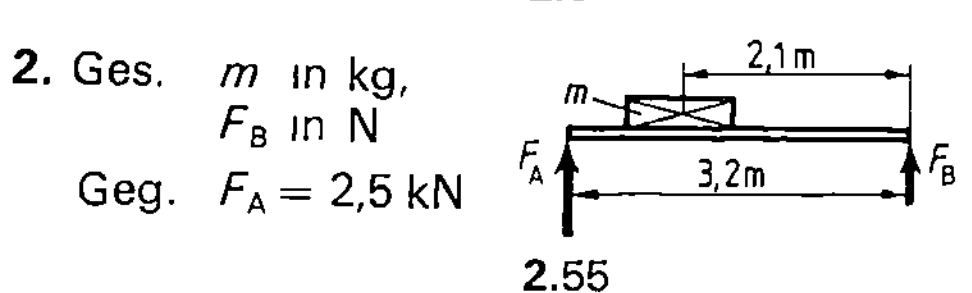

2.55

3. Ges F_2 in N,
$\quad\quad\ F_{ges}$ in N,
$\quad\quad\ F_B$ in N

Geg. $F_A = 2{,}4\ \text{kN}$,
$\quad\quad\ F_1 = 3{,}0\ \text{kN}$

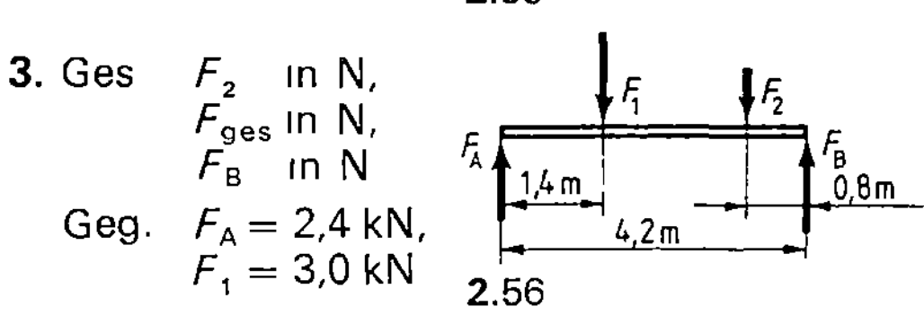

2.56

4. Das zulässige Gesamtgewicht eines Lkw beträgt 13 t Der Radstand ist mit $l = 4200\ \text{mm}$ angegeben Der Schwerpunkt liegt 1,3 m vor der Hinterachse Berechnen Sie die Achskräfte F_V und F_H in N.

5. Ein Pkw wiegt $m = 1850\ \text{kg}$. Die Achsabstände bis zur Schwerlinie betragen $l_1 = 1{,}25\ \text{m}$ und $l_2 = 1{,}60\ \text{m}$ (**2.57**). Gesucht sind:

a) Gewichtskraft G in N,
b) Achskräfte F_V und F_H in N,
c) Kontrollrechnung $F_V + F_H = G$

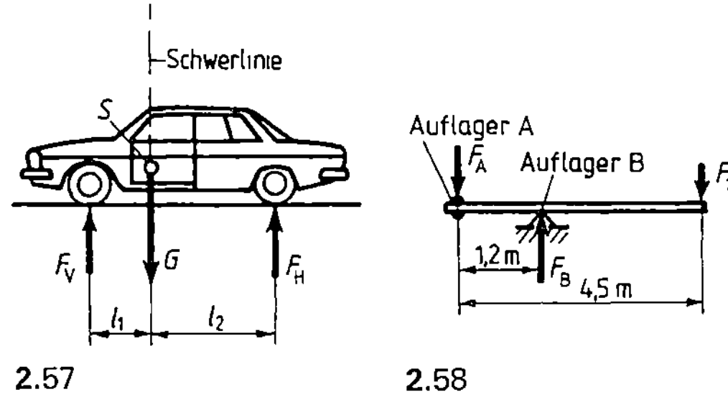

2.57 $\qquad\qquad$ 2.58

6. Am Ende eines Sprungbretts steht ein Springer mit einem Gewicht von $m = 95\ \text{kg}$ (**2.58**).

a) Wie groß ist die im Auflagepunkt B wirkende Kraft F_B in N?
b) Wie groß ist im Stützpunkt A die nach unten wirkende Kraft F_A in N?

7. Bei einem Pkw beträgt der Radstand $l = 2668\ \text{mm}$ Das Leergewicht $m = 1065\ \text{kg}$ ist bekannt. Außerdem ist die Achskraft $F_V = 7014{,}15\ \text{N}$ errechnet worden.

a) Bestimmen Sie die Hinterachskraft F_H in N.
b) Wie weit ist der Schwerpunkt von der Hinterachse entfernt? Runden Sie die Antwort auf volle Millimeter.

8. Bei einem Pkw mit einem Radstand $l = 2677\ \text{mm}$ wirkt auf die Vorderachse das Teilgewicht $m_V = 701{,}8\ \text{kg}$ bzw. 58 % des Leergewichts.

a) Berechnen Sie das Gesamtgewicht in kg und die Gesamtgewichtskraft in N.
b) Wieviel mm ist der Schwerpunkt von der Vorderachse entfernt?

9. Von einem vollgetankten Pkw sind folgende Gewichtsangaben bekannt: Leergewicht 950 kg und zulässige Zuladung 370 kg. Beim zulässigen Gesamtgewicht wirkt auf die Hinterachse die Achskraft $F_H = 5956{,}6\ \text{N}$. Der Abstand des Schwerpunkts von der Vorderachse wurde mit $l_1 = 1188{,}3\ \text{mm}$ errechnet. Bestimmen Sie mit Hilfe einer Prinzipskizze

a) die Gewichtsverteilung in kg und in Prozenten auf Vorder- und Hinterachse,
b) den Radstand l in mm.

10. Das Leergewicht eines Pkw beträgt $m = 1070\ \text{kg}$. Der Schwerpunkt ist von der Vorderachse $l_1 = 1488\ \text{mm}$ entfernt. Berechnen Sie den Radstand l in mm, wenn die Achskraft F_V mit 3534,6 N ermittelt wurde.

11. Das Leergewicht eines Pkw beträgt 1620 kg. Die Vorderachse ist im Stand mit 960 kg belastet. Berechnen Sie mit Hilfe einer Prinzipskizze, wie weit der Schwerpunkt des Fahrzeugs von der Hinterachse entfernt ist. Der Radstand l ist mit 2795 mm angegeben.

12. Ein Anhänger hat ein Leergewicht von 2,6 t. Der Schwerpunkt ist von der Vorderachse 200 cm entfernt. Die Beladung beträgt 4,5 t. Der Schwerpunkt dieser Zuladung ist von der Vorderachse 3,20 m entfernt. Der Radstand ist mit 4,20 m angegeben. Berechnen Sie mit Hilfe einer Skizze

a) die Achskraft an der Vorderachse und die Achskraft je Vorderrad,
b) die Achskraft an der Hinterachse und die Achskraft je Hinterrad.

13. Ein einachsiger Pkw-Anhänger wiegt mit Zuladung 320 kg. Der Gesamtschwerpunkt liegt 40 cm vor der Anhängerachse. Der Abstand zwischen Anhängerkupplung und Anhängerachse beträgt 2,20 m. Bestimmen Sie die Aufliegekraft F_K in N an der Anhängerkupplung.

14. Bei einem Pkw beträgt die Achskraft der Hinterachse $F_H = 3120\ \text{N}$, der Achsabstand $l = 2402\ \text{mm}$. Der Schwerpunkt des Wagens ist von der Hinterachse 1650 mm entfernt. Bestimmen Sie das Leergewicht des Pkw in kg.

15. Ges. F_A und F_B in N nach Bild **2.53**.
Geg. $F_G = 35\ \text{kN}$, $l_1 = 2\ \text{m}$, $l = 4{,}20\ \text{m}$.

2.4.6 Mechanische Arbeit

Um einen Körper in eine bestimmte Richtung zu verschieben oder zu heben, ist ein gewisser Aufwand erforderlich. Diesen Aufwand nennt man mechanische Arbeit. Je größer die erforderliche Kraft oder je länger der Verschiebeweg in Kraftrichtung ist, desto mehr mechanische Arbeit wird verrichtet (2.59).

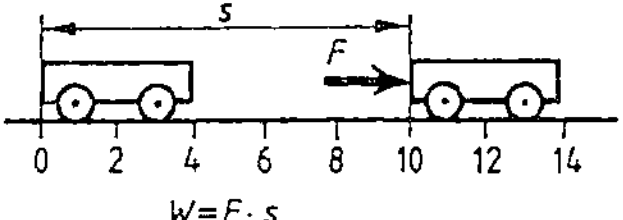

2.59   Mechanische Arbeit

Mechanische Arbeit W = Kraft · Verschiebeweg $W = F \cdot s$ Einheit: Nm

Mechanische Energie. Hat ein Körper die Fähigkeit, mechanische Arbeit zu verrichten, so bezeichnet man dieses gespeicherte Arbeitsvermögen als mechanische Energie (2.60). Es gibt verschiedene Energieformen. Sie sind physikalisch gleichzusetzen. Daher sind auch ihre Einheiten gleich:

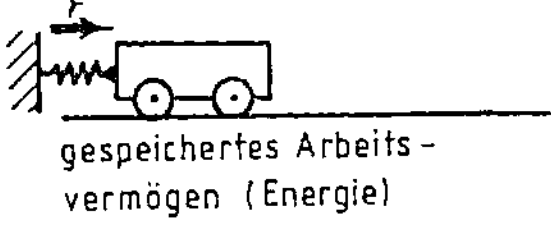

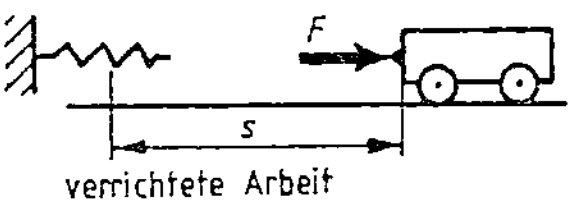

2.60   Mechanische Energie

Mechanische Energie	$\triangleq$ Mechanische Arbeit	in Nm
Wärmeenergie	$\triangleq$ Wärmemenge	in J
Elektrische Energie	$\triangleq$ Elektrische Arbeit	in Ws

Einheitengleichung 1 Joule (dschul) = 1 Newtonmeter = 1 Wattsekunde

$1 \text{ J} = 1 \text{ Nm} = 1 \text{ Ws}$

Kraft-Weg-Diagramm. Die mechanische Arbeit kann im Kraft-Weg-Diagramm durch eine Rechteckfläche dargestellt werden (2.61). Das Produkt $F \cdot s$ ergibt grafisch die Größe der Fläche, rechnerisch jedoch die mechanische Arbeit, gemessen in Nm.

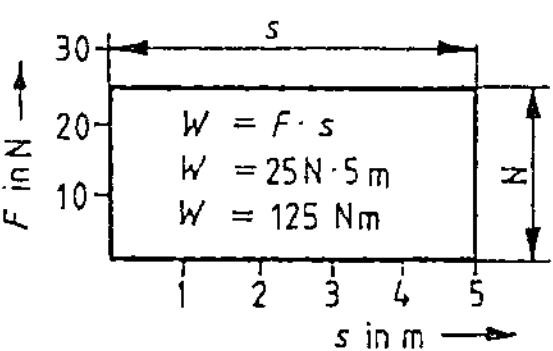

2.61   Kraft-Weg-Diagramm

2.4.7 Schiefe Ebene

Bei Verwendung einer schiefen Ebene (Rampe) werden schwere Güter entgegen ihrer senkrecht nach unten wirkenden Gewichtskraft G durch eine Schubkraft F auf eine höhere Ebene gebracht (2.62).

Aufgewendete Arbeit $\triangleq$ gewonnene Arbeit
Schubkraft F · Weg s = Gewichtskraft G · Hubhöhe h

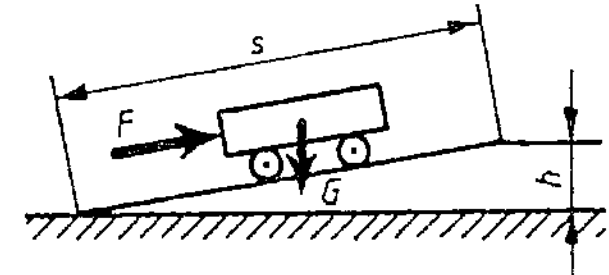

2.62   Schiefe Ebene

Goldene Regel der Mechanik

Aufgewendete Arbeit = gewonnene Arbeit $F \cdot s = G \cdot h$ $F \cdot s = m \cdot g \cdot h$

Grundformeln	Formelzeichen		Einheiten	
		Bedeutung	SI	weitere ges.
Mechanische Arbeit	W	Mechanische Arbeit	J	Nm, kNm
	F, G	Kraft, Gewichtskraft	N	daN, kN
$W = F \cdot s$	s, l	Verschiebeweg in Kraftrichtung	m	mm, cm, dm
	h	Höhe	m	mm, cm, dm
Schiefe Ebene	m	Masse	kg	g, t
$F \cdot s = G \cdot h$ $F \cdot s = m \cdot g \cdot h$				Fettdruck = bevorzugte Einheit

Beispiel Wie hoch wird ein 252 kg schwerer Motor gehoben, wenn dabei eine Arbeit von 1854 Nm verrichtet wird? Bestimmen Sie zuerst die Gewichtskraft G in N ($g = 9{,}81$ m/s²).

$G = m \cdot g = 252 \cdot 9{,}81$ kg $\cdot$ m/s² $= 2472{,}12$ N ≈ 2472 N

Ges. s in m

Geg. $m = 252$ kg, $g = 9{,}81$ m/s², $W = 1854$ Nm, $G = 2472$ N

Lös. $s = \dfrac{W}{G} = \dfrac{1854 \text{ Nm}}{2472 \text{ N}} = 0{,}75$ m

Aufgaben

Hinweis Setzen Sie für die Fallbeschleunigung $g = 9{,}81$ m/s² ein.

1. Ein Pkw wird eine Strecke von 1,8 km mit einer Kraft von 390 N geschoben. Berechnen Sie die dabei verrichtete mechanische Arbeit.

2. Ein Kolben hat eine mittlere Kolbenkraft von 3720 N. Bestimmen Sie die mechanische Arbeit bei einem Hub. Der Hub beträgt 84 mm.

3. Ein 1050 kg schwerer Pkw wird mit einer hydraulischen Hebebühne 1,90 m hochgehoben. Berechnen Sie zuerst die Gewichtskraft und dann die mechanische Arbeit

4. Ein Lasthebezeug hebt einen Motor mit einem Gewicht von 334 kg auf eine Höhe von 2,30 m. Wie groß sind die Gewichtskraft und die mechanische Arbeit?

5. Ein Lkw wird an der Hinterachse 85 cm angehoben. Dabei werden 10 710 Nm mechanische Arbeit verrichtet. Wie groß ist die erforderliche Kraft in kN?

6. Ein Verladekran hebt einen Lkw mit einem Leergewicht von 7,8 t auf eine Höhe von 9,2 m. Berechnen Sie die Gewichtskraft und die verrichtete mechanische Arbeit.

7. Berechnen Sie für einen Pkw den Gesamtfahrwiderstand F_W in kN. Für eine 2,85 km lange Strecke beträgt die mechanische Arbeit 4069,8 kNm.

8. Ein Pkw erreicht einen Bremsweg von 85 m. Das Abbremsen erfordert eine mechanische Arbeit von 480,08 kNm. Berechnen Sie die Bremskraft.

9. Ein Pkw wird mit einer Kraft von 800 N auf eine 8,8 m lange Rampe geschoben. Er hat ein Leergewicht von 1196 kg. Wie hoch ist die Rampe? (Reibungskräfte werden vernachlässigt.)

11. Eine Last von 1,25 t wird mit Hilfe einer Seilwinde gehoben. Der Trommeldurchmesser der Seilwinde beträgt 278 mm. Berechnen Sie Hubhöhe und die mechanische Arbeit, nachdem die Trommel 15mal herumgedreht wurde.

12. Eine 1,2 t schwere Werkzeugmaschine soll auf eine 1,10 m hohe Laderampe gehoben werden. Die Maschine wird mit Hilfe von untergelegten Walzen über eine 1,3 m lange schiefe Ebene gerollt. Wie groß ist die Schubkraft, wenn die Reibung unberücksichtigt bleibt?

13. Beim Hochheben eines Trägers auf 1,50 m wird eine Arbeit von 2587,5 Nm verrichtet. Wie groß ist das Volumen des Trägers in cm³ bei $g = 9{,}81$ m/s² und $\varrho = 7{,}85$ kg/dm³?

14. Ein Aufzug befördert Stahlplatten 15 m hoch. Die Arbeit beträgt 83 kNm. Berechnen Sie das Gewicht der Stahlplatten in kg.

15. Ein Rundstahl mit $d = 320$ mm und $l = 3{,}5$ m wird von einem Kran 8,75 m hochgehoben.
a) Wie groß ist das Gewicht bei $\varrho = 7{,}8$ kg/dm³?
b) Wie groß ist die verrichtete mechanische Arbeit?

16. Eine Schraube wird durch eine Kraft von 280 N mit einem 375 mm langen Schlüssel angezogen.
a) Berechnen Sie die mechanische Arbeit nach einer Umdrehung.
b) Wie groß ist die mechanische Arbeit mit einem 220 mm langen Schlüssel?

17. Beim Hochziehen einer 450 kg schweren Ramme werden 7946,1 Nm an mechanischer Arbeit verrichtet. Auf welche Höhe wird die Ramme gezogen?

10. Berechnen Sie die fehlenden Größen in den vorgegebenen Einheiten.

	a)	b)	c)	d)	e)	f)
mechanische Arbeit W	? Nm	? Nm	3,24 kNm	2163,1 Nm	? Nm	3,7671 kNm
zurückgelegter Weg s	1,75 m	1,8 m	72 cm	? m	4,5 mm	? cm
erforderliche Kraft F	8230 N		? N			
Gewichtskraft G		? N		686,7 N	? kN	? N
Masse (Gewicht) m		7,5 t		? kg	38 t	960 kg

2.4.8 Mechanische Leistung

Wird eine Arbeit in einer kürzeren Zeit als eine andere, gleich große Arbeit verrichtet, so ist eine größere Leistung vollbracht worden.

Leistung. Den Anteil der Arbeit, der in der Zeiteinheit von 1 s verrichtet wird, nennt man mechanische Leistung. Sie läßt sich berechnen, wenn die verrichtete Arbeit und die dafür aufgewendete Zeit bekannt sind.

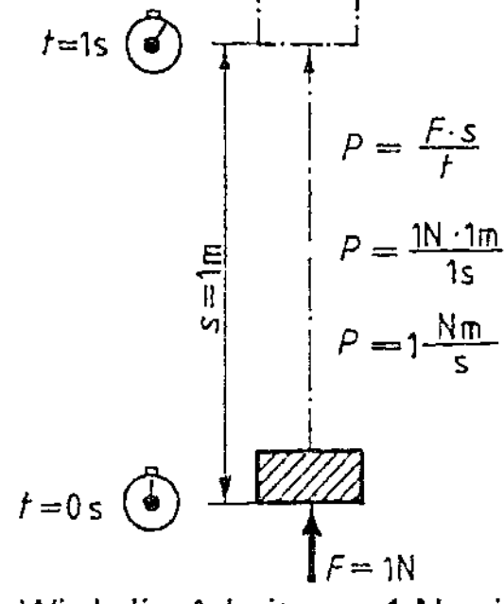

Wird die Arbeit von 1 Nm in der Zeiteinheit von 1 s verrichtet, beträgt die mechanische Leistung
1 Nm/s = 1 J/s = 1 W

2.63   Mechanische Leistung

$$\text{Leistung } P = \frac{\text{verrichtete Arbeit}}{\text{aufgewendete Zeit}} \qquad P = \frac{W}{t}$$
Einheit: W (Watt)

Neben der festgelegten Leistungseinheit Watt gibt es noch andere abgeleitete Leistungseinheiten (2.63).

Einheitengleichung
$$1\,W = 1\,\frac{Nm}{s} = 1\,\frac{J}{s}$$

Entwicklung anderer Leistungsformeln

$$P = \frac{W}{t} \rightarrow W = F \cdot s \qquad P = \frac{F \cdot s}{t} = F \cdot \frac{s}{t} \rightarrow v = \frac{s}{t}$$

$$P = \frac{F \cdot s}{t} \qquad\qquad P = F \cdot v$$

Grundformeln	Formelzeichen		Einheiten	
		Bedeutung	SI	weitere ges.
Mechanische Leistung $P = \dfrac{W}{t}$	P	Mechanische Leistung	W	kW, Nm/s
	W	verrichtete Arbeit	J	Nm, Ws
	t	aufgewendete Zeit	s	min, h
	F	Kraft	N	daN, kN
abgewandelt $P = \dfrac{F \cdot s}{t}$ $\quad$ $P = F \cdot v$	s	Verschiebeweg	m	—
	v	Verschiebegeschwindigkeit	m/s	—
				Fettdruck = bevorzugte Einheit

Bei Leistungsberechnungen wird die verrichtete Arbeit stets auf die Zeiteinheit von 1 s bezogen, d. h. die Zeit t immer in Sekunden eingesetzt.

Beispiel Ein Gabelstapler hat bei einer Hubgeschwindigkeit von 0,42 m/s eine Leistung von 5,88 kW. Bestimmen Sie die Hubkraft in kN.

Hinweis Rechnen Sie zuerst 5,88 kW um in Nm/s (s. Einheitengleichung).

Ges. F in kN

Geg. $v = 0,42$ m/s, $P = 5,88$ kW = 5880 W = 5880 Nm/s

Lös. $F = \dfrac{P}{v} = \dfrac{5880\,\text{Nm/s}}{0,42\,\text{m/s}} = 14000\,\text{N} = 14\,\text{kN}.$

Aufgaben

Rechnen Sie folgende Leistungsangaben in andere Einheiten um.

1. a) 3,4 kW in W
   b) 7,62 W in kW
   c) 80,08 W in Nm/s
   d) 118 kW in Nm/s
   e) 0,75 W in J/s

2. a) 12,08 Nm/s in W
   b) 48,2 J/s in W
   c) 75 Nm/s in J/s
   d) 568 Nm/s in kW
   e) 0,84 kW in J/s

3. a) 40,2 J/s in Nm/s
   b) 3,08 kW in J/s
   c) 48,2 J/s in kW
   d) 5,42 kW in W
   e) 65,5 J/s in kW

4. Mit einem Flaschenzug wird ein 480 kg schwerer Motor in 36 Sekunden 1,70 m hochgehoben. Bestimmen Sie zuerst die Gewichtskraft in N und dann die vollbrachte Leistung in Nm/s.

5. Durch eine Seilweinde wird eine Last von 1,75 t in 14,5 s auf eine Höhe von 2,20 m befordert. Welche Leistung in Nm/s ist erforderlich?

6. Ein Pkw hat auf der Autobahn bei einer Durchschnittsgeschwindigkeit von 158,4 km/h einen Gesamtfahrwiderstand von $F_W = 1680$ N. Wie groß muß die Antriebsleistung an den Antriebsradern mindestens sein?

7. Eine Grundwasserpumpe fordert in 1 h aus einem Schacht 2400 m³ Wasser auf eine Höhe von 5,40 m
a) Bestimmen Sie die Gewichtskraft in N
b) Wie groß ist die Leistung in kW?

8. Ein Pkw soll bei einem Gesamtwiderstand $F_W = 620$ N eine Geschwindigkeit von 108 km/h erreichen. Welche Antriebsleistung in kW ist erforderlich?

9. Der Arbeitskolben einer hydraulischen Presse hat einen Durchmesser von 480 mm. Der Arbeitsdruck betragt 135 bar. Fur den 20 cm großen Hub braucht der Kolben 38 s. Berechnen Sie die erforderliche Leistung in kW.

10. Auf welche Höhe fahrt ein 2 t schwerer Aufzug in 1,1 min bei einer Leistung von 50 kW?

11. Ein Sportwagen erreicht seine Hochstgeschwindigkeit von 240 km/h, wenn die Antriebsleistung an den Antriebsradern 200 kW betragt. Bestimmen Sie den Gesamtfahrwiderstand F_W in N.

12. Eine Hebebuhne hat eine Hubgeschwindigkeit von 0,15 m/s. Wie groß ist die erforderliche Leistung in kW, wenn ein 1480 kg schwerer Wagen hochgehoben wird?

14. Ein Maschinenteil mit der Gewichtskraft von 8,4 kN wird durch eine Hebevorrichtung 4,5 m hochgedruckt. Die Leistung betragt 2,8 kW. Berechnen Sie die erforderliche Zeit in s.

15. Bei einem Generator betragt die Leistungsaufnahme 1,2 kW. Welche Zugkraft wirkt auf den Keilriemen, wenn seine Geschwindigkeit mit 10,7 m/s errechnet wird?

16. Auf den Kolben einer Dampfmaschine wirkt ein Druck von 16,2 bar. Der Kolbendurchmesser betragt 42 cm, fur den Hub sind 450 mm angegeben. Berechnen Sie die Leistung der Dampfmaschine, wenn je Minute 80 Hube erfolgen.

17. In wieviel Sekunden bringt ein Aufzug bei 6,12 kW Leistung eine Last von 2,34 t auf eine Höhe von 3,40 m?

18. Ein Lastkran hat eine Hubgeschwindigkeit von 0,72 m/s. Berechnen Sie von einer hochgehobenen Last die Masse in kg, wenn die mechanische Leistung 61,2 kW betragt.

19. Die Tragfahigkeit einer Seilwinde betragt 1750 kg. Bei einer Leistung von 2,475 kW wird eine Last in 0,2 min auf eine Höhe von 180 cm gehoben. Wird bei diesen Werten die angegebene Tragfahigkeit erreicht?

20. Vom Getriebe eines Baukrans wird eine Nutzleistung von 2,92 kW abgegeben. Bestimmen Sie die Förderzeit in min, wenn eine Last mit einem Gewicht von 1750 kg auf eine Höhe von 8 m befordert wird.

21. Ein Pkw hat ein Gewicht von 1150 kg und wird durch eine Hebebuhne 2,10 m hochgehoben. Die Hubgeschwindigkeit beträgt 0,22 m/s. Bestimmen Sie
a) die Leistung in kW,
b) die Hubzeit in s,
c) die mechanische Arbeit in Nm und Ws.

22. Ges. Gewicht einer hochgehobenen Kiste. Geg. $P = 30$ kW, $v = 12$ m/s.

13. Berechnen Sie die Großen, die durch ein Fragezeichen gekennzeichnet sind. Beachten Sie die angegebenen Einheiten.

	a)	b)	c)	d)	e)	f)	g)
Kraft F	? N	1000 daN	? N	25 kN	? N	? kN	? N
Weg s	340 mm	1,8 m	180 mm	8,4 m	240 mm	? m	675 m
Geschwindigkeit v	? m/s	? m/s	? m/s	? m/s	? m/s	220 km/h	15 m/s
Zeit t	1,6 s	3 min	30 s	? min	40 s	5 s	? s
Leistung P	? W	? kW	? W	8 kW	? kW	180 kW	? W
Zylinderdurchmesser d	80 mm		? mm		480 mm		? mm
Zylinderquerschnittsfläche A	? cm²		113 cm²		? cm²		84,64 cm²
Druck p	18 bar		10 bar		190 bar		8,5 bar

2.5 Motordrehmoment und Motorleistung

Kurbelkreis und Motordrehmoment. In der Technik versteht man unter Moment die Drehwirkung einer Kraft an einem drehbar gelagerten Hebel. Beim Verbrennungsmotor spricht man vom Motordrehmoment. Es entsteht am Kurbelkreis durch die Wirkung einer Umfangskraft F_T auf den „Kurbelarm" r der Kurbelwelle.

> Das Motordrehmoment M ist das Produkt von Umfangskraft mal Kurbelarm.
>
> $M = F_T \cdot r$
>
> Einheit: Nm

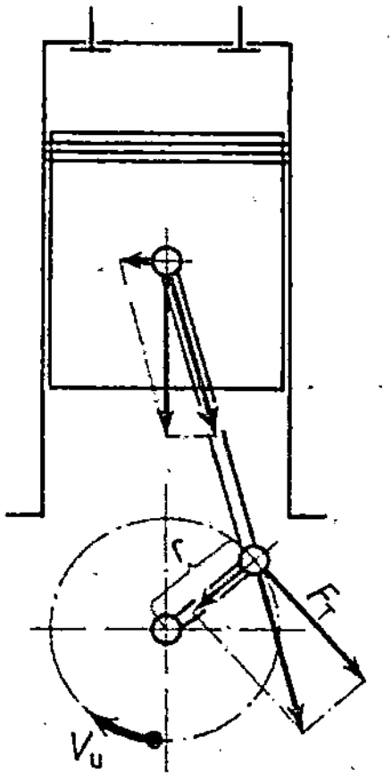

2.64 Motordrehmoment M und Umfangsgeschwindigkeit v_u

Kurbelkreis und Umfangsgeschwindigkeit. Die Kreisbewegung der Kurbelwelle kann als Umfangsgeschwindigkeit berechnet werden. Die Formel entsteht aus der Grundformel für geradlinige Geschwindigkeit $v = \dfrac{s}{t}$ durch folgende Überlegungen:

- Weg s eines Punktes auf dem Kurbelkreisumfang bei 1 Umdrehung $\;\triangleq$ Kreisumfang $d \cdot \pi$ (in m)
- Anzahl der Umdrehungen je Minute $\;\triangleq$ Drehzahl n (in 1/min)
- Kreisumfang mal Anzahl der Umdrehungen in der Zeit von 1/min $\;\triangleq$ Geschwindigkeit v (in m/min)
- Daraus folgt $\quad v = d \cdot \pi \cdot n$ (in m/min)
- Umfangsgeschwindigkeit $\quad v_u = \dfrac{d \cdot \pi \cdot n}{60}$ (in m/s)

> Die Umfangsgeschwindigkeit v_u ist der am Kreisumfang in 1 Sekunde zurückgelegte Weg in m.
>
> $v_u = \dfrac{d \cdot \pi \cdot n}{60}$
>
> Einheit: m/s

2.5.1 Effektive Leistung (Nutzleistung)

Die Motorleistungsformel entwickelt man aus $P = F \cdot v$; $M = F \cdot r$ und $v_u = \dfrac{d \cdot \pi \cdot n}{60}$.

1. Schritt: $P = F \cdot v$ (in W) wird umgewandelt in $P = \dfrac{F \cdot v}{1000}$ (in kW)

2. Schritt: $F = \dfrac{M}{r}$ und $v_u = \dfrac{2 \cdot r \cdot \pi \cdot n}{60}$ werden eingesetzt: $P = \dfrac{M \cdot 2 \cdot r \cdot \pi \cdot n}{r \cdot 1000 \cdot 60}$

3. Schritt: Ordnen, kürzen: $P = \dfrac{M \cdot n \cdot r \cdot 2 \cdot \pi}{r \cdot 1000 \cdot 60} \rightarrow \dfrac{\pi : \pi}{30\,000 : \pi} = \dfrac{1}{9549{,}2967} \approx \dfrac{1}{9550}$

4. Schritt: Formelzusammenfassung: $P = \dfrac{M \cdot n}{9550}$ (in kW)

> Auf dem Prüfstand wird unter normalen Betriebsbedingungen ermittelt, wieviel Leistung der Motor an der Schwungscheibe effektiv als Nutzleistung P_{eff} abgibt (DIN 1940 und DIN 70020 T6; eff $\triangleq$ effektiv, wirklich).
>
> $P_{eff} = \dfrac{M \cdot n}{9550}$
>
> Einheit: kW

Grundformeln	Formelzeichen		Einheiten	
		Bedeutung	SI	weitere ges.
Motordrehmoment $\boxed{M = F \cdot r}$ $\boxed{M = F_{\mathrm{T}} \cdot r}$	M F F_{T}	Moment, Motordrehmoment Kraft Tangentialkraft als Umfangs- kraft am Kurbelkreis	Nm N N	— daN, kN daN, kN
Umfangsgeschwindigkeit $$v_{\mathrm{u}} = \frac{d \cdot \pi \cdot n}{60}$$	r v_{u} d n P_{eff}	Hebelarmlänge Umfangsgeschwindigkeit Durchmesser Drehzahl Nutzleistung, Motorleistung	m m/s m 1/s W	— — mm 1/min kW
Nutzleistung $$P_{\mathrm{eff}} = \frac{M \cdot n}{9550}$$				Fettdruck = bevor- zugte Einheit

Beispiel Die Höchstleistung eines Dieselmotors beträgt 142 kW bei einer Drehzahl von 2100 1/min. Berechnen Sie das Motordrehmoment.

Ges. M in Nm

Geg. $P_{\mathrm{eff}} = 142$ kW, $n = 2100$ 1/min

Lös. $M = \dfrac{P_{\mathrm{eff}} \cdot 9550}{n} = \dfrac{142 \cdot 9550}{2100}$ Nm = **645,8 Nm**

Aufgaben

1. Das Motordrehmoment ist mit 189 Nm bei 3800 1/min angegeben. Bestimmen Sie die Motorleistung in kW.

2. Berechnen Sie die Leistung eines Starters in kW, wenn folgende Angaben bekannt sind: $n = 3900$ 1/min, $M = 13{,}2$ Nm.

3. Berechnen Sie das Drehmoment eines Dieselmotors mit einer Leistung von 160 kW und einer Drehzahl von 2000 1/min.

4. Ein Motor braucht zum Anlassen eine Drehzahl von 120 1/min. Welche Leistung in kW muß der Anlasser aufbringen, wenn das Drehmoment 120 Nm betragt?

5. Ein Starter leistet 11 kW bei einer Ankerdrehzahl von 2800 1/min. Berechnen Sie das Drehmoment.

6. Ein Vierzylinder-Ottomotor erreicht bei einer Nutzleistung von 68 kW ein Drehmoment von 95,5 Nm. Wie hoch ist die Drehzahl?

7. Wie groß ist das Motordrehmoment bei einer Kurbelwellendrehzahl von 4800 1/min? $P_{\mathrm{eff}} = 98$ kW.

8. Bei der Prufung eines Sechszylinder-Vergasermotors wurden die folgenden Werte ermittelt. Bestimmen Sie dazu alle Leistungswerte in kW.

	a)	b)	c)	d)	e)	f)
n in 1/min	1500	2000	3000	4000	5000	6000
M in Nm	95	108	120	115	102	87

9. Von einem Sportwagenmotor ist das maximale Drehmoment mit 185 Nm angegeben. Die Motorleistung beträgt 105 kW. Berechnen Sie die zugehörige Drehzahl.

10. Auf einem Prufstand wird zum Abbremsen eines Motors bei 2100 1/min eine Kraft von 720 N gebraucht. Der Hebelarm betragt 955 mm. Berechnen Sie das Drehmoment und die Nutzleistung.

11. Ein Sechszylinder-Vergasermotor mit 2,5 l Hubvolumen hat bei 6000 1/min seine größte Leistung von 95,7 kW. Das maximale Drehmoment von 182 Nm liegt bei einer Drehzahl von 3950 1/min. Berechnen Sie
a) das Drehmoment bei Höchstleistung,
b) die Leistung bei $M_{\max}$.

12. Das Motordrehmoment von 114,6 Nm wurde auf dem Prufstand durch mechanisches Abbremsen ermittelt.
a) Mit welcher Gewichtskraft mußte der Motor an dem 955 mm langen Bremshebel abgebremst werden?
b) Welche Drehzahl wurde abgelesen, wenn $P_{\mathrm{eff}} = 30$ kW betrug?

13. Ein Achtzylinder-Dieselmotor mit einem Gesamthubraum von 14,7 l hat bei 2500 1/min seine größte Leistung von 215 kW. Bei $M_{\max} = 980$ Nm betragt die Kurbelwellendrehzahl 1400 1/min.
a) Wie groß ist das Drehmoment bei $P_{\max}$?
b) Wie groß ist die Leistung bei $M_{\max}$?

2.5.2 Indizierte Leistung (Innenleistung)

Während des Arbeitstakts wird im Innern des Verbrennungsmotors vom Kolben eine Leistung erbracht. Man nennt sie Innenleistung oder indizierte (zugeführte) Leistung P_i.

Formelentwicklung

Grundformel der Leistung:	$P = F \cdot v$
F und v werden ersetzt:	$P = 10 \cdot A \cdot p_m \cdot \dfrac{2 \cdot s \cdot n}{60}$
indizierte Leistung (1 bar = 10 N/cm²):	$P_i = \dfrac{10 \cdot A \cdot p_m \cdot 2 \cdot s \cdot n}{60}$ in $\dfrac{Nm}{s} = W$
Umrechnung in kW:	$P_i = \dfrac{A \cdot p_m \cdot s \cdot n \cdot 10 \cdot 2}{60 \cdot 1000}$ in kW
bei 1 Arbeitstakt (Viertaktmotor):	$P_i = \dfrac{A \cdot p_m \cdot s \cdot n \cdot 10 \cdot 2}{60 \cdot 1000 \cdot 4}$
bei Mehrzylindermotoren:	$P_i = \dfrac{A \cdot p_m \cdot s \cdot n \cdot 10 \cdot 2 \cdot z}{60 \cdot 1000 \cdot 4}$
Einzusetzen sind: A in cm², p_m in bar, s in m, n in 1/min	$P_i = \dfrac{A \cdot s \cdot z \cdot p_m \cdot n}{12000}$
Wird s in cm eingesetzt, muß zusätzlich durch 100 dividiert werden.	$P_i = \dfrac{A \cdot s \cdot z \cdot p_m \cdot n}{1\,200\,000}$
Für Zweitaktmotore gilt:	$P_i = \dfrac{A \cdot s \cdot z \cdot p_m \cdot n}{600\,000}$

$A \cdot s \cdot z$ kann durch V_H in cm³ ersetzt werden:	$P_i = \dfrac{V_H \cdot p_m \cdot n}{1\,200\,000}$

> Wird der Hub s in m eingesetzt, muß in der Formel durch 12000 bzw. durch 6000 dividiert werden.

Grundformeln	Formelzeichen		Einheiten	
		Bedeutung	SI	weitere ges.
Viertaktmotor $P_i = \dfrac{A \cdot s \cdot z \cdot p_m \cdot n}{12000}$ $P_i = \dfrac{V_H \cdot p_m \cdot n}{1\,200\,000}$	P_i A s z p_m n V_H	Indizierte Leistung, Innenleistung Zylinderquerschnittsfläche Hub Zylinderzahl mittlerer, indizierter Arbeitsdruck Drehzahl Motorhubvolumen	W m² m — Pa, N/m² 1/s m³	**kW** **cm²** cm — **bar**, daN/cm² **1/min** **cm³**, l
Zweitaktmotor $P_i = \dfrac{A \cdot s \cdot z \cdot p_m \cdot n}{6000}$ $P_i = \dfrac{V_H \cdot p_m \cdot n}{600\,000}$				Fettdruck = bevorzugte Einheit

Beispiel Für einen Achtzylinder-V-Motor wurde eine indizierte Leistung von 162 kW errechnet bei $n = 2000$ 1/min. Die Bohrung beträgt 115 mm, der Hub 140 mm. Berechnen Sie den mittleren Arbeitsdruck in bar.

Hinweis Die einzelnen Größen dürfen nur in den vorgeschriebenen Einheiten in die Formel eingesetzt werden. Für A kann $d^2 \cdot 0{,}785$ eingesetzt werden.

Ges. $\quad p_m$ in bar

Geg. $\quad z = 8,\ P_i = 162\,\text{kW},\ n = 2000\ \text{1/min},\ d = 115\,\text{mm} = 11{,}5\,\text{cm},\ s = 140\,\text{mm} = 14{,}0\,\text{cm}$

Lös. $\quad p_m = \dfrac{P_i \cdot 1\,200\,000}{d^2 \cdot 0{,}785 \cdot s \cdot z \cdot n} = \dfrac{162 \cdot 1\,200\,000}{11{,}5 \cdot 11{,}5 \cdot 0{,}785 \cdot 14 \cdot 8 \cdot 2000}\ \text{bar} = 8{,}36\ \text{bar}$

Aufgaben

1. Ein Sechszylinder-Viertakt-Dieselmotor erreicht bei 3400 1/min einen mittleren Arbeitsdruck von 7,2 bar. Die Zylinderbohrung beträgt 118 mm, der Hub 130 mm Berechnen Sie
a) das Motorhubvolumen in cm³,
b) die indizierte Leistung in kW.

2. Von einem Vierzylinder-Viertaktmotor sind folgende Daten gegeben: Bohrung 110 mm, Hub 128 mm, mittlerer Arbeitsdruck 10,2 bar, Drehzahl 3800 1/min. Berechnen Sie die indizierte Leistung.

3. Bei einem Viertakt-Ottomotor mit einem Motorhubvolumen von 2,5 l betragt der mittlere Arbeitsdruck 9,2 bar. Bestimmen Sie die indizierte Leistung bei 5800 1/min Nenndrehzahl.

4. Ein Sechszylinder-Zweitakt-Dieselmotor hat einen Hub von 130 mm. Die Zylinderbohrung betragt 118 mm. Bei einem mittleren Arbeitsdruck von 7,2 bar betragt die Kurbelwellendrehzahl 3400 1/min. Bestimmen Sie
a) das Gesamtvolumen in cm³,
b) die indizierte Leistung in kW.

5. Ein Zwolfzylinder-Viertakt-Ottomotor hat folgende Daten: Bohrung 79 mm, Hub 84 mm, mittlerer Arbeitsdruck 10,8 bar, Drehzahl 6200 1/min. Wie groß ist die indizierte Leistung?

7. Bei einem Zweitakt-Dieselmotor sind das Motorhubvolumen mit 12,8 l und der mittlere Arbeitsdruck mit 7,2 bar angegeben. Wie groß ist bei der Nenndrehzahl von 3900 1/min die indizierte Leistung?

8. Berechnen Sie von einem Viertakt-Ottomotor die Drehzahl. Gegeben:
4 Zylinder, $V_h = 473\ \text{cm}^3,\ P_i = 82{,}4\ \text{kW},\ p_m = 9{,}1\ \text{bar}$.

9. Fur einen Sechszylinder-Viertakt-Ottomotor ist eine Innenleistung von 169,28 kW bei 6200 1/min gegeben. Berechnen Sie
a) das Motorhubvolumen in l und
b) die Zylinderbohrung in mm, wenn der Hub 90 mm und der mittlere Arbeitsdruck 10,2 bar betragen.

10. Berechnen Sie von einem Viertakt-Ottomotor V_H in l und s in mm. Gegeben:
6 Zylinder, $n = 5200\ \text{1/min},\ P_i = 122{,}7\ \text{kW},\ d = 92\ \text{mm},\ p_m = 10{,}176\ \text{bar}$.

11. Bei einer Nenndrehzahl von 2800 1/min erreicht ein Sechszylinder-Viertakt-Dieselmotor eine Innenleistung von 206,08 kW. Der Hub betragt 132 mm, der mittlere Arbeitsdruck 9,1 bar Berechnen Sie
a) das Hubvolumen eines Zylinders in cm³ und
b) die Zylinderbohrung in mm.

6. Berechnen Sie die fehlenden Größen in den angegebenen Einheiten.

	Verfahren	d in mm	s in mm	n in 1/min	z	p_m in bar	V_H in cm³	P_i in kW
a)	Viertakt	80	84	3800	8	7,2	?	?
b)	Zweitakt	50	58	6800	1	8,2	?	?
c)	Viertakt	86	57	7200	6	?	?	120
d)	Viertakt	84	80	6000	6	10,2	?	?
e)	Zweitakt	46	?	8200	3	?	244,167	24,026
f)	Viertakt	?	165	3200	8	7,8	17511,78	?
g)	Viertakt	90	?	5100	6	9,8	?	95,5
h)	Viertakt	130	165	?	6	7,2	?	250
i)	Zweitakt	?	78	4200	3	?	992,34	40,4

2.5.3 Mechanischer Wirkungsgrad

Durch die schnelle Verbrennung des komprimierten Kraftstoff-Luft-Gemisches wird die chemische Energie in Wärmeenergie und weiter in mechanische Energie umgewandelt. Ein beträchtlicher Teil an Energie bleibt dabei (z.B. durch unvollkommene Verbrennung und durch Wärmeableitung) ungenutzt. Die Güte der Energieausnutzung drückt man durch das Verhältnis der nutzbaren Leistung P_{eff} zur zugeführten Leistung P_i aus. Das ausgerechnete Verhältnis ist der Wirkungsgrad η (eta).

$$\text{Wirkungsgrad } \eta = \frac{\text{effektive (nutzbare) Leistung}}{\text{indizierte (zugeführte) Leistung}}$$

$$\eta = \frac{P_{eff}}{P_i} \qquad \text{Einheit: keine}$$

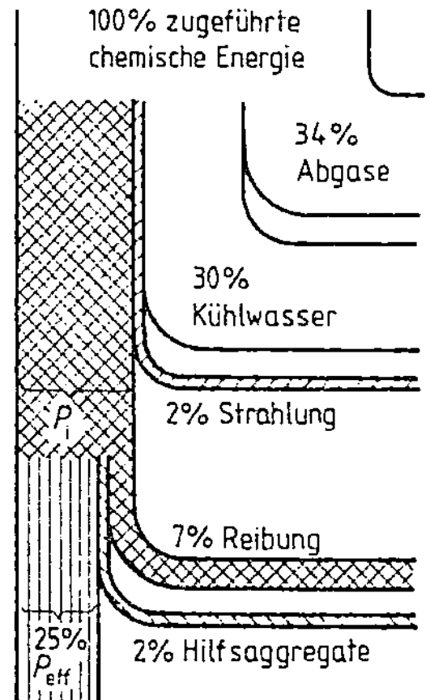

2.65   Energiebilanz (Sankey-Diagramm)

Bild 2.65 zeigt, daß die indizierte Leistung P_i nur einen Teil der Gesamtmenge an zugeführter chemischer Energie ausmacht. Die Leistungsdifferenz zwischen P_i und P_{eff} entsteht

– durch Reibung im Bereich des Kurbeltriebs,
– durch Leistungsabgaben beim Antrieb von Hilfsaggregaten wie Ölpumpe, Wasserpumpe, Zündverteiler, Einspritzpumpe und Ventilsteuerung.

Erfahrungswerte für η

Ottomotoren	0,80 bis 0,92
Dieselmotoren	0,75 bis 0,86

Die effektive Leistung P_{eff} (im Zähler) ist stets kleiner als die indizierte Leistung P_i (im Nenner).

Die Einheiten werden gegeneinander gekürzt. Die kleine Zahl steht stets auf dem Bruchstrich. Der Zähler wird durch den Nenner dividiert.

Der Wirkungsgrad kann auch als Prozentzahl angegeben werden.

$\eta = 1 \qquad \hat{=} 100\,\%$

$\eta = 0,82 \quad \hat{=} 100\,\% \cdot 0,82 = 82\,\%$

Die Wirkungsgrade liegen immer unter 1 oder unter 100 %.

Zusammenhängende Einzelwirkungsgrade kann man miteinander multiplizieren und zu einem Gesamtwirkungsgrad η_{ges} zusammenfassen.

$$\eta_{ges} = \eta_1 \cdot \eta_2 \cdot \eta_3$$

Grundformeln	Formelzeichen		Einheiten	
		Bedeutung	SI	weitere ges.
Wirkungsgrad	η	Wirkungsgrad	—	—
	$\eta_{\%}$	Wirkungsgrad in %		
$\eta = \dfrac{P_{eff}}{P_i}$	P_{eff}	effektive (nutzbare) Leistung	W	kW
	P_i	indizierte (zugeführte) Leistung	W	kW
$\eta_{\%} = \eta \cdot 100\,\%$	η_{ges}	Gesamtwirkungsgrad	—	—
	η_1	Einzelwirkungsgrad	—	—
Gesamtwirkungsgrad				
$\eta_{ges} = \eta_1 \cdot \eta_2 \cdot \eta_3$			Fettdruck = bevorzugte Einheit	

Beispiel Von einem Vierzylinder-Viertaktmotor sind folgende Angaben bekannt: Bohrung 87 mm, Hub 84 mm, mittlerer indizierter Arbeitsdruck 6,25 bar, Wirkungsgrad 0,87, Nutzleistung 44,2 kW. Berechnen Sie die zugehörige Drehzahl.

Hinweis In der Formel für die indizierte Leistung wird P_i durch $P_i' = \dfrac{P_{eff}}{\eta}$ ersetzt.

Ges. $\quad n$ in 1/min

Geg. $\quad z = 4$ (Viertakt), $d = 8,7$ cm, $s = 8,4$ cm, $p_m = 6,25$ bar, $\eta = 0,87$, $P_{eff} = 44,2$ kW

Lös. $\quad n = \dfrac{P_{eff} \cdot 1\,200\,000}{\eta \cdot d^2 \cdot 0,785 \cdot s \cdot z \cdot p_m} = \dfrac{44,2 \cdot 1\,200\,000}{0,87 \cdot 8,7 \cdot 8,7 \cdot 0,785 \cdot 8,4 \cdot 4 \cdot 6,25}\,\dfrac{1}{min}$

$$n = 4886 \text{ 1/min}$$

Aufgaben

1. Auf dem Prüfstand werden bei einem Dieselmotor als Nutzleistung 235 kW gemessen. Für die Innenleistung wurden 286,58 kW errechnet. Bestimmen Sie den Wirkungsgrad.

2. Ein Lkw-Motor gibt an der Schwungscheibe eine effektive Leistung von 184 kW ab. Wie groß ist der Wirkungsgrad bei einer indizierten Leistung von 224,4 kW?

3. Bei einem Sechszylinder-Vergasermotor mit einer Innenleistung von 112,9 kW werden auf dem Motorprüfstand 99,4 kW Nutzleistung gemessen. Berechnen Sie η.

4. Ein Vergasermotor entwickelt eine Innenleistung von 66,3 kW. Welche Leistung steht an der Schwungscheibe zur Verfügung, wenn der Wirkungsgrad 84 % ($\eta = 0,84$) beträgt?

5. Ein Ottomotor hat bei 4700 1/min Umdrehungen ein Drehmoment von 128 Nm.
a) Berechnen Sie die Nutzleistung.
b) Wie groß ist die indizierte Leistung bei einem Wirkungsgrad von 80 %?

6. Bestimmen Sie die Nutzleistung von einem Sechszylinder-Viertaktmotor. Angaben: Bohrung 87 mm, Hub 67 mm, mittlerer indizierter Arbeitsdruck 9,4 bar, $n = 4900$ 1/min, $\eta = 0,84$.

8. Auf einem Rollenprüfstand wird festgestellt, daß an der Hinterachse eine Leistung von 111,14 kW abgegeben wird. Die mechanischen Einzelwirkungsgrade betragen: an der Rolle 0,94, im Differential 0,95, im Wechselgetriebe 0,94.
a) Berechnen Sie die Nutzleistung P_{eff}.
b) Bestimmen Sie die indizierte Leistung bei einem Motorwirkungsgrad von 0,82.
c) Bei der errechneten Leistung P_{eff} beträgt das Motordrehmoment 262 Nm. Bestimmen Sie die zugehörige Drehzahl.

9. Ein Pkw-Motor leistet an den Antriebsrädern 110,3 kW. Der Gesamtwirkungsgrad η_{ges} setzt sich aus folgenden Einzelwirkungsgraden zusammen: Motor 0,84, Wechselgetriebe 0,94, Differential 0,95, zwischen Fahrzeugreifen und Rollen des Prüfstands 0,94. Berechnen Sie
a) den Gesamtwirkungsgrad η_{ges},
b) die effektive Motorleistung P_{eff},
c) die indizierte Motorleistung P_i,
d) das Motordrehmoment mit der errechneten effektiven Leistung bei $n = 5200$ 1/min.

10. Berechnen Sie die indizierte Leistung P_i in kW, wenn $P_{eff} = 81$ kW und $\eta = 85 \%$ bekannt sind.

7. Berechnen Sie die fehlenden Großen in den angegebenen Einheiten.

		a)	b)	c)	d)	e)	f)	g)	h)	i)
Bohrung	d in mm	54	88	85	82	?	82	66	?	90
Hub	s in mm	62	70	80	84	66	?	70	69,8	?
Zylinderzahl	z	2	8	12	4	2	6	4	4	6
mittlerer indizierter Arbeitsdruck	p_m in bar	7,2	9,4	9,2	6,8	9,5	11,5	7,2	10,48	9,74
Drehzahl	n in 1/min	4800	5000	5700	3200	5500	5500	3600	?	5000
Drehmoment	M in Nm	?	?	284	?	?	?	?	131,31	152,8
indizierte Leistung	P_i in kW	?	?	?	?	?	?	?	79,52	93
Nutzleistung	P_{eff} in kW	?	?	?	?	22,05	110,3	?	?	?
Wirkungsgrad	η	0,79	84 %	?	0,80	0,86	0,85	80 %	0,83	?
Verfahren		4 T.	4 T.	4 T.	2 T.	4 T.	4 T.	4 T.	4 T.	4 T.

2.5.4 Drehmoment- und Leistungskurve

Drehmomentkurve. Auf einem Prüfstand kann das Betriebsverhalten eines Motors bei den verschiedenen Drehzahlen durch Meßwerte festgestellt werden. Oft werden diese Meßwerte als Kennlinien des Motors in einem Koordinatensystem grafisch veranschaulicht.

Beispiel Die ermittelten Werte werden auf einem Meßblatt oder in einer Wertetabelle eingetragen.

n in 1/min	1000	1500	2000	2500	3000	3200	3500	4000	4500	4800	5000	5500
M in Nm	86	129	143	149	149,6	150	147	143	136	131	124	106

Auf der waagerechten Achse wird für die Drehzahlen eine Skala abgetragen und als Hinweis angegeben: n in 1/min. Die Werte für n sind unabhängige Größen. Auf der senkrechten Achse wird eine Skala für die Drehmomente eingerichtet und als Hinweis angegeben: M in Nm. Die Werte für M sind von den Drehzahlen abhängig.

Von den auf den beiden Skalen aufgesuchten Meßwerten ziehen wir dünne senkrechte und waagerechte Hilfslinien. Die Schnittpunkte der zusammengehörenden Hilfslinien verbinden wir durch eine Bogenlinie. Diese Bogenlinie heißt **Drehmomentkurve** (2.66).

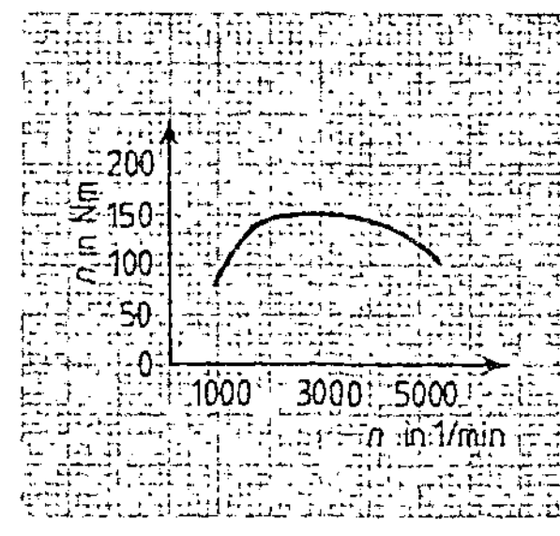

2.66   Drehmomentkurve

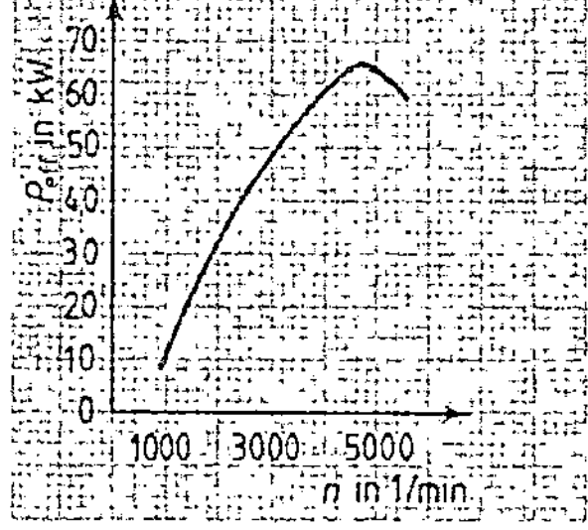

2.67   Leistungskurve

Leistungskurve. Mit Hilfe der Nutzleistungsformel $P_{eff} = \dfrac{M \cdot n}{9550}$ berechnet man für die einzelnen Drehzahlen die Leistungswerte (für P_{eff} gerundet).

n in 1/min	1000	1500	2000	2500	3000	3200	3500	4000	4500	4800	5000	5500
P_{eff} in kW	9	20	30	39	47	50,3	54	60	64	66	65	61

Diese Leistungswerte stellt man ebenfalls in einem Koordinatensystem grafisch dar. Auf der senkrechten Achse wird eine Skala für die Leistungswerte eingerichtet und als Hinweis angegeben: P_{eff} in kW. Die Verbindung der entsprechenden Schnittpunkte durch eine Bogenlinie heißt **Leistungskurve** (2.67).

Aufgaben

1. Stellen Sie zu den in Bild **2.68** u. **2.69** dargestellten Motorkennlinien die Wertetabellen auf.

2. Übertragen Sie jede abgebildete Kurve in den angegebenen Maßstäben auf ein DIN-A4-Blatt.

3. Zeichnen Sie auf ein zweites Blatt zu **2.68** die Leistungs-, zu **2.69** die Drehmomentkurve.

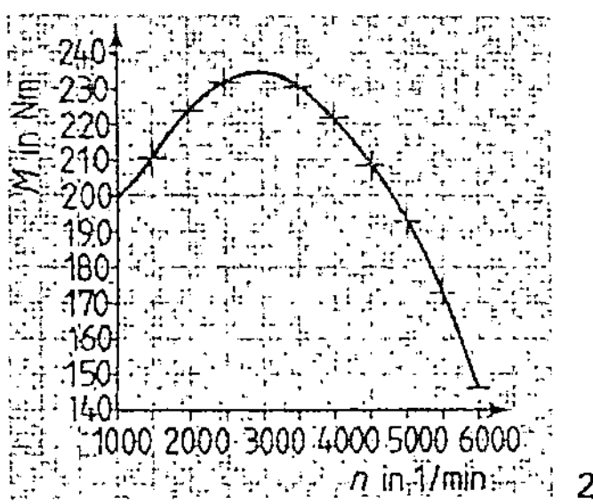

2.68

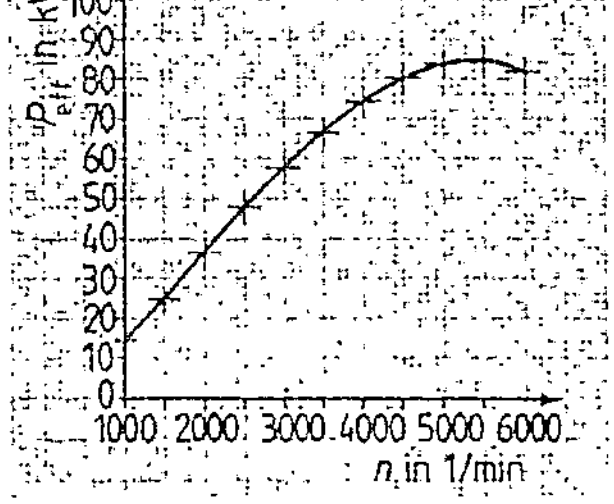

2.69

Maßstabe für DIN A4: 10 Nm $\triangleq$ 10 mm; 5 kW $\triangleq$ 10 mm; 1000 1/min $\triangleq$ 30 mm

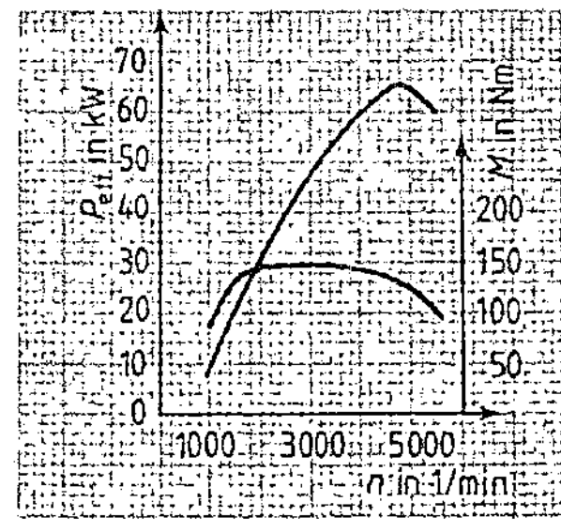

2.70 Motorkennlinien

Zu dem dargestellten Diagramm gehören folgende Kennwerte: Vierzylinder-Reihenmotor, Hubvolumen 1897 cm³, $\varepsilon = 9{,}0$, 66 kW bei 4800 1/min, 150 Nm bei 3200 1/min

Leistungs- und Drehmomentdiagramm.

Leistungs- und Drehmomentangaben bilden für einen Motor charakteristische Aussagen. Ihre Werte werden daher oft als Motorkennlinien zusammen in einem Koordinatensystem dargestellt. Dabei ist es üblich, die senkrechte Achse (Drehmomentenskala) an der rechten Seite des Koordinatensystems einzuzeichnen. Alle Werte werden in einer Wertetabelle zusammengestellt.

n in 1/min	1000	1500	2000	2500	3000	**3200**
M in Nm	86	129	143	149	149,6	**150**
P_{eff} in kW	9	20	30	39	47	50,3
n in 1/min	3500	4000	4500	**4800**	5000	5500
M in Nm	147	143	136	131	124	106
P_{eff} in kW	54	60	64	**66**	65	61

Die Schnittpunkte geben die Lage der Drehmoment- und Leistungskurve an. Die Scheitelpunkte beider Kurven veranschaulichen die höchste Leistung P_{max} bzw. das größte Drehmoment M_{max} (2.70).

> Die Maximalwerte der Leistungs- und Drehmomentenkurve liegen bei verschiedenen Drehzahlen.

Aufgaben

Darstellungsmaßstabe auf Millimeterpapier· 5 kW $\hat{=}$ 10 mm, 10 Nm $\hat{=}$ 10 mm, 1000 1/min $\hat{=}$ 30 mm

4. Beim Abbremsen eines Pkw-Motors wurden folgende Werte gemessen:

	a)	b)	c)	d)	e)	f)	g)	h)	i)	j)	k)
n in 1/min	1000	1500	2000	2500	3000	3500	4000	4500	5000	5500	6000
M in Nm	78	92	103	112	119	122	119	114	108	100	90
P_{eff} in kW	?	?	?	?	?	?	?	?	?	?	?

Berechnen Sie zu den einzelnen Drehzahlen die Leistungen in kW. Zeichnen Sie in einem Diagramm die Leistungs- und Drehmomentkurve.

5. Auf einem Prüfstand wurden die Meßergebnisse von einem 3,0-l-Einspritzmotor ausgewertet und folgende Leistungswerte ermittelt:

	a)	b)	c)	d)	e)	f)	g)	h)	i)	j)	k)	l)	m)	n)
n in 1/min	1000	1500	2000	2500	3000	3500	4000	4200	4500	4800	5000	5500	5800	6000
P_{eff} in kW	18,9	31	44	58	72,9	88,1	103,5	109,5	117,5	125	128	131,5	132	131
M in Nm	?	?	?	?	?	?	?	?	?	?	?	?	?	?

Berechnen Sie zu jeder Drehzahl das Drehmoment M in Nm. Zeichnen Sie beide Kennlinien zusammen in einem Diagramm.

6. Von einem Sportmotor sind in einer Tabelle folgende Werte gegeben:

	a)	b)	c)	d)	e)	f)	g)	h)	i)	j)	k)	l)	m)	n)
n in 1/min	2500	3000	3500	4000	4500	4750	5000	5500	6000	6500	6600	7000	7300	7500
P_{eff} in kW	39,7	?	65,5	78,5	91,5	?	103	111	?	118	?	116	114	?
M in Nm	?	167,1	?	?	?	196	?	?	185,5	?	170,5	?	?	143

Bestimmen Sie die fehlenden Werte für P_{eff} bzw. für M. Zeichnen Sie beide Motorkennlinien zusammen in einem Schaubild.

2.5.5 Leistungs- und Gewichtskenngrößen

Hubraumleistung. Leistung je 1 l Hubraum. Anwendung: beim Vergleich von Motoren

$$\text{Hubraumleistung } P_H = \frac{\text{Nutzleistung } P_{eff}}{\text{Gesamthubraum } V_H} \qquad \text{Einheit: kW/l}$$

Gewichtsleistung. Leistung je 1 t zulässiges Gesamtgewicht, Anwendung: bei Nutzfahrzeugen.

Tabelle 2.72 **Zulassungsvorschrift nach § 35 STVZO**

Stand 1981	Mindestgewichtsleistung
Lkw und Omnibusse	4,4 kW/t
Zugmaschinen, Züge	2,2 kW/t

$$\text{Gewichtsleistung } P_m = \frac{\text{Nutzleistung } P_{eff}}{\text{zul. Gesamtgewicht } m_{ges}} \qquad \text{Einheit: kW/t}$$

Leistungsgewicht. Gewicht je 1 kg Nutzleistung, Anwendung: bei Motoren und Fahrzeugen (bei Pkw: Leergewicht in kg, bei Lkw: zulässiges Gesamtgewicht in kg)

$$\text{Leistungsgewicht (Motor)} \quad m_{P,M} = \frac{\text{Motorgewicht } m_M}{\text{Nutzleistung } P_{eff}} \qquad \text{Einheit: kg/kW}$$

$$\text{Leistungsgewicht (Fahrzeug)} \quad m_{P,F} = \frac{\text{Fahrzeuggewicht } m_F}{\text{Nutzleistung } P_{eff}} \qquad \text{Einheit: kg/kW}$$

Hubraumgewicht. Gewicht je 1 l Hubraum, Anwendung: beim Vergleich von Motoren

$$\text{Hubraumgewicht } m_H = \frac{\text{Motorgewicht } m_M}{\text{Gesamthubraum } V_H} \qquad \text{Einheit: kg/l}$$

Grundformeln	Formelzeichen	Bedeutung	Einheiten
Leistungskenngrößen	P_H	Hubraumleistung	kW/l
Hubraumleistung Gewichtsleistung	P_{eff}	Nutzleistung	kW
	P_m	Gewichtsleistung	kW/t
$P_H = \dfrac{P_{eff}}{V_H}$ $P_m = \dfrac{P_{eff}}{m_{ges}}$	V_H	Gesamthubraum, Motorhubvolumen	l, cm³
	m_M	Motorgewicht	kg
Gewichtskenngrößen	m_F	Fahrzeuggewicht (zul. Gesamtgewicht)	kg
Leistungsgewicht Hubraumgewicht	m_{ges}	zulässiges Gesamtgewicht	**kg, t**
$m_{P,M} = \dfrac{m_M}{P_{eff}}$ $m_H = \dfrac{m_M}{V_H}$	$m_{P,M}$	Leistungsgewicht (Motor)	kg/kW
	$m_{P,F}$	Leistungsgewicht (Fahrzeug)	kg/kW
$m_{P,F} = \dfrac{m_F}{P_{eff}}$	m_H	Hubraumgewicht	kg/l
			Fettdruck = bevorzugte Einheit

Beispiel Ein Vierzylindermotor erreicht eine Leistung von 80 kW. Die Zylinderbohrung beträgt 89 mm und der Hub 80,25 mm. Bestimmen Sie die Hubraumleistung.

Ges. P_H in kW/l Geg. $P_{eff} = 80$ kW, $z = 4$, $d = 89$ mm, $s = 80,25$ mm

$$\text{Lös.} \quad P_H = \frac{P_{eff}}{V_H} = \frac{P_{eff} \cdot 4}{d^2 \cdot \pi \cdot s \cdot z} = \frac{80 \text{ kW} \cdot 4}{8,9 \text{ cm} \cdot 8,9 \text{ cm} \cdot \pi \cdot 8,025 \text{ cm} \cdot 4}$$

$$P_H = \frac{80 \text{ kW}}{1997 \text{ cm}^3} = \frac{80 \text{ kW}}{1,997 \text{ l}} = 40,06 \text{ kW/l}$$

Aufgaben

1. Ein Sechszylindermotor hat eine Nutzleistung von 66 kW. Die Bohrung ist mit 79 mm, der Hub mit 84 mm angegeben. Bestimmen Sie die Hubraumleistung.

2. Ein Pkw mit 960 kg Leergewicht wird von einem Motor mit 80 kW Nutzleistung angetrieben. Wie groß ist das Leistungsgewicht des Fahrzeugs?

3. Ein Lkw hat ein zulassiges Gesamtgewicht von 16900 kg. Der Motor gibt 132,5 kW Leistung ab. Berechnen Sie die Gewichtsleistung.

4. Berechnen Sie von einem Sechszylinder-Dieselmotor die Nutzleistung nach folgenden Angaben: Bohrung 85 mm, Hub 87 mm, Hubraumleistung 16,21 kW/l.

5. Ein Pkw hat ein Motorleistungsgewicht von 1,73 kg/kW. Das Motorgewicht betragt 190,3 kg. Bestimmen Sie die Nutzleistung des Motors.

6. Bestimmen Sie die Nutzleistung eines Lkw-Motors. Der Lkw hat ein zulassiges Gesamtgewicht von 14870 kg. Die Gewichtsleistung betragt 7,4 kW/t.

7. Von einem Pkw sind folgende Angaben bekannt: Motorhubvolumen 1500 cm³, Nutzleistung 60 kW, Motorgewicht 185 kg, Fahrzeuggewicht 940 kg. Berechnen Sie
a) die Hubraumleistung in kW/l,
b) das Motorleistungsgewicht in kg/kW,
c) das Fahrzeugleistungsgewicht in kg/kW.

8. Die indizierte Leistung eines Lkw-Motors betragt 290,12 kW mit einem Wirkungsgrad von 81 %. Der Lkw hat ein zulassiges Gesamtgewicht von 38 t. Bestimmen Sie die Gewichtsleistung in kW/t.

10. Ein 150 kg schwerer Sechszylindermotor leistet 80 kW. Der Hub betragt 80 mm, die Bohrung 72 mm. Bestimmen Sie
a) das Hubvolumen eines Zylinders in cm³,
b) das Motorhubvolumen in l,
c) das Motorleistungsgewicht in kg/kW.

11. Von einem Sechszylinder-Viertaktmotor sind folgende Daten bekannt: Hub 69,5 mm, Bohrung 74 mm, Nutzleistung 85 kW, Gewicht 146,2 kg. Zu bestimmen sind
a) das Motorhubvolumen in l,
b) die Hubraumleistung in kW/l,
c) das Hubraumgewicht in kg/l.

12. Der Vierzylinder-Viertaktmotor eines Sportwagens hat einen Hub von 74 mm und eine Zylinderbohrung von 82,5 mm. Bei einem mittleren indizierten Arbeitsdruck von 8,9 bar und einer Drehzahl von 6200 1/min erreicht er seine maximale Nutzleistung. Der Wirkungsgrad betragt 88 %. Der Motor wiegt 138 kg, das Fahrzeug 980 kg. Berechnen Sie folgende Großen:
a) Hubvolumen eines Zylinders in cm³,
b) Motorhubvolumen in l,
c) Verdichtungsvolumen in cm³ bei $\varepsilon = 9,5$,
d) Hubverhaltnis s/d,
e) mittlere Kolbengeschwindigkeit in m/s,
f) Kolbenkraft in kN beim angegebenen Arbeitsdruck,
g) indizierte Leistung in kW,
h) Nutzleistung in kW,
i) Hubraumleistung in kW/l,
j) Motorleistungsgewicht in kg/kW,
k) Fahrzeugleistungsgewicht in kg/kW,
l) Hubraumgewicht in kg/l

9. Berechnen Sie die fehlenden Großen. Beachten Sie besonders die Einheiten.

		a)	b)	c)	d)	e)	f)
Bohrung	d	74 mm	130 mm	87 mm	130 mm	? mm	128 mm
Hub	s	80 mm	175 mm	? mm	180 mm	60 mm	172 mm
Zylinderzahl	z	4	6	4	8	6	6
Motorvolumen	V_H	? l	? l	2000 cm³	? l	2,0 l	? l
Nutzleistung	P_{eff}	60 kW	180 kW	45 kW	220 kW	62,5 kW	? kW
Motorgewicht	m_M	130 kg	510 kg	180 kg		142 kg	485 kg
Fahrzeuggewicht	m_F	1020 kg		1325 kg		1,035 t	
Leistungsgewicht des Motors	$m_{P,M}$	? kg/kW	? kg/kW	? kg/kW		? kg/kW	? kg/kW
Leistungsgewicht des Fahrzeugs	$m_{P,F}$	? kg/kW		? kg/kW		? kg/kW	
Hubraumleistung	P_H	? kW/l	? kW/l	? kW/l	? kW/l	? kW/l	8,289 kW/l
zulässiges Gesamtgewicht (Lkw)	m_{ges}		27 200 kg		27 500 kg		4,655 t
Gewichtsleistung	P_m		? kW/t		? kW/t		? kW/t

3 Mischungsverhältnisse

3.1 Betriebsmittelmischungen

Preisermittlung einer Kraftstoff-Öl-Mischung. Den Preis für eine Kraftstoff-Öl-Mischung kann man auch als Durchschnittspreis bezeichnen. Bei der Berechnung wendet man oft Schlußfolgerungen des Dreisatzes an. In der Regel brauchen wir dazu die Menge der Mischung sowie die Preise für den Kraftstoff und das Öl.

Beispiel In einer Zweitaktermischung von 18 l sind 0,86 l Öl enthalten. 1 l Öl kostet 9,50 DM, 1 l Benzin 1,25 DM. Wieviel kostet 1 l dieser Zweitaktermischung?

$$
\begin{array}{lll}
1 \text{ l Öl} & \triangleq 9,50 \text{ DM} & \\
0,86 \text{ l Öl} & \triangleq 9,50 \text{ DM} \cdot 0,86 & = 8,17 \text{ DM} \\
1 \text{ l Benzin} & \triangleq 1,25 \text{ DM} & \\
17,14 \text{ l Benzin} & \triangleq 1,25 \text{ DM} \cdot 17,14 & = 21,425 \text{ DM} \\
\hline
18 \text{ l Mischung} & \triangleq & 29,595 \text{ DM} \\
1 \text{ l Mischung} & \triangleq \dfrac{29,595}{18} \text{ DM} & = 1,644 \text{ DM} \approx 1,64 \text{ DM}
\end{array}
$$

Kraftstoff-Öl-Mischung. Zweitaktmotoren brauchen eine Frischölschmierung. Darunter versteht man das Beimischen von Öl in einem bestimmten Verhältnis zum Kraftstoff.

Beispiel Zweitaktermischung 1 : 25

1 Teil Öl + 25 Teile Benzin $\triangleq$ 26 Teile Mischung   oder 1 l   Öl + 25 l   Benzin $\triangleq$ 26 l   Mischung

Wenn bei einer gegebenen Mischungsmenge in l die Anteile von Öl und Benzin genau ermittelt werden sollen, muß das Mischungsverhältnis bekannt sein. Die Berechnungen der einzelnen Anteilmengen sind in der Regel Dreisatzaufgaben.

Beispiel Wieviel l Öl und Benzin enthält eine Mischung von 40 l im Mischungsverhältnis 1 : 25?

Berechnen des Ölanteils	Berechnen des Benzinanteils	Kontrollrechnung
26 l Mischung $\triangleq$ 1 l Öl	26 l Mischung $\triangleq$ 25 l Benzin	
1 l Mischung $\triangleq \dfrac{1}{26}$ l Öl	1 l Mischung $\triangleq \dfrac{25}{26}$ l Benzin	1,54 l Öl
40 l Mischung $\triangleq \dfrac{1 \cdot 40}{26}$ l Öl	40 l Mischung $\triangleq \dfrac{25 \cdot 40}{26}$ l Benzin	+ 38,46 l Benzin
$\approx 1,54$ l Öl	$\approx 38,46$ l Benzin	40,00 l Mischung

Kühlwasser-Frostschutzmittel-Mischung. Beim Kühlwasser des Motors richtet sich die Größe des Kälteschutzes nach dem Mischungsverhältnis. Durch Spindeln ermittelt man die Dichte der Kühlflüssigkeit.

In einer Kälteschutztabelle können wir den erreichten Kälteschutz und das erforderliche Mischungsverhältnis ablesen (3.1).

Tabelle 3.1   Kälteschutz

Kälte- schutz bis	Mischungsanteile		Dichte bei 20 °C
	Wasser	Frostschutzmittel	
−10 °C	80	20	1,027
−15 °C	72	28	1,039
−20 °C	66	34	1,047
−25 °C	60	40	1,055
−30 °C	56	44	1,060
−35 °C	53	47	1,065
−40 °C	49	51	1,068

Beispiel Ein Pkw-Kühler faßt 8,6 l Kühlflüssigkeit. Wieviel l Frostschutzmittel müssen in den 8,6 l enthalten sein, wenn der Kälteschutz −30 °C betragen soll?

$$
\begin{array}{ll}
100 \text{ l Gesamtmenge} & \triangleq 44 \text{ l Frostschutzmittel} \\
1 \text{ l Gesamtmenge} & \triangleq \dfrac{44}{100} \text{ l Frostschutzmittel} \\
8,6 \text{ l Gesamtmenge} & \triangleq \dfrac{44 \cdot 8,6}{100} \text{ l} \approx 3,8 \text{ l Frostschutzmittel}
\end{array}
$$

Aufgaben

1. In einer Zweitaktermischung von 10 l ist 0,385 l Öl enthalten. Das Öl wird mit 9,90 DM je l, der Kraftstoff mit 1,32 DM je l berechnet. Wieviel kosten 10 l Mischung?

2. Der Fahrer eines fast schon Oldtimers tankt bei 30 l Kraftstoff zusätzlich 0,74 l Öl. Wieviel muß er bezahlen, wenn 1 l Kraftstoff 1,33 DM und 1 l Öl 10,20 DM kosten?

3. Wieviel l Frostschutzmittel sind in 15 l Mischung enthalten, wenn sie bis -35 C frostsicher ist?

4. Wieviel l beträgt die Gesamtmenge einer Zweitaktermischung von 1 : 40, wenn darin 0,39 l Öl enthalten sind?

5. In einer Mischkanne sind 20 l Benzin enthalten. Wieviel Öl ist beizumischen, wenn Mischungen von 1 . 50, 1 40 und 1 : 25 herzustellen sind?

6. Berechnen Sie bei einer Zweitaktermischung von 16 l den Öl- und Kraftstoffanteil in l. Das Mischungsverhältnis beträgt 1 · 50

7. Für eine Zweitaktmaschine von 125 cm³ ist eine Mischung von 1 : 40 vorgeschrieben Wieviel muß der Fahrer für 6 l Mischung bezahlen, wenn sie 5,85 l Kraftstoff enthält? Der Literpreis beträgt für Öl 9,20 DM und für Benzin 1,32 DM.

8. Berechnen Sie die Füllmenge eines Kühlsystems, wenn 3,784 l Frostschutzmittel beigemischt werden, um einen Kälteschutz bis -30 °C zu erreichen.

9. Für eine Zweitakt-Rennmaschine ist eine Mischung von 1 : 40 erforderlich Die Maschine verbraucht auf 100 km 9,2 l Mischung. Wieviel l Öl und Benzin sind mindestens erforderlich, wenn das Rennen über eine Distanz von 220 km geht?

10. Das Kühlsystem eines Pkw soll bis -25 °C frostsicher gemacht werden. Wieviel l Wasser und Frostschutzmittel müssen miteinander gemischt werden, wenn die Gesamtfüllmenge 12,5 l beträgt?

11. Wieviel l Frostschutzmittel müssen Sie dem Wasseranteil von 5,2 l beimischen, wenn ein Frostschutz bis -35 °C erreicht werden soll?

12. Eine Zweitaktermischung von 36,4 l enthält 1,4 l Öl. Bestimmen Sie das Mischungsverhältnis.

13. Welchen Preis muß ein Tankstellenpächter für 1 l Zweitaktermischung verlangen, wenn 1 l Öl 9,55 DM und 1 l Kraftstoff 1,35 DM kosten? In 1 l Mischung ist 0,02 l Öl enthalten.

14. Eine Kühlflüssigkeit von 12,5 l enthält 4,25 l Frostschutz.
a) Wie groß ist der Kälteschutz?
b) Wieviel l Frostschutzmittel müssen 38 l Kühlflüssigkeit enthalten, wenn der gleiche Frostschutz verlangt wird?

15. Welchen Kälteschutz erreicht man, wenn in 10 l Kühlflüssigkeit 2 l Frostschutzmittel enthalten sind?

16. Es soll eine Mischung von 1 · 25 hergestellt werden Wieviel l Mischung erhält man bei einem Benzinanteil von 22 l?

17. Eine Zweitaktmaschine braucht eine Öl-Benzin-Mischung von 1 . 40. Wieviel l Öl und Benzin sind in einer Mischung von 12 l enthalten?

18. Ein Tankwart stellt in einem Mischgefäß eine Zweitaktermischung 1 : 40 her. Wieviel Öl muß er 25 l Kraftstoff beimischen? Wieviel l Mischung erhält er?

19. Für einen Zweitakt-Rasenmäher ist eine Mischung von 1 : 25 vorgeschrieben. In der Tankfüllung von 2,5 l sind 0,096 l Öl enthalten 1 l Öl kostet 10,30 DM, 1 l Benzin 1,36 DM. Berechnen Sie den Preis für eine Tankfüllung und für 1 l Mischung.

20. Es sollen 5,5 l Kühlflüssigkeit mit einem Kälteschutz bis -20 °C hergestellt werden. Wieviel l Wasser und Frostschutzmittel sind zu mischen?

21. Der Fahrer eines Motorrads bleibt wegen Treibstoffmangels liegen. Er hat eine $^1/_4$-l-Dose Zweitaktermischung als Reserve dabei. Wieviel l Benzin muß er dem $^1/_4$ l Öl beimischen, wenn eine Mischung von 1 : 50 vorgeschrieben ist?

22. Die Füllmenge eines Kühlsystems beträgt 11,5 l und enthält 3,22 l Frostschutzmittel. Bestimmen Sie nach einer Kälteschutztabelle den erreichten Kälteschutz in °C.

23. Eine Kühlflüssigkeit von 9,5 l soll auf einen Kälteschutz bis -30 °C eingestellt werden. Wieviel kostet der Frostschutzanteil bei einem Literpreis von 7,50 DM?

24. Wieviel l Öl und Kraftstoff enthalten 22 l Mischung bei einem Mischungsverhältnis von 1 : 25?

25. Ein Zweitaktmotor braucht eine Kraftstoff-Öl-Mischung von 1 : 40. Wieviel l Öl und wieviel l Benzin ergeben eine Tankfüllung von 48 l Mischung? 48 l Mischung kosten 75,52 DM. Wie teuer ist 1 Liter Öl, wenn 1 l Benzin 1,35 DM kostet?

3.2 Kraftstoff-Luft-Gemisch

Tatsächlicher Luftbedarf. Die zur Verbrennung von 1 kg Kraftstoff nötige Luftmenge (in kg) bezeichnet man als tatsächlichen Luftbedarf m_L.

$$\text{Tatsächlicher Luftbedarf } m_L = \frac{\text{angesaugte Luftmenge}}{\text{Kraftstoffmenge}}$$

$$m_L = \frac{L}{K} \qquad \text{Einheit: } \frac{\text{kg (Luft)}}{1 \text{ kg (Kraftstoff)}}$$

Mit theoretischem Luftbedarf $(m_{L,th})$ bezeichnet man die erforderliche Mindestluftmenge zur vollkommenen Verbrennung von 1 kg Kraftstoff.

Tabelle 3.2   **Theoretischer Luftbedarf** $m_{L,th}$

Fahrbenzin	14,8 Kg/kg
Superkraftstoff	14,2 Kg/kg
Dieselkraftstoff	14,5 Kg/kg
Motorenbenzol	13,5 Kg/kg
Rennkraftstoff	8,0 Kg/kg
Äthylalkohol	9,0 Kg/kg
Methanol	6,4 Kg/kg

Mit dem Ausdruck Mischungsverhältnis bezeichnet man oft das Verhältnis Kraftstoff zu Luft.

Beispiel   Bei einem Mischungsverhältnis 1:15 besteht das Kraftstoff-Luft-Gemisch aus 1 kg Kraftstoff und 15 kg Luft. Damit ergibt sich eine Gesamtmenge von 1 kg + 15 kg = 16 kg.

Beim Luftverhältnis λ (lambda) setzt man den tatsächlichen Luftbedarf zum theoretischen Luftbedarf ins Verhältnis.

$$\text{Luftverhältnis } \lambda = \frac{\text{tatsächlicher Luftbedarf}}{\text{theoretischer Luftbedarf}} \qquad \lambda = \frac{m_L}{m_{L,th}} \qquad \text{Einheit: keine}$$

Tabelle 3.3   **Richtwerte für das Luftverhältnis**

Otto-motoren	0,9	10 %	Luftmangel	größte Leistung	ideales
	1,1	10 %	Luftüberschuß	kleinster Verbrauch	Luftverhältnis: $\lambda = 1$
Diesel-motoren	1,2 bis 1,8	20 % bis 80 %	Luftüberschuß	Vollast	
	6 bis 8	600 % bis 800 %		Leerlauf	

Zur vollkommenen, chemisch einwandfreien Verbrennung von 1 kg Kraftstoff sind 14,8 kg Luft nötig. Die Kraftstoff-Luft-Mischung 1:14,8 nennt man stöchiometrisches Verhältnis. Bei der vollkommenen Verbrennung sind tatsächlicher und theoretischer Luftbedarf gleich, also ist dann $\lambda = 1$ (ideales Luftverhältnis). In der Praxis ist das ideale Luftverhältnis $\lambda = 1$ nicht immer erreichbar.

Beim Liefergrad λ_L setzt man die vor der Zündung tatsächlich angesaugte Frischgasmasse zur theoretisch möglichen Frischgasmasse ins Verhältnis. Damit ergibt sich eine Wertung der Füllungsmenge mit Bezug auf den Liefergrad $\lambda_L = 1$.

$$\text{Liefergrad } \lambda_L = \frac{\text{angesaugte Frischgasmasse}}{\text{theoretisch mögliche Frischgasmasse}}$$

$$\lambda_L = \frac{m_z}{m_{th}} \qquad \text{Einheit: keine}$$

m_z in kg
m_{th} in kg
$\varrho_K =$ Dichte des Kraftstoffs
$V_f =$ angesaugtes Frischgasvolumen

$$\text{Formelumwandlungen} \qquad \lambda_L = \frac{V_z \cdot \varrho_K}{V_{th} \cdot \varrho_K} \rightarrow \lambda_L = \frac{V_f}{V_h}$$

Tabelle 3.4   Richtwerte für den Liefergrad λ_L

	λ_L	in %	Merkmale
Saugmotoren	0,6 bis 0,8	60 % bis 80 %	$\lambda_L < 1$
Ladermotoren	1,2 bis 1,6	120 % bis 160 %	$\lambda_L > 1$

Die Füllungsmenge V_f ist abhängig
– von der Öffnungszeit der Ventile,
– von der Größe der Ventile,
– von der Menge der zurückgebliebenen Altgase.

Angesaugte Frischgasmenge. Die tatsächlich angesaugte Frischgasmenge V_a wird in Liter je Minute oder je Stunde angegeben. Sie ist von der Drehzahl und vom Liefergrad abhängig.

Formelentwicklung

Die Formel für den Liefergrad wird mit Hilfe von $m = V \cdot \varrho$ umgewandelt. Das Volumen V wird eingesetzt

– als V_a = Frischgasmenge für alle Zylinder in l,
– als V_H = theoretisch mögliche Frischgasmenge in l

$$\lambda_L = \frac{m_z}{m_{tH}} = \frac{V_a \cdot \varrho}{V_H \cdot \varrho}$$

Frischgasmenge V_a
(1 Arbeitsspiel beim Viertaktmotor $\hat{=}$ 2 KW-Umdrehungen)

$$V_a = \lambda_L \cdot V_H$$

bei 1 Kurbelwellenumdrehung

$$V_a = \frac{\lambda_L \cdot V_H}{2}$$

bei der Drehzahl n

$$V_a = \frac{\lambda_L \cdot V_H \cdot n}{2} \quad \text{in l/min} \qquad V_a = \frac{\lambda_L \cdot V_H \cdot n \cdot 60}{2} \quad \text{in l/h}$$

Beispiel   Ein Fünfzylinder-Viertaktmotor erreicht bei $n = 5700$ 1/min einen Füllungsgrad von 57 %. Die Bohrung beträgt 79,5 mm, der Hub 86,4 mm. Wieviel Liter Kraftstoff-Luft-Gemisch werden in 1 h angesaugt?

Ges. V_a in l/h

Geg. $z = 5$, $n = 5700$ 1/min, $d = 0,795$ dm, $s = 0,864$ dm, $\lambda_L = 0,57$

Lös. $V_a = \dfrac{\lambda_L \cdot d^2 \cdot 0,785 \cdot s \cdot z \cdot n \cdot 60}{2} = \dfrac{0,57 \cdot 0,795^2 \cdot 0,785 \cdot 0,864 \cdot 5 \cdot 5700 \cdot 60}{2} \; \dfrac{\text{dm}^3}{\text{h}}$

$V_a = 208\,909,69$ l/h $\approx$ **208\,910 l/h**

Aufgaben

1. Das Mischungsverhältnis von 1 kg Kraftstoff zu 15 kg Luft wird mit 1 : 15 angegeben. Berechnen Sie die Anteile in l. Setzen Sie als Dichte des Kraftstoffs $\varrho_K = 0,72$ kg/dm³ und der Luft $\varrho_L = 1,29$ kg/m³ ein.

2. Von einem Pkw-Motor sind $d = 75$ mm und $s = 73,4$ mm bekannt. Die angesaugte Frischmasse soll 156 g je Zylinder betragen. Bestimmen Sie den Liefergrad, wenn $\varrho_K = 0,74$ kg/dm³ eingesetzt wird.

3. Berechnen Sie den Luftbedarf m_L in kg je 1 kg Kraftstoff, wenn bei einem Verbrauch von 15,2 kg Kraftstoff eine angesaugte Luftmenge von 220,4 kg ermittelt wird.

4. Der Liefergrad eines Motors ist mit $\lambda_L = 0,8$ angegeben. Ferner sind bekannt: Bohrung 79,5 mm, Hub 73,4 mm. Berechnen Sie die tatsächlich angesaugte Gemischmenge m_z in kg. Die Kraftstoffdichte ist $\varrho_K = 0,72$ kg/dm³.

5. Für einen Motor wird ein tatsächlicher Luftbedarf $m_L = 15,2$ kg/1 kg Kraftstoff ermittelt. Berechnen Sie den Luftbedarf in m³ für eine Fahrstrecke von 100 km mit folgenden Daten: Luftdichte $\varrho_L = 1,29$ kg/m³, durchschnittlicher Kraftstoffverbrauch $k_D = 11,7$ l/100 km, Kraftstoffdichte $\varrho_K = 0,75$ kg/dm³.

6. Wie groß ist die tatsächlich angesaugte Frischgasmenge m_z (in kg je Zylinder) bei einem Liefergrad von $\lambda_L = 0,7$ und einer Kraftstoffdichte $\varrho_K = 0,76$ kg/dm³. Gegeben sind $d = 95$ mm und $s = 69,8$ mm.

7. Wie groß ist bei einem Pkw-Motor das Hubvolumen eines Zylinders? Die tatsächlich angesaugte Frischgasmasse beträgt 0,244 kg ($\lambda_L = 0,78$, $\varrho_K = 0,76$ kg/dm³).

8. Von einem Viertaktmotor sind gegeben: $d = 90$ mm, $s = 66,8$ mm, $z = 4$, $\lambda_L = 0,75$. Bei welcher Drehzahl werden in 1 Minute 2868,8 l Frischgas angesaugt?

9. Ein Vierzylinder-Viertaktmotor hat je Zylinder ein Hubvolumen $V_h = 322,3$ cm³. Bei der Drehzahl $n = 4000$ 1/min wird für den Motor die tatsächlich angesaugte Frischgasmenge $V_a = 1779$ l/min ermittelt. Wie groß ist λ_L?

4 Kraftstoffverbrauch

4.1 Fahrbetrieb

4.1.1 Kraftstoff-Durchschnittsverbrauch

Der Kraftstoffverbrauch ist sehr unterschiedlich und hängt von vielen Bedingungen ab, wie Fahrweise, Straßen- und Verkehrsverhältnisse, Umwelteinflüsse, Fahrzeugtyp und -zustand. Der auf einer gefahrenen Strecke entstehende Kraftstoffverbrauch wird als Durchschnittsverbrauch in l je 100 km berechnet.

Beispiel Für eine Strecke $s = 350$ km beträgt der Kraftstoffverbrauch $K = 35,7$ l. Berechnen Sie den Durchschnittsverbrauch k_D in $l/100$ km durch Dreisatzrechnung.

$$350 \text{ km} \triangleq 35,7 \text{ l}$$

$$1 \text{ km} \triangleq \frac{35,7}{350} \text{ l} = 0,102 \text{ l}$$

$$100 \text{ km} \triangleq \frac{35,7 \cdot 100}{350} \text{ l} = 10,2 \text{ l} \quad \text{Der Durchschnittsverbrauch } k_D \text{ beträgt } 10,2 \text{ l/100 km.}$$

Formelentwicklung

Für die Verbrauchsrechnung in $l/$km ergibt sich aus der Dreisatzrechnung

$$\text{Verbrauch } k = \frac{\text{Streckenverbrauch}}{\text{Fahrstrecke}} \qquad k = \frac{K}{s} \qquad \text{Einheit: } l/\text{km}$$

Für den Durchschnittsverbrauch in $l/100$ km muß in der Formel der Bezug auf 100 km berücksichtigt werden. Man erhält eine brauchbare Formel, wenn der Zähler K und der Nenner s mit 100 multipliziert werden. Im Nenner wird der Erweiterungsfaktor 100 mit der Einheit km zur neuen Bezugseinheit 100 km verbunden.

$$\text{Kraftstoff-Durchschnittsverbrauch} \qquad k_D = \frac{K}{s} \Big| \cdot \frac{100}{100} \qquad \text{Einheit: } l/100 \text{ km}$$

Bei Umstellungen geht man von der Grundformel $k_D = \dfrac{K}{s}$ aus. Der Erweiterungsfaktor 100 wird dabei nicht berücksichtigt.

4.1.2 Kraftstoff-Normverbrauch (Pkw)

Für die Berechnung des Kraftstoff-Normverbrauchs C gibt es nach DIN zwei verschiedene Verfahren: die volumetrische und die gravimetrische Messung.

Berechnung bei volumetrischer Messung (selten angewendet). Durch die Formel für Volumenausdehnung $V_2 = V_1 (1 + \gamma \cdot \Delta T)$ berücksichtigt man die Kraftstoffausdehnung durch die Wärme. Das Verbrauchsvolumen wird in l ermittelt.

$$\Delta T = T_0 - T_K$$
$$T_0 = 293 \text{ K} \triangleq 20 \,^\circ\text{C}$$

$$C = \frac{V(1 + \gamma \cdot \Delta T)}{s} \Big| \cdot \frac{100}{100} \qquad \text{Einheit: } l/100 \text{ km}$$

Berechnung bei gravimetrischer Messung. Kraftstoffverbrauch K ist gleich Verbrauchsvolumen V und wird in kg eingesetzt.

$$\text{Aus } m = V \cdot \varrho$$
$$\text{folgt } V = \frac{m}{\varrho}$$

$$C = \frac{m}{\varrho \cdot s} \Big| \cdot \frac{100}{100} \qquad \text{Einheit: } l/100 \text{ km}$$

Bei einem Pkw wird der Kraftstoff-Normverbrauch nach DIN 70030 Teil 1 ermittelt und in $l/100\,km$ angegeben. Danach wird der Kraftstoffverbrauch bei drei unterschiedlichen Fahrzuständen gemessen.

Beispiel

bei Stadtzyklus	$14{,}5\,l/100\,km$
bei 90 km/h	$8{,}2\,l/100\,km$
bei 120 km/h	$10{,}4\,l/100\,km$

Grundformeln		Formelzeichen		Einheiten	
			Bedeutung	SI	weitere gesetzliche
Kraftstoff-Durchschnittsverbrauch Dichte $$k_D = \frac{K}{s}\cdot\frac{100}{100}\qquad \varrho=\frac{m}{V}$$ Kraftstoff-Normverbrauch $$C=\frac{m}{\varrho\cdot s}\cdot\frac{100}{100}\qquad \Delta T=T_0-T_K$$ $$C=\frac{V(1+\gamma\cdot\Delta T)}{s}\cdot\frac{100}{100}$$		K	Kraftstoffverbrauch (Streckenverbrauch)	m^3	l, dm^3, mm^3, cm^3
		k_D	Durchschnittsverbrauch	—	$l/100\,km$
		C	Normverbrauch (Pkw)	—	$l/100\,km$
		s	Strecke	m	**km**
		m	Masse, Gewicht	**kg**	g
		ϱ	Dichte	kg/m^3	$kg/l, kg/dm^3, g/cm^3$
		V	Verbrauchsvolumen	m^3	l, dm^3, mm^3, cm^3
		γ	Volumenausdehnungszahl	$1/K$	$1/°C$
		T_0	Bezugstemperatur (293 K)	K	$°C$
		T_K	Kraftstofftemperatur	K	$°C$
		ΔT	Temperaturdifferenz	K	$°C$
					Fettdruck = bevorzugte Einheit

Beispiel Ein Pkw hat bei einer Strecke von 680 km einen Kraftstoffverbrauch von 78,75 l. Bestimmen Sie den Durchschnittsverbrauch.

Ges. k_D in $l/100\,km$ $\qquad\qquad$ Geg. $s=680\,km,\ K=78{,}75\,l$

Lös. $\quad k_D = \dfrac{K}{s}\cdot\dfrac{100}{100} = \dfrac{78{,}75\cdot 100}{680}\cdot\dfrac{l}{100\,km} = 11{,}6\,l/100\,km$

Aufgaben

1. Auf einer Urlaubsreise betrug der Kraftstoffverbrauch eines Pkw-Motors insgesamt 165 l. Wie groß war die Fahrstrecke bei einem Durchschnittsverbrauch von 10,7 l/100 km?

2. Berechnen Sie die fehlenden Größen.

	a)	b)	c)	d)	e)	f)	g)
K in l	28,7	?	156	34,7	1400	?	35,2
s in km	300	425	?	420	?	1800	275
k_D in l/100 km	?	11,2	10,2	?	12,5	9,8	?

3. Bestimmen Sie die fehlenden Größen.

4. Berechnen Sie bei einem Pkw den Normverbrauch C nach folgenden Angaben: Fahrstrecke nach dem Stadtzyklus $s=12\,km$, Kraftstoffverbrauchsvolumen $V=1161\,cm^3$, Kraftstofftemperatur $T_K=280\,K$, $\gamma=0{,}001\,1/K$.

5. Nach einer Testfahrt mit konstanter Geschwindigkeit $v=90\,km/h$ auf einer Strecke von $s=10{,}8\,km$ wird der Normverbrauch von 5,8 l/100 km bestätigt. Am Meßzylinder wird eine Kraftstofftemperatur von $T_K=289\,K$ gemessen. Wie groß ist der Kraftstoffverbrauch? Die Volumenausdehnungszahl γ ist 0,001 1/K.

		a)	b)	c)	d)	e)	f)	g)	h)	i)	j)	k)	l)
C (Stadtzyklus)	in l/100 km		14,5				?		?	10,3			11,6
C (bei 90 km/h)	in l/100 km			?	?							8,2	
C (bei 120 km/h)	in l/100 km	10,4				7,4		9,2			?		
ϱ (Normal)	in kg/l	0,72			0,74		0,72			0,74			
ϱ (Super)	in kg/l		0,77	0,77					0,78		0,76		
ϱ (Diesel)	in kg/l					0,84		?					0,77
Masse m	in kg	?	11,165	6,314	?	0,537	?	0,64	?	0,873	?	0,863	?
Strecke s	in km	100	?	100	4	?	8	8,5	12	?	14	13,5	?
Verbrauchsvolumen V in l					0,35	?	0,512	?	1,94	?	1,65	?	1,74

4.2 Prüfstand

4.2.1 Kraftstoffverbrauch je Stunde

Wird der Kraftstoffverbrauch des Motors unabhängig vom Fahrzeug, von der Fahrstrecke und den verschiedenen Fahrzuständen auf dem Prüfstand ermittelt, kann er nicht in l/100 km ausgedrückt werden. Mit einem Durchlaufgefäß wird die Durchlaufzeit des Kraftstoffs als Meßzeit in s festgestellt. Der in dieser Zeit verbrauchte Kraftstoff wird als Meßvolumen in der Regel in cm³ ermittelt.

Formelentwicklung

Verbrauchsvolumen V in cm³ je Sekunde
$$\cong \frac{\text{Meßvolumen } V}{\text{Meßzeit } t} \quad \text{in cm}^3/\text{s}$$

Einheitenänderung: $1\ \text{cm}^3 = \dfrac{1}{1000}\ l$ und $1\ s = \dfrac{1}{3600}\ h$
$$\cong \frac{V \cdot 3600}{t \cdot 1000} \quad \text{in } l/h$$

Mit Hilfe von $m = V \cdot \varrho$ wird der Kraftstoffverbrauch B in kg je Stunde ausgedrückt.
$$\cong \frac{V \cdot \varrho \cdot 3600}{t \cdot 1000} \quad \text{in kg/h}$$

$$\text{Kraftstoffverbrauch} = \frac{\text{Meßvolumen} \cdot \text{Dichte} \cdot 3600}{\text{Meßzeit} \cdot 1000} \qquad B = \frac{V \cdot \varrho \cdot 3600}{t \cdot 1000} \qquad \text{Einheit: kg/h}$$

4.2.2 Spezifischer Kraftstoffverbrauch

Beim Motorenvergleich wird der Kraftstoffverbrauch zu einer besonderen Vergleichsgröße, wenn er sich auf die Zeiteinheit und zusätzlich auf die Leistungseinheit bezieht. Beim spezifischen Kraftstoffverbrauch b ermittelt man als Meßzeit die Durchlaufzeit in s unter folgenden Bedingungen: Meßvolumen 100 cm³, Drehzahl und Leistung konstant.

$$\text{Spezifischer Kraftstoffverbr.} \quad b = \frac{\text{Meßvolumen} \cdot \text{Dichte} \cdot 3600}{\text{Nutzleistung} \cdot \text{Zeit}} \qquad b = \frac{V \cdot \varrho \cdot 3600}{P_{\text{eff}} \cdot t} \qquad \text{Einheit: g/kWh}$$

Ist der Kraftstoffverbrauch B in kg/h bekannt, können wir die entsprechenden Größen durch B ersetzen und erhalten dann die Formel:

$$b = \frac{B \cdot 1000}{P_{\text{eff}}} \qquad \text{Einheit: g/kWh}$$

Grundformeln	Formelzeichen		Einheiten	
		Bedeutung	SI	weitere ges.
Kraftstoffverbrauch des Motors	B	Kraftstoffverbrauch des Motors	kg/s	**kg/h**
$B = \dfrac{V \cdot \varrho \cdot 3600}{t \cdot 1000}$	V	Meßvolumen	m³	cm³, l
	ϱ	Dichte	kg/m³	g/cm³, kg/l
	t	Meßzeit	s	h
Spezifischer Kraftstoffverbrauch	b	spezifischer Kraftstoffverbrauch	kg/Ws	g/kWh
$b = \dfrac{V \cdot \varrho \cdot 3600}{P_{\text{eff}} \cdot t} \qquad b = \dfrac{B \cdot 1000}{P_{\text{eff}}}$	P_{eff}	Nutzleistung	W	kW

Beispiel Auf dem Prüfstand werden bei einem Pkw-Motor folgende Daten ermittelt: Durchlaufzeit 8,1 s (bei 100 cm³ Meßvolumen), Nutzleistung 100 kW, Kraftstoffdichte 0,74 g/cm³. Berechnen Sie den spezifischen Kraftstoffverbrauch in g/kWh.

Ges. b in g/kWh Geg. $V = 100\ \text{cm}^3$, $t = 8,1\ \text{s}$, $P_{\text{eff}} = 100\ \text{kW}$, $\varrho = 0,74\ \text{g/cm}^3$

Lös. $b = \dfrac{V \cdot \varrho \cdot 3600}{P_{\text{eff}} \cdot t} = \dfrac{100 \cdot 0,74 \cdot 3600}{100 \cdot 8,1}\ \dfrac{\text{g}}{\text{kWh}} = 328,89\ \text{g/kWh} \approx \mathbf{329\ g/kWh}$

Aufgaben

1. Von einem Pkw-Motor mit $P_{eff} = 44{,}16$ kW wird auf dem Prüfstand ein Kraftstoffverbrauch von $B = 13{,}8$ kg/h festgestellt. Wie groß ist der spezifische Kraftstoffverbrauch in g/kWh?

2. Der Kraftstoffverbrauch eines stationaren Motors wird auf dem Prüfstand gemessen. Die Kraftstoffdichte betragt $\varrho = 0{,}74$ kg/dm³. Der Motor verbraucht 8 l/h. Für den spezifischen Kraftstoffverbrauch wird $b = 271{,}5$ g/kWh ermittelt. Wie groß ist die Nutzleistung in kW?

3. Eine Kraftstoffverbrauchsmessung auf dem Prüfstand ergibt für die Durchflußmenge von 100 cm³ eine Durchflußzeit von 20 s. Kraftstoffdichte $\varrho = 0{,}72$ kg/dm³. Berechnen Sie den Kraftstoffverbrauch B in kg/h.

4. Ein Motor gibt bei einem 6stündigen Probelauf auf dem Prüfstand eine Dauerleistung von 45,6 kW ab und verbraucht 124 l Kraftstoff ($\varrho = 0{,}72$ kg/dm³). Berechnen Sie
a) den Kraftstoffverbrauch B in kg/h und
b) den spezifischen Kraftstoffverbrauch b in g/kWh.

5. Der spezifische Kraftstoffverbrauch eines Motors betragt $b = 278$ g/kWh. Die Nutzleistung ist $P_{eff} = 50$ kW. Als Durchflußzeit wird auf dem Prüfstand $t = 21$ s gemessen. Wieviel cm³ Kraftstoff werden in dieser Zeit verbraucht? ($\varrho = 0{,}72$ kg/dm³)

6. Ein Ottomotor verbraucht auf dem Prüfstand in 1 Stunde 12,4 kg Kraftstoff. Die Nutzleistung betragt $P_{eff} = 44{,}16$ kW. Bestimmen Sie den spezifischen Kraftstoffverbrauch.

7. a) Wieviel kW Leistung gibt ein Motor auf dem Prüfstand ab, wenn ein spezifischer Kraftstoffverbrauch von $b = 341{,}3$ g/kWh errechnet wird? Für 100 cm³ Kraftstoff mit $\varrho = 0{,}73$ kg/dm³ wird eine Durchflußzeit $t = 35$ s gemessen.
b) Bestimmen Sie ferner den Kraftstoffverbrauch B in kg/h.

8. Zu der Verbrauchsmessung eines Motors sind folgende Daten gegeben: $P_{eff} = 35{,}3$ kW, Kraftstoffmenge $V = 120$ cm³, Durchlaufzeit $t = 27$ s, $\varrho = 0{,}76$ kg/dm³.
a) Wieviel kg Kraftstoff verbraucht der Motor in 1 h?
b) Bestimmen Sie den spezifischen Kraftstoffverbrauch in g/kWh.

9. Ein Motor mit 95,7 kW Nutzleistung hat in 4 h einen Kraftstoffverbrauch von 145 kg. Berechnen Sie den spezifischen Kraftstoffverbrauch b in g/kWh.

10. Ein Motor mit 34 kW Leistung verbraucht auf dem Prüfstand eine Durchflußmenge von 100 cm³. Der errechnete Kraftstoffverbrauch beträgt 10,37 kg/h.
a) Bestimmen Sie die Durchflußzeit t in s bei $\varrho = 0{,}72$ kg/dm³.
b) Berechnen Sie den spezifischen Kraftstoffverbrauch b in g/kWh.

11. Von einem Motor mit der Nutzleistung von 50 kW ist der spezifische Kraftstoffverbrauch $b = 324$ g/kWh bekannt. Berechnen Sie die Kraftstoffmenge in cm³, die auf dem Prüfstand in der Durchlaufzeit von 24 s verbraucht wurde ($\varrho = 0{,}72$ kg/dm³).

12. Von einem Motor mit 39,7 kW Leistung wird ein spezifischer Kraftstoffverbrauch von $b = 272$ g/kWh errechnet. Auf dem Prüfstand beträgt die Durchflußmenge des Kraftstoffs 100 cm³ ($\varrho = 0{,}72$ kg/dm³). Berechnen Sie die Durchflußzeit in s.

13. Auf dem Prüfstand wird bei einem Motor für die Durchflußmenge $V = 100$ cm³ eine Durchflußzeit von $t = 25$ s gemessen. Als spezifischer Kraftstoffverbrauch wird $b = 264$ g/kWh errechnet ($\varrho = 0{,}74$ kg/dm³). Wie groß ist die Leistungsabgabe P_{eff} in kW?

14. Der spezifische Kraftstoffverbrauch eines Motors betragt 281,8 g/kWh bei einer Nutzleistung von 22 kW. Wieviel l Kraftstoff werden in 1 h verbraucht? ($\varrho = 0{,}74$ kg/dm³)

15. Ein Pkw-Motor hat bei einer abgebenden Leistung von 30 kW einen spezifischen Kraftstoffverbrauch von $b = 324$ g/kWh. Die Kraftstoffdichte beträgt $\varrho = 0{,}72$ kg/dm³. Wie groß ist der Kraftstoffverbrauch k_D in l/100 km bei einer Durchschnittsgeschwindigkeit von 110 km/h?

16. Auf einem Rollenprüfstand wird die Geschwindigkeit eines Pkw mit 120 km/h gemessen. Der durchschnittliche Kraftstoffverbrauch wird mit $k_D = 12{,}3$ l/100 km angegeben. Die standig abgegebene Leistung betragt dabei 35,9 kW.
a) Berechnen Sie den Kraftstoffverbrauch in l bei einem Probelauf von 8 Stunden ($\varrho = 0{,}76$ kg/dm³).
b) Wie groß ist der spezifische Kraftstoffverbrauch b in g/kWh?

5 Wärme als Energie

5.1 Wärmemenge

Wärme ist eine Energieform und kann in andere Energieformen umgewandelt werden.

> Die Wärme wird als Wärmemenge Q gemessen.   Einheit: J
> Einheitengleichung $1\,J = Nm = 1\,Ws$

5.1.1 Spezifische Wärmekapazität

Werkstoffe haben verschiedene physikalische und chemische Eigenschaften. Diese Stoff-eigenschaften (z. B. spezifische Wärmekapazität) stehen als Stoffwerte in Tabellen.

> Die spezifische Wärmekapazität c ist die Wärmemenge, die 1 kg eines festen oder flüssigen Stoffes um 1 K erwärmen kann.   Einheit: $\dfrac{kJ}{kg\,K}$

Tabelle 5.1   **Mittlere spezifische Wärmekapazität in kJ/kgK** (Auswahl)

(0 °C bis 100 °C)		(bei 20 °C)			(20 °C und 0,981 bar)	
Magnesium	0,837	Glyzerin (wasserfrei)		2,428	Luft	1,005
Eisen (rein)	0,456	Gefrierschutz-mittel mit	46 % Wasser	3,433	Stickstoff	1,047
Kupfer	0,389		77 % Wasser	3,936	Wasserdampf	2,01
Silber	0,234	Wasser		4,187	Wasserstoff	14,277

Berechnen der Wärmemenge. Unterschiedliche Stoffe brauchen zur Temperatur-erhöhung um 1 K auch unterschiedliche Wärmemengen.

1 kg Kupfer wird von 293 K auf 294 K erwärmt; nötige Wärmemenge   389 J
1 kg Luft   wird von 293 K auf 294 K erwärmt; nötige Wärmemenge 1005 J

Die nötige Wärmemenge ist außerdem von der Masse m (in kg) und von der Temperatur-differenz ΔT (in K) abhängig.

> Wärmemenge $Q = m \cdot c \cdot \Delta T$ Einheit: J

5.1.2 Brennwert (Heizwert)

Beim Verbrennen eines Stoffes wird eine Wärmemenge als Wärmeenergie frei, z. B. auch bei der chemischen Umsetzung unserer Nahrungsmittel im Körper.

> Die Wärmemenge Q, die bei vollständiger Verbrennung je 1 kg Masse frei wird, ergibt den Brennwert H dieses Stoffes. $H = \dfrac{Q}{m}$ Einheit: $\dfrac{kJ}{kg}$

Tabelle 5.2   **Brennwerte (Heizwerte) in kJ/kg** (Auswahl)

Holz	15000	Benzin	42500	Wasserstoff	119950
Torf	14100	Benzol, rein	40200	Acetylen	48150
Braunkohle	19500	Dieselkraftstoff	42100	Propan	46260
Holzkohle	28100	Heizöl	42450	Butan	45500

Grundformeln	Formelzeichen		Einheiten	
		Bedeutung	SI	weitere gesetzl.
Wärmemenge	Q	Wärmemenge	J	kJ
	m	Masse	kg	g
$Q = m \cdot c \cdot \Delta T$	c	spezifische Wärmekapazität	J/kg K	kJ/kg K
	Δ	Differenz zweier Größen	—	—
$\Delta T = T_2 - T_1$	ΔT	Temperaturdifferenz	K	°C
Brennwert	T_2	Temperatur (Größtwert)	K	°C
	T_1	Temperatur (Kleinstwert)	K	°C
$H = \dfrac{Q}{m}$	H	Brennwert (Heizwert)	J/kg	kJ/kg

Beispiel Berechnen Sie die aufgenommene Wärmemenge, wenn 3 kg Kupfer um 16 Kelvin erwärmt werden. Die spezifische Wärmekapazität beträgt 0,389 kJ/kg K.

Ges. Q in kJ   Geg. $m = 3$ kg, $\Delta T = 16$ K, $c = 0,389$ kJ/kg K

Lös. $Q = m \cdot c \cdot \Delta T = \dfrac{3\,\text{kg} \cdot 0,389\,\text{kJ} \cdot 16\,\text{K}}{\text{kg} \cdot \text{K}} = 18,672$ kJ

Aufgaben

1. Ein Motorblock aus einer Aluminium-Magnesium-Legierung hat eine Masse von 88 kg und wird von 126 °C auf 105 °C abgekühlt. Bestimmen Sie die abgegebene Wärmemenge bei $c = 0,921$ kJ/kg K

2. Wie groß ist die aufgenommene Wärmemenge von 2,78 kg Eisen bei einer Erwärmung von 628 °C auf 918 °C?

3. Eine Motorkühlflüssigkeit besteht aus 54 % Gefrierschutzmittel und 46 % Wasser. Ihre Masse beträgt 8,92 kg. Berechnen Sie die aufgenommene Wärmemenge, wenn die Kühlflüssigkeit von − 13 °C auf 75 °C erwärmt wird

4. In einem Dieselmotor werden 4,2 kg Kraftstoff verbrannt. Wie groß ist die freigesetzte Wärmemenge?

5. Beim Verbrennen von Propan werden in einer Woche 191 979 kJ Wärme freigesetzt. Berechnen Sie die verbrauchte Menge Propan in kg.

6. Ein stationärer Dieselmotor verbraucht in einer Stunde 7,25 l Kraftstoff. Die Dichte des Kraftstoffs beträgt 0,802 kg/dm³. Berechnen Sie die abgegebene Wärmemenge, wenn der Motor 115 Stunden läuft.

7. a) Bestimmen Sie von 10,5 l Kühlflüssigkeit die Masse in kg, wenn die Dichte 1,03 kg/dm³ beträgt.
b) Wie groß ist die aufgenommene Wärmemenge, wenn die Kühlflüssigkeit mit 77 % Wasseranteil von 17 °C auf 91 °C erwärmt wird? (c aus Tab. **5.1**)

8. Beim Grillen werden 2,5 kg Holzkohle verbrannt. Dabei wird eine Wärmemenge von 70 250 kJ frei. Berechnen Sie den Brennwert der Holzkohle in kJ/kg.

9. Beim Verbrennen von 15 kg Holz werden 258 000 kJ frei. Wie groß ist der Brennwert?

10. Ein luftgekühlter Motor hat eine Masse von 220 kg. Als spezifische Wärmekapazität ist $c = 0,643$ kJ/kg K in die Rechnung einzusetzen. Um wieviel Kelvin sinkt die Temperatur, wenn eine Wärmemenge von 2121,9 kJ abgegeben wird?

11. Beim Verbrennen von Wasserstoff werden 258 000 kJ frei. Wieviel kg Wasserstoff wurden verbrannt? Entnehmen Sie H der Tabelle **5.2**.

12. Ein Härteofen verbrennt in einer Stunde 21,9 kg Butan. Welche Wärmemenge wird je Minute frei?

13. Ein Ottomotor braucht auf 100 km 13,5 l Benzin. Wie groß ist die freiwerdende Wärmemenge, wenn die Dichte des Benzins 0,72 kg/dm³ beträgt?

14. Ein Kleinkraftrad verbraucht auf 100 km 6,2 l Benzin. Die Dichte für Benzin beträgt 0,72 kg/dm³ Die abgegebene Wärmemenge für eine bestimmte Fahrstrecke ist mit 106 243,2 kJ berechnet worden Wie groß ist die Strecke?

15. Ein Dieselmotor verbraucht auf 100 km 10,9 l Kraftstoff. Die Dichte des Kraftstoffs beträgt 0,802 kg/dm³.
a) Wie groß ist der Verbrauch in l und in kg auf einer Strecke von 725 km?
b) Wie groß ist die dabei freigewordene Wärmemenge Q in kJ?

16. Ein Motor verbraucht in 1 Stunde 1,3 kg Benzin. Von der freiwerdenden Wärmemenge werden 32 % durch den Kühler abgeführt. Berechnen Sie die durch den Kühler abgeführte Wärmemenge in kJ.

5.2 Nutzwirkungsgrad

5.2.1 Wärmeleistung

Durch den Verbrennungsvorgang wird chemische Energie vor allem in Wärmeenergie umgewandelt. Die Wärmeleistung des Motors bzw. die zugeführte Leistung P_{zu} ist vom Kraftstoffverbrauch B in kg/h und vom Brennwert H des Kraftstoffs in kJ/kg abhängig.

Zugeführte Leistung P_{zu} = Kraftstoffverbrauch je h $\cdot$ Brennwert Einheit: kW	$P_{zu} = \dfrac{B \cdot H}{3600}$

Einheitengleichung $\qquad \dfrac{kg}{s} \cdot \dfrac{kJ}{kg} = \dfrac{kJ}{s} = kW$

5.2.2 Nutzwirkungsgrad als thermischer Wirkungsgrad

Die Wirtschaftlichkeit eines Motors wird maßgebend durch das Verhältnis Nutzleistung P_{ab} zur Wärmeleistung P_{zu} gekennzeichnet. Dieses Verhältnis heißt Nutzwirkungsgrad η_{eff}. (Andere Bezeichnungen sind effektiver oder wirtschaftlicher Wirkungsgrad.)

Nutzwirkungsgrad $\eta_{eff} = \dfrac{\text{Nutzleistung}}{\text{Wärmeleistung}}$	$\eta_{eff} = \dfrac{P_{ab}}{P_{zu}} = \dfrac{P_{eff}}{P_i}$	Einheit: keine

P_i bzw. P_{zu} kann durch $P_{zu} = \dfrac{B \cdot H}{3600}$ ersetzt werden $\qquad \eta_{eff} = \dfrac{P_{eff} \cdot 3600}{B \cdot H}$

Ist der spezifische Kraftstoffverbrauch b bekannt, ersetzen wir den

Kraftstoffverbrauch B durch $B = \dfrac{b \cdot P_{eff}}{1000} \qquad\qquad \eta_{eff} = \dfrac{P_{eff} \cdot 3600 \cdot 1000}{b \cdot P_{eff} \cdot H}$

Damit erhalten wir für den Nutzwirkungsgrad die Formel $\qquad \eta_{eff} = \dfrac{3600 \cdot 1000}{b \cdot H}$

Alle Formeln enthalten Umrechnungszahlen. Deshalb dürfen Zahlenwerte nur in den vorgeschriebenen Einheiten eingesetzt werden.

Grundformeln	Formelzeichen		Einheiten	
		Bedeutung	SI	weitere ges.
zugeführte Leistung (Wärmeleistung) $P_{zu} = \dfrac{B \cdot H}{3600}$ Nutzwirkungsgrad $\eta_{eff} = \dfrac{P_{eff} \cdot 3600}{B \cdot H}$ $\eta_{eff} = \dfrac{3600 \cdot 1000}{b \cdot H}$	P_{ab} P_{zu} B H η_{eff} P_{eff} b	abgeführte und zugeführte Leistung Kraftstoffverbrauch des Motors je 1 h Brennwert des Kraftstoffs Nutzwirkungsgrad Nutzleistung spezifischer Kraftstoffverbrauch	W W kg/s J/kg — W kg/J	kW kW kg/h kJ/kg — kW g/kWh Fettdruck = bevorzugte Einheit

Beispiel Berechnen Sie den spezifischen Kraftstoffverbrauch eines Pkw-Motors bei einem Nutzwirkungsgrad von 0,25. Der Brennwert des Kraftstoffs beträgt 43 000 kJ/kg.

Ges. b in g/kWh

Geg. $\eta_{eff} = 0,25$, $H = 43\,000$ kJ/kg

Lös. $b = \dfrac{3600 \cdot 1000}{\eta_{eff} \cdot H} = \dfrac{3600 \cdot 1000}{0,25 \cdot 43\,000} \cdot \dfrac{g}{kWh} \approx \mathbf{335\ g/kWh}$

Aufgaben

1. Ein Dieselmotor mit 110 kW Leistung hat einen Kraftstoffverbrauch von 31 kg/h. Der Heizwert des Kraftstoffs betragt 41 900 kJ/kg. Berechnen Sie den Nutzwirkungsgrad.

2. Auf dem Prufstand ermittelt man von einem Motor mit 39,7 kW Nutzleistung einen Kraftstoffverbrauch von $B = 13,9$ kg/h. Wie groß ist der Nutzwirkungsgrad η_{eff}, wenn fur den Kraftstoff ein Brennwert von $H = 43\,850$ kJ/kg angegeben ist?

3. Der spezifische Kraftstoffverbrauch eines Motors $b = 305$ g/kWh wurde errechnet. Fur den Brennwert des Kraftstoffs wurde $H = 42\,000$ kJ/kg eingesetzt Bestimmen Sie den Nutzwirkungsgrad in %.

4. Der Kraftstoffverbrauch eines Motors in 1 Stunde betragt 31,8 kg. Als Nutzwirkungsgrad wird $\eta_{eff} = 0,26$ eingesetzt. Der Kraftstoff hat einen Brennwert von $H = 43\,500$ kJ/kg. Bestimmen Sie die Nutzleistung P_{eff} in kW.

5. Bestimmen Sie den Kraftstoffverbrauch je Stunde in kg und die Nutzleistung in kW mit folgenden Angaben: Heizwert des Kraftstoffs 42 500 kJ/kg, Kraftstoffdichte 0,74 kg/dm³, stundlicher Kraftstoffverbrauch 11,2 l, Nutzwirkungsgrad 0,27.

6. Ein Motor wird auf dem Leistungsstand uber die Zeit von einer Stunde abgebremst und gibt dabei eine Leistung von 36 kW ab. Es werden 13,6 l Kraftstoff ($\varrho = 0,8$ kg/dm³) verbraucht. Wie groß ist der Heizwert des Kraftstoffs, wenn der Nutzwirkungsgrad 28 % beträgt?

8. Ein Dieselmotor hat einen Stundenverbrauch von $B = 25,8$ kg/h. Der Heizwert des Kraftstoffs ist mit $H = 42\,100$ kJ/kg angegeben, der Nutzwirkungsgrad mit $\eta_{eff} = 0,24$. Wie groß ist P_{eff} in kW?

9. a) Bestimmen Sie den Heizwert des Kraftstoffs in kJ/kg, wenn von einem Dieselmotor folgende Angaben bekannt sind: Nutzleistung 235 kW, spezifischer Kraftstoffverbrauch 270 g/kWh, zugefuhrte Leistung 757,9 kW.

b) Wie groß ist der Nutzwirkungsgrad η_{eff}?

10. Bei einem Motor mit $P_{eff} = 60$ kW wird eine Kraftstoffverbrauchsmessung durchgefuhrt. Die Kraftstoffdichte ist mit $\varrho = 0,74$ kg/dm³ angegeben. Für die Durchflußmenge von 150 cm³ Kraftstoff wird die Durchflußzeit von $t = 22$ s gemessen.

a) Wie groß ist der Kraftstoffverbrauch B in kg/h?

b) Berechnen Sie den spezifischen Kraftstoffverbrauch b in g/kWh.

c) Bestimmen Sie den Nutzwirkungsgrad η_{eff} bei einem Kraftstoffbrennwert von $H = 43\,000$ kJ/kg.

11. Bei einem 24stundigen Probelauf auf dem Leistungsprufstand verbraucht ein Ottomotor 252 l Benzin ($\varrho = 0,82$ kg/dm³). Der Heizwert betragt 42 500 kJ/kg. Bestimmen Sie

a) den Kraftstoffverbrauch B in kg/h,

b) die stundliche Warmeleistung P_{zu} in kW,

c) die abgeführte Leistung P_{eff} in kW bei einem Nutzwirkungsgrad $\eta_{eff} = 26\%$.

7. Bestimmen Sie die fehlenden Großen. Beachten Sie dabei die richtigen Einheiten.

	a)	b)	c)	d)	e)	f)	g)	h)	i)	j)	k)
Nutzleistung P_{eff} in kW	40,5	32,8	36,8	50	?	25,8	?	82,4	?	49,7	33,1
Durchflußmenge V in cm³	100	150	?	150	?	100	60	200	?	150	200
Durchflußzeit t in s	20	?	28	?	24	27	18	?	19,4	?	47
Kraftstoffdichte ϱ_K in kg/dm³	0,72	0,74	0,72	0,72	0,72	?	?	0,82	0,74	0,72	?
Kraftstoffverbrauch B in kg/h	?	?	12,96	?	12,29	9,6	8,8	?	13,7	?	11,49
Spezifischer Kraftstoffverbrauch b in g/kWh	?	338,8	?	324	309,6	?	352	?	310,7	?	?
Brennwert H in kJ/kg	42000	42500	42300	?	?	42000	?	41200	42800	42400	?
Nutzwirkungsgrad η_{eff}	?	?	?	0,25	0,27	2	0,24	0,38	?	0,26	0,24

6 Kraftübertragung

6.1 Reibung

6.1.1 Reibungskraft und Reibungszahl

Reibungskraft. Unter Reibung versteht man eine Kraft, die als Widerstandskraft der Bewegung zwischen Körpern entgegenwirkt. Die Reibungskraft F_R ist also der antreibenden oder weiterbewegenden Kraft F stets entgegengerichtet (6.1). Ihre Größe ist abhängig:

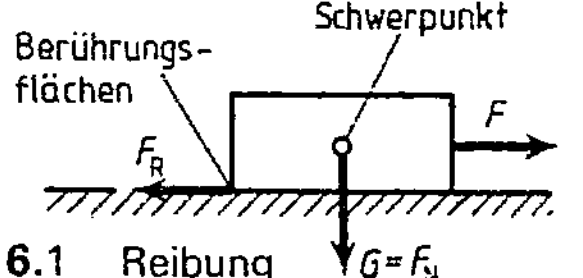

– von der Normalkraft F_N des zu bewegenden Körpers,
– von der Oberflächenbeschaffenheit der Berührungsflächen,
– von den Werkstoffarten der Berührungsflächen,
– vom Schmierzustand und von der Reibungsart (trocken, halbflüssig oder flüssig).

Reibungszahl. Die Einflüsse der angegebenen Einzelbedingungen werden bei jeder Berechnung durch die Reibungszahl μ (mü) berücksichtigt. Zahlreiche Reibungszahlen der verschiedenen Reibungsarten sind in Tabellen zusammengestellt.

Der Reibungswiderstand F_R nimmt proportional mit der steigenden Normalkraft F_N und mit der größeren Reibungszahl μ zu. Daraus folgt:

Reibungskraft F_R = Normalkraft · Reibungszahl $\qquad F_R = F_N \cdot \mu \qquad$ Einheit: N	
Die Reibungszahl μ ist der Verhältniswert aus $\dfrac{\text{Reibungskraft }(F_R)}{\text{Normalkraft }(F_N)}$	

Versuchsdarstellung. Unterschiedliche Reibungsflächen, F_N und μ sollen jedoch gleich bleiben.

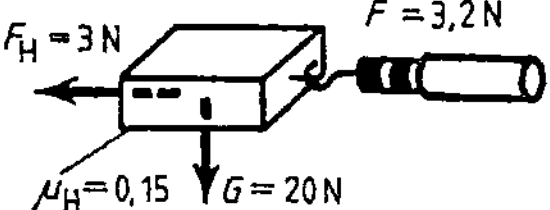

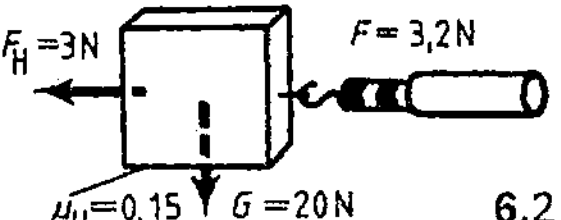

Die Größe der Reibungskraft F_R bzw. F_H hängt also n i c h t von der Größe der Reibungsfläche ab.

6.1.2 Reibungsarten

Wir unterscheiden zwei Reibungsarten: Reibung der Ruhe als Haftreibung F_H und Reibung der Bewegung als Gleitreibung F_G und Rollreibung F_R.

Bei der Haftreibung F_H ist die Reibungskraft größer als die angreifende Kraft F, die den Körper in Bewegung setzen soll (6.3).

Bei der Gleitreibung F_G soll die angreifende Kraft F den Körper in Bewegung halten. Nachdem die Haftreibung F_H überwunden ist, sinkt die Gleitreibung deutlich auf einen niedrigeren Wert ab (6.4). Daraus folgt: Bei derselben Werkstoffpaarung ist die Gleitreibungszahl μ_G kleiner als die Haftreibungszahl μ_H.

Bei der Rollreibung F_R ist die erforderliche Kraft F bedeutend kleiner als bei der Gleitreibung, weil die Körper durch ein Abwälzen über kleinste Flächen in Bewegung gehalten werden (6.5). Bei derselben Werkstoffpaarung ist die Rollreibungszahl μ_R wesentlich kleiner als die Gleitreibungszahl μ_G.

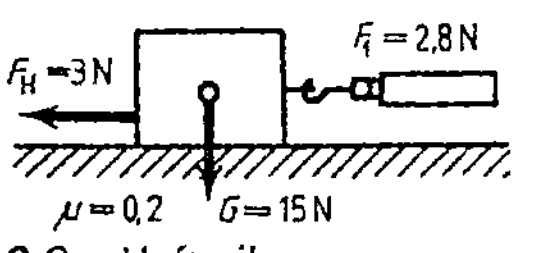

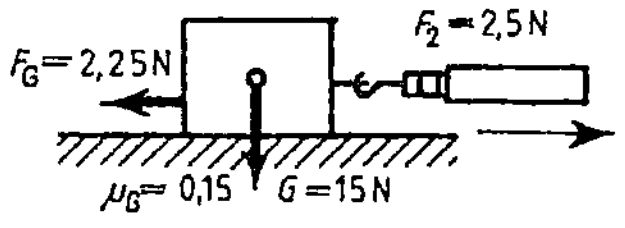

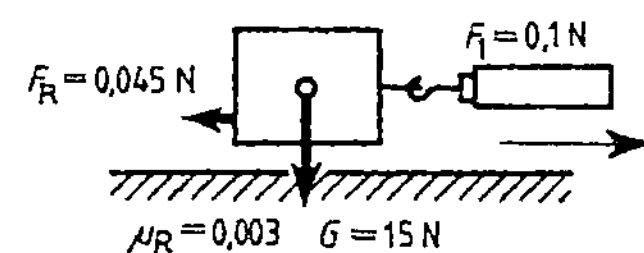

Grundformel	Formelzeichen		Einheiten	
		Bedeutung	SI	weitere gesetzliche
Reibungskraft	F_R	Reibungskraft	N	kN
$\boxed{F_R = F_N \cdot \mu}$	F_N	Normalkraft	N	kN
	μ	Reibungszahl	—	—

Beispiel Eine Werkstattmaschine soll von drei Mann auf Stahlschienen verschoben werden. Ihre zusammengerechnete Kraft beträgt 1350 N. Die Haftreibungszahl ist $\mu_H = 0,18$. Wie groß ist die Gewichtskraft der Maschine in kN?

Hinweis Die Gewichtskraft wirkt immer senkrecht nach unten. Sie ist also mit der Normalkraft gleichzusetzen.

Ges. G bzw. F_N in kN

Geg. $F = F_H = 1350$ N, $\mu_H = 0,18$

Lös. $F_N = \dfrac{F_H}{\mu_H} = \dfrac{1350}{0,18}$ N $= 7500$ N $= \mathbf{7,5 \ kN}$

Aufgaben

1. Bestimmen Sie die Reibungskraft F_R in N bei einer Lagerbelastung von 3000 N
a) in einem Gleitlager bei $\mu_G = 0,02$,
b) in einem Walzlager bei $\mu_R = 0,002$

2. Auf einem Betonboden steht eine 50 kg schwere Kiste. Welche Kraft ist zum Verschieben der Kiste erforderlich, wenn als Reibwert $\mu = 0,38$ gegeben ist?

3. Bei einer Scheibenbremse beträgt die Anpreßkraft $F_N = 2480$ N. Berechnen Sie die Gleitreibung F_G in N bei einer Gleitreibungszahl $\mu_G = 0,35$.

4. Ein 1,8 t schweres Fahrzeug wird mit der Kraft $F_R = 353$ N verschoben. Wie groß ist die Rollwiderstandszahl?

5. In einem Lager entsteht ein Rollwiderstand von $F_R = 40$ N. Wie hoch ist die Lagerbelastung F_N in N bei einer Rollreibungszahl $\mu_R = 0,015$?

6. Die Anpreßkraft einer Einscheibenkupplung beträgt $F_N = 2943$ N. Die Anzahl der Reibflächen wird mit $z = 2$ berücksichtigt. Welche Reibungszahl μ_H ist einzusetzen, wenn für die Reibungskraft $F_R = 2354,4$ N berechnet wird?

7. Ein beladener Lkw mit einem Leergewicht $m_1 = 40$ t muß auf einer Straße ($\mu_R = 0,03$) eine Rollreibungskraft von $F_R = 12\,654,9$ N überwinden. Bestimmen Sie die Zuladung m_2 in kg.

8. Die Anpreßkraft einer Einscheibenkupplung soll $F_N = 3500$ N betragen.
a) Wie groß ist die entstehende Reibungskraft F_R in N bei einer Haftreibungszahl von $\mu_H = 0,4$?
b) Auf welchen Wert sinkt die Reibungskraft F_R ab, wenn bei Verölung der Kupplungsscheibe $\mu_H = 0,1$ einzusetzen ist?

9. Bei einer Einscheibenkupplung bewirken 8 Druckfedern bei einer Reibungszahl von $\mu_H = 0,35$ eine Haftreibungskraft von $F_H = 18,2$ kN. Ermitteln Sie die Kraft F in N, die von einer Druckfeder ausgeht.

10. Der Rollreibungswiderstand auf einer Betonstraße beträgt bei einem Pkw 380 N. Bestimmen Sie das Fahrzeuggewicht m in kg bei einer Reibungszahl von $\mu_R = 0,02$.

11. Ein Kupplungsbelag wird mit $F_N = 5025$ N angepreßt. Wie groß ist die Haftreibungszahl μ_H, wenn die Haftreibung F_H mit 2010 N berechnet wird?

12. Eine Walze wird mit einer Kraft von 204 N gezogen. Die Rollreibungszahl beträgt 0,16. Wieviel kg wiegt die Walze?

13. Ein Pkw mit einem Leergewicht von $m = 950$ kg soll auf einem Sandboden fortgeschoben werden ($\mu_R = 0,1$). Welche Kraft F_R ist zum Schieben erforderlich?

14. Eine Welle läuft mit einer Anpreßkraft von $F_N = 320$ daN. In einem Gleitlager entsteht dadurch ein Reibungswiderstand von $F_{R1} = 160$ N und in einem Wälzlager von $F_{R2} = 6,4$ N. Wie groß ist
a) die Reibungszahl μ_G im Gleitlager,
b) die Reibungszahl μ_R im Walzlager?

15. Von einem Pkw mit Vorderachsantrieb sind folgende Gewichtsangaben bekannt: zul. Gesamtgewicht 1700 kg, zul. Vorderachslast 1020 kg, zul. Hinterachslast 830 kg. Der Wagen wird mit Urlaubsgepäck beladen. Die zulässige Hinterachslast wird voll ausgenutzt. Berechnen Sie die Haftreibungskraft bzw. die Antriebskraft an den Reifen der Vorderachse, wenn die Haftreibungszahl $\mu_H = 0,65$ beträgt.

6.2 Kupplung

6.2.1 Flächenpressung, Anpreßkraft

In eingekuppeltem Zustand wird die Druckplatte durch die Anpreßkraft gegen die Reibfläche der Kupplungsscheibe gedrückt. Die Kupplungsscheibe drückt dadurch gegen die Schwungscheibe. Durch diese kraftschlüssige Verbindung kann das Motordrehmoment auf das Getriebe übertragen werden. Die Größe der Anpreßkraft ist von der zulässigen Flächenpressung p_{zul} abhängig.

> Unter Flächenpressung p versteht man den Teil der Anpreßkraft F, der auf 1 mm² der Preßfläche A entfällt.
> $$p = \frac{F}{A}$$
> Einheit: N/mm²

Die zulässigen Flächenpressungen bei Kupplungsbelägen liegen im Bereich 0,05 N/mm² bis 0,25 N/mm².

> Den Flächeninhalt A der Reibfläche berechnet man nach der Formel für den Kreisring.
> $$A = (d_1^2 - d_2^2) \cdot 0{,}785$$
> Einheit: mm²

Grundformeln	Formelzeichen		Einheiten	
		Bedeutung	SI	weitere ges.
Anpreßkraft	F	Anpreßkraft	N	daN, kN
$F = p_{zul} \cdot A$	p_{zul}	zulässige Flächenpressung	N/m²	N/mm², N/cm²
	A	Flächeninhalt	m²	mm², cm²
	d_1	großer Durchmesser	m	mm, cm
Kreisringfläche	d_2	kleiner Durchmesser	m	mm, cm
$A = (d_1^2 - d_2^2) \cdot 0{,}785$			Fettdruck = bevorzugte Einheit	

Beispiel Die beiden Durchmesser einer Kupplungsscheibe betragen 225 mm und 150 mm. Die zulässige Flächenpressung darf 0,18 N/mm² nicht überschreiten. Wie groß ist die Anpreßkraft (auf vollen Zahlenwert runden)?

Hinweis In der Grundformel für die Anpreßkraft kann das Formelzeichen A entsprechend der Kreisringformel ersetzt werden durch $(d_1^2 - d_2^2) \cdot 0{,}785$.

Ges. F in N

Geg. $d_1 = 225$ mm, $d_2 = 150$ mm, $p_{zul} = 0{,}18$ N/mm²

Lös. $F = p_{zul} \cdot (d_1^2 - d_2^2) \cdot 0{,}785 = 0{,}18 \cdot (225^2 - 150^2) \cdot 0{,}785$ N $= \mathbf{3974\ N}$

Aufgaben

1. Bei einem Kupplungsbelag ist eine zulässige Flächenpressung $p_{zul} = 0{,}2$ N/mm² angegeben. Prüfen Sie, ob dieser Wert bei den folgenden Angaben überschritten wird: $F = 4600$ N, $A = 220{,}89$ cm².

2. Welche Kraft wirkt auf einen 225 cm² großen Kupplungsbelag, wenn die Flächenpressung 0,15 N/mm² beträgt?

3. Berechnen Sie die wirksame Kupplungsfläche einer Naßkupplung in cm². Die zulässige Flächenpressung beträgt 0,04 N/mm² bei einer Anpreßkraft von 520 N.

4. Die Fläche einer Kupplungsscheibe beträgt 302 cm². Wie groß darf die maximale Anpreßkraft sein, wenn die zulässige Flächenpressung $p_{zul} = 0{,}15$ N/mm² nicht überschritten werden darf?

5. Wie groß ist die Druckfläche einer Kupplung bei einer Anpreßkraft von 7200 N und einer Flachenpressung von 20 N/cm²?

6. Die Durchmesser einer Kupplungsscheibe betragen 280 mm und 165 mm. Bestimmen Sie die Flächenpressung, wenn die Anpreßkraft 6500 N beträgt.

6.2.2 Reibungskraft an der Kupplungsscheibe

Kupplungsdrehmoment. Im Augenblick des Einkuppelns tritt bei der Kupplungsscheibe eine Gleitreibung auf. Durch die sich sofort anschließende Haftreibung wird das Motordrehmoment als Kupplungsdrehmoment auf das Getriebe übertragen. Die Drehmomentübertragung ist abhängig

- von der Reibungskraft F_R (bzw. von der Haftreibungskraft),
- von der Anzahl der Reibpaarungen bzw. Kupplungsscheiben z,
- von dem mittleren Radius der Kupplungsscheibe r_m (in m).

Die Reibkraft einer Reibpaarung (einer Belagseite) ist

$$F_R = F_N \cdot \mu_H$$

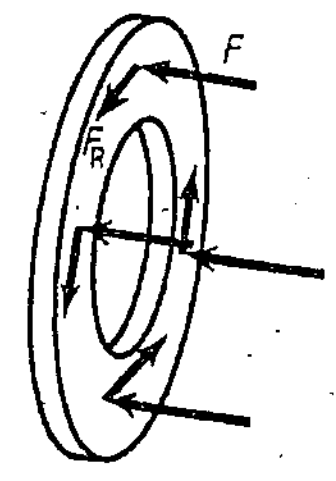

6.6 Kupplungsscheibe

Kupplungsdrehkraft. Die Drehrichtung der Umfangskraft einer Kupplungsscheibe ist der Reibkraftrichtung entgegengesetzt. Beide Kräfte sind jedoch gleich groß.

Die Anpreßkraft F_N wirkt senkrecht auf die Reibfläche. Da bei einer Kupplungsscheibe die Reibkraft F_R auf jeder Belagseite wirkt, überträgt auch jede Seite eine Drehkraft. Die Drehkräfte beider Seiten werden als Kupplungsdrehkraft F_K bezeichnet.

Bei der Formel für die Umfangs- oder Drehkraft einer Einscheiben-Kupplung werden beide Belagseiten berücksichtigt.

$$F_K = 2 \cdot F_R$$
$$F_K = 2 \cdot F_N \cdot \mu_H$$

Bei einer Mehrscheiben-Kupplung wird die Anzahl der Kupplungsscheiben durch ein zusätzliches z angegeben.

$$F_K = 2 \cdot F_N \cdot \mu_H \cdot z$$

6.2.3 Übertragbares Drehmoment

Die an der ganzen Reibfläche angreifende Reibungskraft F_R denkt man sich zu einer Gesamtkraft vereinigt. Diese Gesamtkraft greift an einem Hebelarm an.

Beim Kupplungsdrehmoment wird der mittlere Radius der Kupplungsscheibe als wirksamer Hebelarm r_m eingesetzt.

$$r_m \approx \frac{d_1 + d_2}{4}$$

Einheit: m

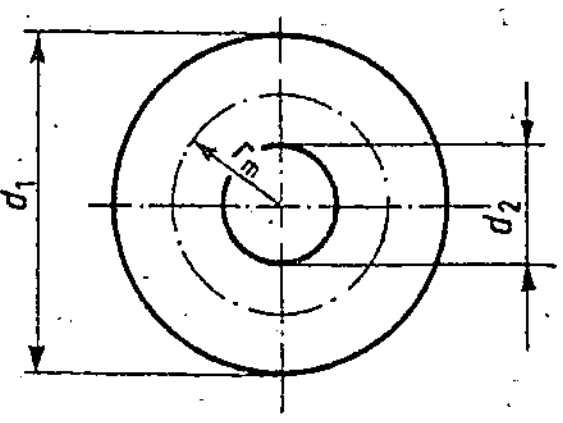

6.7 Mittlerer Radius

Bei genauer Berechnung verwendet man $\quad r_m = \frac{1}{3} \cdot \frac{d_1^3 - d_2^3}{d_1^2 - d_2^2}$

Auch beim Kupplungsdrehmoment M_K wird berücksichtigt, daß die Reibungskraft F_R die Reibflächen auf beiden Seiten der Kupplungsscheibe angreift und dadurch zweifach wirkt. $M_K = 2 \cdot F_R \cdot r_m$ oder $M_K = F_K \cdot r_m$ Einheit: Nm

Um die Kupplung vor Schäden zu bewahren, muß sie in den Abmessungen so ausgelegt sein, daß ein größtmögliches Motordrehmoment M mit Sicherheit übertragen werden kann. In den folgenden Gleichungen wird die Abstimmung der Kupplungsgröße zum übertragbaren Motordrehmoment ausgedrückt. Die Erfahrungswerte 1,5 und 2,0 sind Sicherheitsfaktoren. $M_{K,max} = 1,5 \cdot M$ Sonderfall: $M_{K,max} = 2,0 \cdot M$

Beispiel Ein 1,3-l-Pkw hat ein maximales Drehmoment von 105 Nm. Welches Drehmoment kann die Kupplung beim Sicherheitsfaktor 1,5 übertragen?

Ges. M_K in Nm $\qquad$ Geg. $M = 105$ Nm, Faktor 1,5

Lös. $M_K = 1,5 \cdot M = 1,5 \cdot 105\,\text{Nm} = \mathbf{157,5\,Nm}$

Grundformeln		Formelzeichen		Einheiten	
			Bedeutung	SI	weitere ges.
Reibkraft $\qquad$ mittlerer Radius		F_R	Reibungskraft	N	daN, kN, MN
$$F_R = F_N \cdot \mu_H \qquad r_m \approx \dfrac{d_1 + d_2}{4}$$		F_N	Anpreßkraft	N	daN, kN, MN
		μ_H	Haftreibungszahl	—	—
Umfangs- oder Drehkraft		F_K	Kupplungsdrehkraft	N	daN, kN, MN
$$F_K = 2 \cdot F_R$$		z	Anzahl der Kupplungsscheiben	—	—
Einscheiben-Kupplung $\quad$ Drehmoment $\quad$ Einscheiben-Kupplung		M_K	Kupplungsdreh-moment	Nm	Ncm
$$F_K = 2 \cdot F_N \cdot \mu_H \qquad M_K = 2 \cdot F_R \cdot r_m$$		r_m	Kupplungsscheibe: mittlerer Radius	m	mm, cm
Mehrscheiben-Kupplung $\quad$ Mehrscheiben-Kupplung		d_1	größter und	m	mm, cm
$$F_K = 2 \cdot F_N \cdot \mu_H \cdot z \qquad M_K = 2 \cdot F_R \cdot r_m \cdot z$$		d_2	kleinster Durch-messer	m	mm, cm
					Fettdruck = bevorzugte Einheit

Aufgaben

1. Die Kupplung eines Pkw kann 397,5 Nm übertragen. Berechnen Sie das größtmögliche Motordrehmoment M_K.

2. Auf die Mitnehmerscheibe einer Kupplung wirkt eine Anpreßkraft von 9320 N. Wie groß ist die Reibungskraft einer Belagseite, wenn die Haftreibungszahl $\mu_H = 0{,}28$ gegeben ist?

3. Der mittlere Radius r_m einer Kupplungsscheibe ist zu berechnen. Gegeben sind $d_1 = 200$ mm und $d_2 = 130$ mm. Wie groß ist der Unterschied, wenn Sie nach der genauen Formel und nach der Näherungsformel rechnen?

4. Der mittlere Radius einer Kupplungsscheibe beträgt 105 mm. Bestimmen Sie das Kupplungsdrehmoment M_K bei einer Reibungskraft von 2250 N.

5. Ein Sportwagen hat ein maximales Motordrehmoment von 324 Nm. Für die Kupplungsscheibe wird ein mittlerer Radius von 113,7 mm angenommen. Welche Reibungskraft ist erforderlich? (Sicherheitsfaktor 1,5)

6. Ein Pkw hat ein maximales Motordrehmoment von 115 Nm. Bei der Kupplung ergeben sechs Schraubenfedern insgesamt eine Anpreßkraft von 3,3 kN. Die Haftreibungszahl beträgt 0,25. Berechnen Sie
a) das Kupplungsdrehmoment und
b) den mittleren Radius der Mitnehmerscheibe.

7. Von einer Kupplung sind folgende Angaben bekannt: Anpreßkraft 3187,2 N, $\mu_H = 0{,}3$, $r_m = 63{,}3$ mm. Berechnen Sie das Kupplungsdrehmoment M_K und das übertragbare maximale Motordrehmoment M. (Sicherheitsfaktor 1,5)

8. Bei der Reibungskraft von 605 N überträgt eine Kupplung ein Drehmoment von 115 N. Wie groß ist der mittlere Radius?

9. Eine Pkw-Kupplung überträgt ein Drehmoment von 105 Nm. Der mittlere Radius der Mitnehmerscheibe beträgt 103,1 mm. Wie groß ist die Reibungskraft?

10. Bei einer Lkw-Kupplungsscheibe betragen die Durchmesser 350 mm und 195 mm.
a) Berechnen Sie das Kupplungsdrehmoment bei einer Reibungskraft von 3216,58 N.
b) Ermitteln Sie, wie groß das noch übertragbare Motordrehmoment werden kann.

11. Wie groß ist die Haftreibungszahl, wenn die Anpreßkraft mit 5200 N und die Reibungskraft mit 1300 N gegeben sind?

12. Berechnen Sie das Kupplungsdrehmoment einer Pkw-Kupplung mit folgenden Angaben: Anpreßkraft 6000 N, Haftreibungszahl 0,28, Durchmesser der Kupplungsscheibe 250 mm und 155 mm.

13. Von einer Kupplung sind folgende Angaben bekannt: Anpreßkraft 9,6 kN, Haftreibungszahl 0,25, Durchmesser der Kupplungsscheibe 200 mm und 130 mm.
a) Berechnen Sie r_m nach der genauen und nach der angenäherten Formel.
b) Wie groß sind die Kupplungsdrehmomente mit den in a) berechneten beiden Werten für r_m?

14. Berechnen Sie das Kupplungsdrehmoment und das maximal übertragbare Motordrehmoment nach folgenden Angaben: Anpreßkraft 6,3 kN, Haftreibungszahl 0,28, $r_m = 9{,}5$ cm.

15. Der mittlere Radius einer Mitnehmerscheibe beträgt 112 mm.
a) Zum Kupplungsdrehmoment von 350 Nm ist die erforderliche Reibkraft F_R zu berechnen.
b) Bestimmen Sie die Haftreibungszahl bei einer Anpreßkraft von $F = 5208$ N.

7 Übersetzung

7.1 Riementrieb

Der Riementrieb ist eine kraftschlüssige Verbindung. Er hat die Aufgabe, die Antriebskräfte von der **treibenden** Welle auf die **getriebene** Welle zu übertragen und Änderungen der Drehzahlen zu ermöglichen. Beim einfachen Riementrieb unterscheidet man zwei Arten (**7.1**):

– beim offenen Riementrieb haben die Riemenscheiben den gleichen Drehsinn.

– beim gekreuzten Riementrieb haben sie entgegengesetzten Drehsinn.

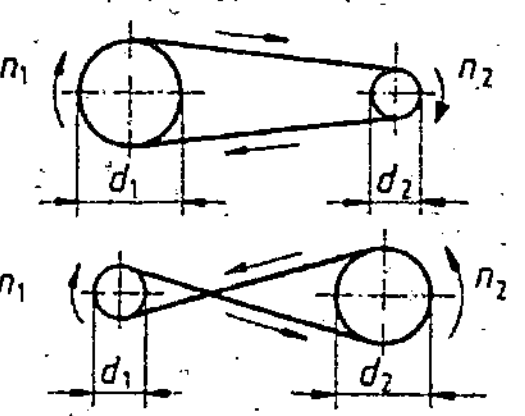

7.1 Offener und gekreuzter Riementrieb

Kenndaten der **treibenden** Scheibe: n_1, d_1, v_{u1}	(Kennziffer = Index 1)
Kenndaten der **getriebenen** Scheibe: n_2, d_2, v_{u2}	(Kennziffer = Index 2)

7.1.1 Riementriebformel

Zwei Scheiben, die durch einen Riemen verbunden sind, haben am Umfang die gleiche Geschwindigkeit. Also gilt für die Umfangsgeschwindigkeit $v_{u1} = v_{u2}$ (**7.2**).

Bei einem Keilriemen wird mit dem mittleren Durchmesser als Wirkdurchmesser gerechnet.

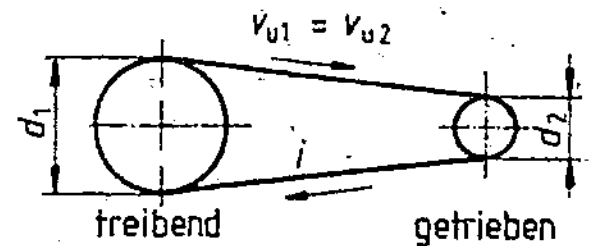

7.2 Riementrieb

Formelentwicklung

Umfangsgeschwindigkeiten gleichsetzen:

$$v_{u1} = v_{u2}$$

Erweitern:
$$\frac{d_1 \cdot \pi \cdot n_1}{1000 \cdot 60} = \frac{d_2 \cdot \pi \cdot n_2}{1000 \cdot 60} \; \bigg| \cdot \frac{1000 \cdot 60}{\pi}$$

Kürzen:
$$\frac{d_1 \cdot \pi \cdot n_1 \cdot 1000 \cdot 60}{1000 \cdot 60 \cdot \pi} = \frac{d_2 \cdot \pi \cdot n_2 \cdot 1000 \cdot 60}{1000 \cdot 60 \cdot \pi}$$

Riementriebformel:
$$d_1 \cdot n_1 = d_2 \cdot n_2$$

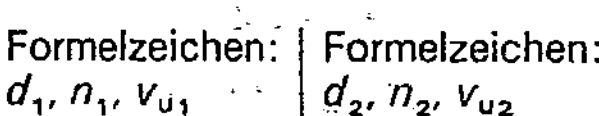

Formelzeichen: d_1, n_1, v_{u1}	Formelzeichen: d_2, n_2, v_{u2}
Großer ⌀ bedeutet: n ist klein.	Kleiner ⌀ bedeutet: n ist groß.

7.1.2 Übersetzungsverhältnis

Durch das Umformen der Riementriebformel erhalten wir eine Verhältnisgleichung.

Das Verhältnis der Drehzahlen $n_1 : n_2$ und das Verhältnis der Durchmesser $d_2 : d_1$ verhalten sich umgekehrt proportional.

Beide Verhältnisse stellen das Übersetzungsverhältnis i dar.

$$d_1 \cdot n_2 = d_2 \cdot n_2$$

$$\frac{n_1}{n_2} = \frac{d_2}{d_1}$$

$i = \dfrac{\text{Drehzahl der treibenden Scheibe}}{\text{Drehzahl der getriebenen Scheibe}}$	$i = \dfrac{n_1}{n_2}$	
$i = \dfrac{\text{Durchmesser der getriebenen Scheibe}}{\text{Durchmesser der treibenden Scheibe}}$	$i = \dfrac{d_2}{d_1}$	Einheit: keine

Bei der Übersetzung ins „Schnelle" (höhere Drehzahlen) ist $i < 1$.

Bei der Übersetzung ins „Langsame" (niedrigere Drehzahlen) ist $i > 1$.

Grundformeln	Formelzeichen		Einheiten	
		Bedeutung	SI	weitere ges.
Riementrieb $$d_1 \cdot n_1 = d_2 \cdot n_2$$	d_1, n_1	Durchmesser und Drehzahl der treibenden Scheibe	m	**mm**
Übersetzungen $$i = \frac{n_1}{n_2} \qquad i = \frac{d_2}{d_1}$$	d_2, n_2	Durchmesser und Drehzahl der getriebenen Scheibe	m 1/s	**mm** **1/min**
	i	Übersetzung	—	—
			Fettdruck = bevorzugte Einheit	

Beispiel Bei einer Leerlaufdrehzahl des Motors von 850 1/min beträgt die Drehzahl des Generators 1250 1/min. Der wirksame Durchmesser der Generator-Keilriemenscheibe ist mit 91,8 mm angegeben. Berechnen Sie a) das Übersetzungsverhältnis, b) den wirksamen Durchmesser der Kurbelwellen-Keilriemenscheibe und c) die Generatordrehzahl bei einer maximalen Kurbelwellendrehzahl von 5800 1/min.

Ges. a) i. b) d_1 in mm, c) $n_{2,\text{max}}$ in 1/min   Geg. $n_1 = 850$ 1/min, $n_2 = 1250$ 1/min, $n_{1,\text{max}} = 5800$ 1/min, $d_2 = 91,8$ mm

Lös. a) $i \quad = \dfrac{n_1}{n_2} = \dfrac{850}{1250} \dfrac{1/\text{min}}{1/\text{min}} = 0{,}68$

b) $d_1 \quad = \dfrac{d_2 \cdot n_2}{n_1} = \dfrac{91{,}8 \cdot 1250}{850} \dfrac{\text{mm} \cdot 1/\text{min}}{1/\text{min}} = 135 \text{ mm}$

c) $n_{2,\text{max}} = \dfrac{n_{1,\text{max}}}{i} = \dfrac{5800}{0{,}68} \text{ 1/min} = 8530 \text{ 1/min}$

Aufgaben

1. Angaben eines Riementriebs: Motordrehzahl 4200 1/min, Kurbelwellenriemenscheibe mit $\varnothing$ 135 mm, Generatorriemenscheibe mit $\varnothing$ 90 mm. Wie groß ist die Generatordrehzahl?

2. Wie groß sind bei einem Lkw die Drehzahlen des Generators und Luftpressers? Angaben: Motordrehzahl $n_1 = 3200$ 1/min, Generatorriemenscheibe $= 125$ mm $\varnothing$, Luftpresserriemenscheibe $= 250$ mm $\varnothing$, Durchmesser der Doppelriemenscheibe auf der Kurbelwelle $= 200$ mm (beide gleich groß).

3. Wie groß ist der Riemenscheibendurchmesser eines Kühlluftgebläses bei folgenden Angaben: Motordrehzahl 5760 1/min, Drehzahl des Gebläses 7200 1/min, $d_1 = 120$ mm.

4. Der Durchmesser der Kurbelwellenriemenscheibe beträgt 95 mm. Dazu sind folgende Riemenscheibendurchmesser gegeben: $d_W = 80$ mm (Wasserpumpe) und $d_G = 55$ mm (Generator). Berechnen Sie die Drehzahlen der Wasserpumpe und des Generators bei $n_1 = 5600$ 1/min.

5. Berechnen Sie die fehlenden Größen.

6. Bestimmen Sie die fehlenden Größen in Bild **7.3**

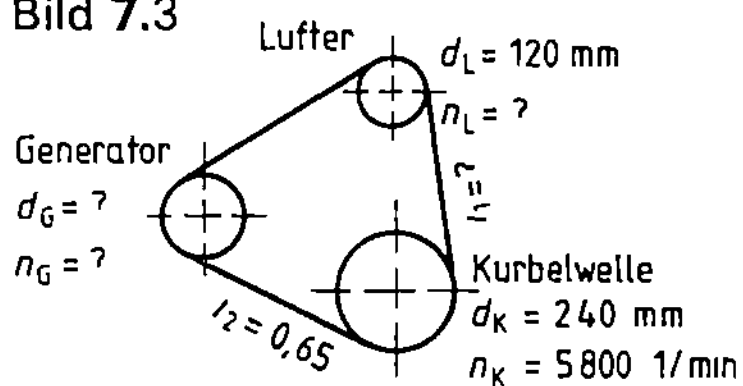

7.3 Einfacher Riementrieb

7. Bestimmen Sie bei dem Riemenvorgelege **7.4** folgende Größen:

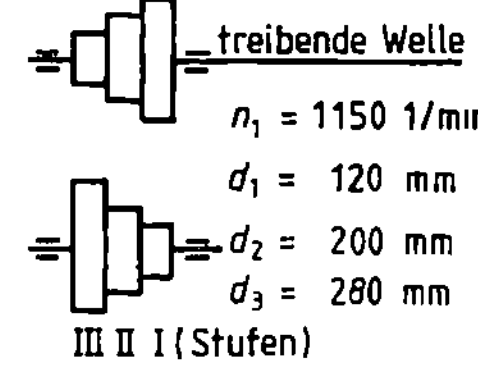

7.4 Riemenvorgelege

a) i_I, i_{II}, i_{III};
b) die Drehzahlen der getriebenen Welle $n_{2,I}$, $n_{2,II}$ und $n_{2,III}$

	a)	b)	c)	d)	e)	f)	g)	h)
Drehzahl n_1 in 1/min	1500	?	5800	3200	1200	720	?	?
Drehzahl n_2 in 1/min	4000	800	?	?	?	?	3600	4200
Durchmesser d_1 in mm	100	120	120	180	300	1000	?	80
Durchmesser d_2 in mm	?	?	70	?	150	?	180	53,6
Übersetzung i	?	4,5	?	0,41	?	0,6	1,944	?

7.1.3 Riementriebformel für mehrfache Übersetzung

Bei einer großen Übersetzung verzichtet man auf den Riementrieb mit einfacher Übersetzung, weil bei einer der beiden Scheiben der Durchmesser zu groß würde und bei der anderen der Umschlingungswinkel zu klein. Um den Kraftfluß zu erhalten, verwendet man in solchen Fällen Riementriebe mit **mehrfacher** Übersetzung.

Der mehrfache Riementrieb setzt sich aus mehreren einfachen Riementrieben zusammen. Von den Zwischenstufen aus können mehrere Aggregate mit unterschiedlichen Drehzahlen angetrieben werden.

Der doppelte Riementrieb wird in zwei einfache Riementriebe zerlegt. Bei der Entwicklung der Riementriebformel gehen wir vom einfachen Riementrieb aus (7.5).

Erster Riementrieb: Zweiter Riementrieb:

$$d_1 \cdot n_1 = d_2 \cdot n_2 \qquad n_3 \cdot d_3 = n_4 \cdot d_4$$

$$n_2 \cdot d_3 = n_4 \cdot d_4$$

$$n_2 = \frac{d_1 \cdot n_1}{d_2} \qquad n_2 = \frac{n_4 \cdot d_4}{d_3}$$

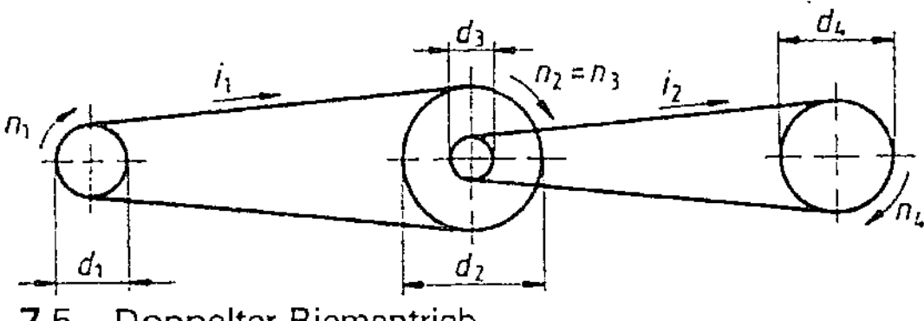

7.5   Doppelter Riementrieb

Daraus folgt: $\dfrac{d_1 \cdot n_1}{d_2} = \dfrac{n_4 \cdot d_4}{d_3}$ Zur Riementriebformel umgestellt

$$\boxed{\begin{array}{cc} d_1 \cdot n_1 \cdot d_3 = d_4 \cdot n_4 \cdot d_2 \\ \text{treibend} \qquad \text{getrieben} \end{array}}$$

In der Riementriebformel für mehrfache Übersetzung sind die Drehzahlen von Zwischenstufen (hier: n_2 und n_3) nicht enthalten.

7.1.4 Gesamtübersetzungsverhältnis

Verhältnisbildungen durch Umstellung $d_1 \cdot n_1 \cdot d_3 = d_4 \cdot n_4 \cdot d_2 \;\Big| \cdot \dfrac{1}{d_1 \cdot d_3 \cdot n_4}$

$$\frac{n_1}{n_4} = \frac{d_2}{d_1} \cdot \frac{d_4}{d_3}$$

Das Gesamtübersetzungsverhältnis wird gebildet

— durch das Verhältnis der Anfangsdrehzahl zur Enddrehzahl ⟶ $\boxed{i_{ges} = \dfrac{n_1}{n_4} = \dfrac{n_{Anfang}}{n_{Ende}}}$

— durch das Produkt der Einzelübersetzungen ⟶ $\boxed{i_{ges} = i_1 \cdot i_2 = \dfrac{d_2}{d_1} \cdot \dfrac{d_4}{d_3}}$

Grundformeln	Formelzeichen		Einheiten	
		Bedeutung	SI	weitere ges.
Riementrieb für mehrfache Übersetzung $\boxed{d_1 \cdot n_1 \cdot d_3 = d_4 \cdot n_4 \cdot d_2}$	d_1, d_3, n_1	Durchmesser und Drehzahl der treibenden Scheibe	m 1/s	mm 1/min
	d_2, d_4, n_4	Durchmesser und Drehzahl der getriebenen Scheibe	m 1/s	mm 1/min
Gesamtübersetzungen $i_{ges} = i_1 \cdot i_2$ $i_{ges} = \dfrac{d_2}{d_1} \cdot \dfrac{d_4}{d_3}$ $i_{ges} = \dfrac{n_1}{n_4}$ $i_{ges} = \dfrac{n_{Anfang}}{n_{Ende}}$	i_{ges}	Gesamtübersetzung	—	—
	n_{Anfang}	Anfangsdrehzahl	1/s	1/min
	n_{Ende}	Enddrehzahl	1/s	1/min
			Fettdruck = bevorzugte Einheit	

Beispiel Berechnen Sie die fehlenden Größen in Bild 7.6.

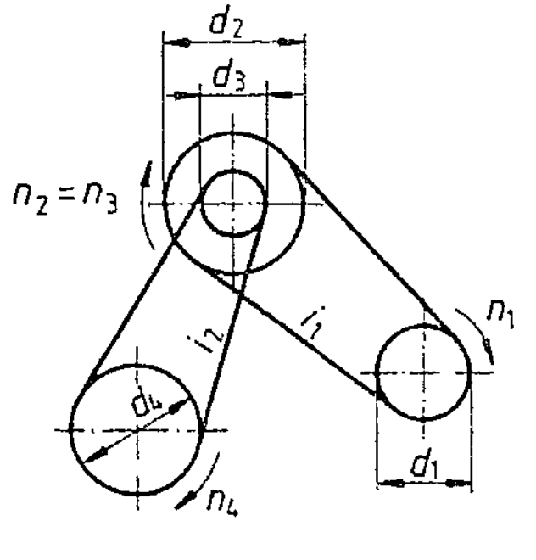

7.6

Ges. d_2 in mm
n_2 in 1/min
i_2
i_{ges}
n_4 in 1/min

Geg. $d_1 = 144$ mm
$d_3 = 96$ mm
$d_4 = 172,8$ mm
$n_1 = 4000$ 1/min
$i_1 = 1,25$

Lös.
$$d_2 = i_1 \cdot d_1 = 1,25 \cdot 144 \text{ mm} = \mathbf{180 \text{ mm}}$$

$$n_2 = \frac{n_1}{i_1} = \frac{4000 \text{ 1/min}}{1,25} = 3200 \text{ 1/min}$$

$$i_2 = \frac{d_4}{d_3} = \frac{172,8 \text{ mm}}{96 \text{ mm}} = 1,8$$

$$i_{ges} = i_1 \cdot i_2 = 1,25 \cdot 1,8 = \mathbf{2,25}$$

$$n_4 = \frac{n_1}{i_{ges}} = \frac{4000 \text{ 1/min}}{2,25} = \mathbf{1778 \text{ 1/min}}$$

Aufgaben

1. Von einem doppelten Riementrieb sind folgende Größen bekannt: $n_1 = 2800$ 1/min, $d_1 = 90$ mm, $d_2 = 300$ mm, $d_3 = 150$ mm, $d_4 = 300$ mm. Bestimmen Sie für die Zwischenstufe die Drehzahl n_2, die Enddrehzahl n_E, die Übersetzungsverhältnisse i_1, i_2 und i_{ges}.

2. Berechnen Sie von einem doppelten Riementrieb die Übersetzungen i_1, i_2 und i_{ges} sowie die Drehzahlen n_2 und n_E. Fertigen Sie eine Prinzipskizze an und tragen Sie folgende Größen ein: $d_1 = 120$ mm, $d_2 = 80$ mm, $d_3 = 100$ m, $d_4 = 80$ mm, $n_1 = 300$ 1/min.

3. Berechnen Sie die fehlenden Größen für folgende doppelte Riementriebe:

	a)	b)	c)	d)	e)	f)
Drehzahl $n_1 = n_A$	420 1/min	2800 1/min	4800 1/min	? 1/min	? 1/min	6000 1/min
$n_2 = n_3$	? 1/min	? 1/min	? 1/min	3200 1/min	560 1/min	4800 1/min
$n_4 = n_E$	? 1/min	? 1/min	? 1/min	? 1/min	? 1/min	? 1/min
Durchmesser d_1	100 mm	125 mm	80 mm	300 mm	? mm	220 mm
d_2	150 mm	80 mm	? mm	? mm	60 mm	? mm
d_3	80 mm	112 mm	60 mm	60 mm	120 mm	180 mm
d_4	70 mm	90 mm	? mm	? mm	180 mm	200 mm
Übersetzung i_1	?	?	3,5	0,5	1,5	?
i_2	?	?	2	4,5	?	?
i_{ges}	?	?	?	?	?	?

4. Bestimmen Sie bei den Riementrieben 7.7 die fehlenden Größen.

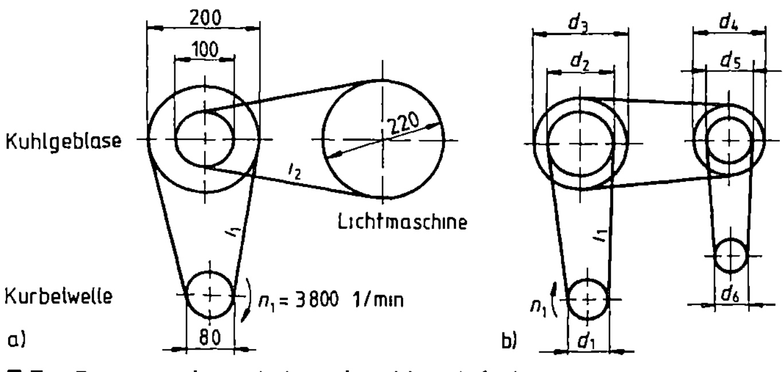

7.7 Riementriebe a) doppelter, b) mehrfacher

Gesucht sind:
a) beim doppelten Riementrieb
i_1, i_2, i_{ges}, n_2, n_4
b) beim mehrfachen Riementrieb
n_2, d_2, n_4, n_6, i_2, i_3, i_{ges}

Geg. $n_1 = 1440$ 1/min
$d_1 = 100$ mm
$d_3 = 220$ mm
$d_4 = 160$ mm
$d_5 = 120$ mm
$d_6 = 90$ mm
$i_1 = 1,8$

5. a) Bestimmen Sie nach Bild **7.8** die Gesamtübersetzung, die Enddrehzahl und die Durchmesser d_2 und d_3.
Geg. $i_1 = 1:2{,}25$, $i_2 = 3:1$, $n_A = 3000$ 1/min,
$d_1 = 140$ mm, $d_4 = 375$ mm.
b) Berechnen Sie Anfangsdrehzahl n_A und i_2.
Geg. $n_E = 2610$ 1/min, $i_1 = 1:1{,}5$, $i_{ges} = 1{,}333$.
c) Bestimmen Sie i_{ges}, n_2, n_3 und n_4.
Geg. $n_1 = 1470$ 1/min, $i_1 = 1:1{,}75$, $i_2 = 2{,}24:1$.

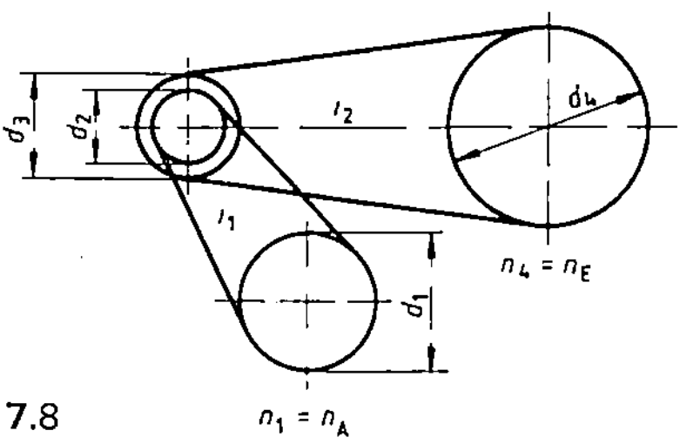

6. Von einem Schleifscheibenantrieb **7.9** sind
folgende Angaben bekannt:

d_1	d_2	d_4	d_5	d_6	i_2
140 mm	196 mm	220 mm	300 mm	120 mm	3 4

Berechnen Sie
a) die Schleifscheibendrehzahl n bzw. n_6 (**7.9**),
b) die Zwischendrehzahlen n_5 und n_4, n_3 und n_2,
c) die Anfangsdrehzahl n_1,
d) den Riemenscheibendurchmesser d_3,
e) die Übersetzungen i_1, i_3 und i_{ges}.

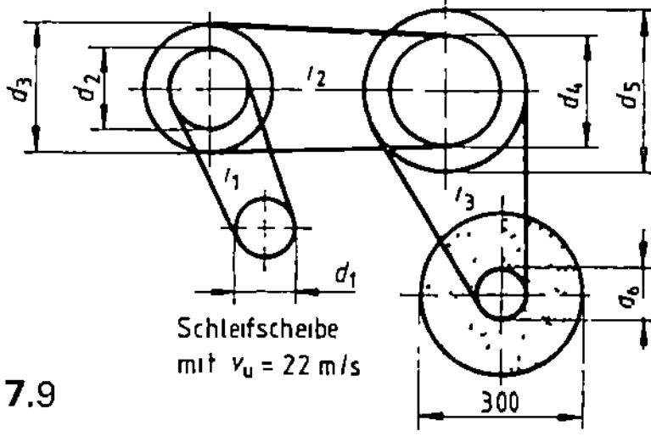

7. Der Motor einer Säulenbohrmaschine hat
eine Nenndrehzahl von $n_1 = 2920$ 1/min. Von
der vierstufigen Motorriemenscheibe sind folgende Durchmesser bekannt: $d_{1,I} = 120$ mm,
$d_{1,II} = 150$ mm, $d_{1,III} = 180$ mm, $d_{1,IV} = 210$ mm.
Übersetzungen: $i_I = 3{,}5$, $i_{II} = 2$, $i_{III} = 1$, $i_{IV} =$
$1:1{,}5$ (**7.10**). Berechnen Sie für alle Gangstufen
a) die Bohrspindeldrehzahlen $n_{2,I}$, $n_{2,II}$, $n_{2,III}$
und $n_{2,IV}$.
b) die Riemenscheibendurchmesser der Bohr-
spindel $d_{2,I}$, $d_{2,II}$, $d_{2,III}$ und $d_{2,IV}$.

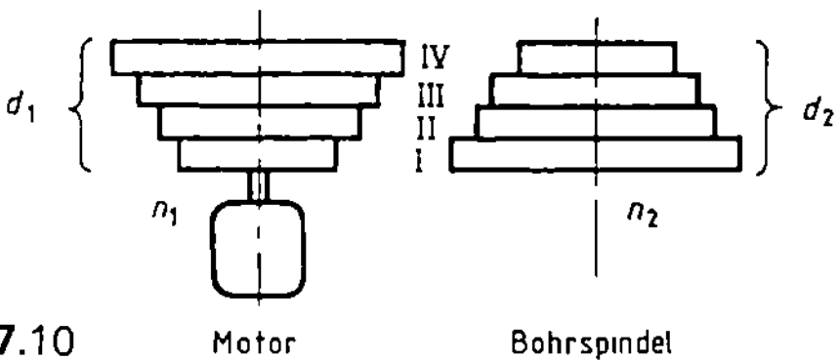

8. Von einem Riementrieb **7.11** sind gegeben:

d_1	d_2	d_3	d_4
120 mm	300 mm	120 mm	300 mm

d_5	d_6	n_1
200 mm	240 mm	2800 1/min

Bestimmen Sie
a) die Übersetzungen i_1, i_2, i_3 und i_{ges},
b) die Drehzahlen für den Generator, das Kühl-
gebläse und den Kompressor,
c) die Geschwindigkeiten der einzelnen Riementriebe.

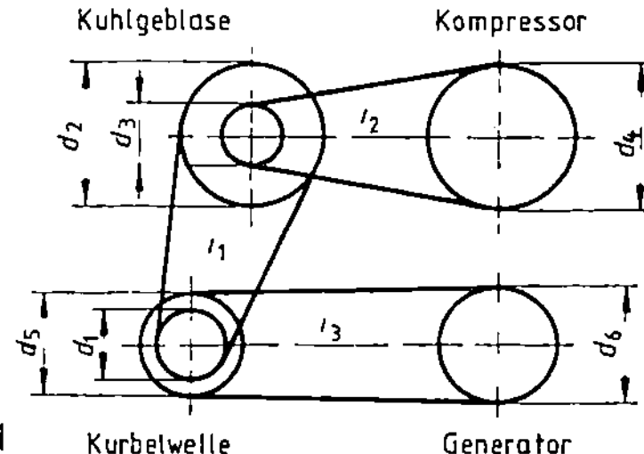

9. Vom Riementrieb eines Pkw-Motors **7.12**
sind folgende Angaben bekannt:

Kurbelwellenriemenscheibe (dreifach)			Spannrolle
$d_{1\,A} = 145$ mm	$d_{1\,B} = 110$ mm	$d_{1\,C} = 130$ mm	$d_{Sp} = 70$ mm
Lüfter	Generator	Hydraulik-pumpe für Lenkhilfe	Kälte-kompressor
$i_{Lü} = 1\ 0{,}94$	$i_G = 1\ 2{,}29$	$i_{Hp} = 1\ 0{,}93$	$i_K = 1\ 1{,}12$
Leerlaufdrehzahl	Höchstdrehzahl		
$n_1 = 800$ 1/min	$n_{1\,max} = 6100$ 1/min		

Berücksichtigen Sie die Riementriebe A, B, C
und berechnen Sie
a) $n_{Lü}$ und n_G bei Leerlauf- und Höchstdrehzahl,
b) $d_{Lü}$, d_G und $v_{u,A}$ in m/s,
c) n_{Hp} bei Leerlauf- und Höchstdrehzahl,
d) d_{Hp} und $v_{u,B}$ in m/s,
e) n_K und n_{Sp} bei Leerlauf- und Höchstdrehzahl,
f) d_K und $v_{u,C}$ in m/s,
g) i_{Sp}.

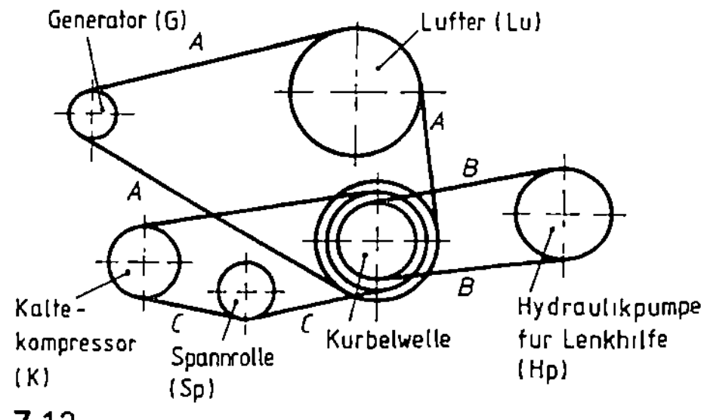

7.2 Zahnradtrieb

7.2.1 Zahnradabmessungen

Teilung. Bei kleinen Achsabständen, gemessen von Wellenmitte zu Wellenmitte, werden Drehmomente und Drehzahlen durch Zahnräder übertragen. Damit sich die im Eingriff stehenden Zahnräder möglichst verlustfrei und geräuscharm abwälzen können, müssen bei beiden Zahnrädern die Zahnformen gleich sein. Beide Zahnräder wälzen sich auf ihren Teilkreisen ab (7.13).

Die Größe des Zahnrads wird bestimmt von der Zähnezahl z und den Abmessungen der Zähne. Die Anzahl der Zähne ist von der Größe der Teilung p abhängig.

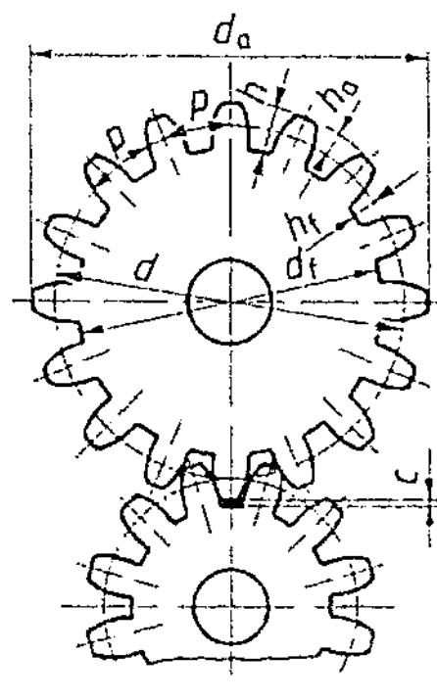

7.13   Zahnradtrieb

> Als Teilung p wird der Abstand von Zahnmitte zu Zahnmitte auf dem Teilkreisumfang festgelegt, gemessen als Bogenmaß in mm.

Die Teilung p läßt sich aus den zwei Formeln für den Teilkreisumfang berechnen.

$$U = p \cdot z$$
$$U = d \cdot \pi$$

Daraus folgt $\quad p \cdot z = d \cdot \pi \quad \longrightarrow \quad \boxed{p = \dfrac{d \cdot \pi}{z}} \quad$ Einheit: mm

Modul und Abmessungen am Zahnrad. Die Verhältnisse $\dfrac{p}{\pi}$ und $\dfrac{d}{z}$ werden als Modul m bezeichnet.

> Der Modul m ist eine wichtige Rechengröße für die Abmessungen des Zahnrades.
>
> $m = \dfrac{p}{\pi} \quad$ also $\quad p = m \cdot \pi \qquad\qquad m = \dfrac{d}{z} \quad$ also $\quad d = m \cdot z \qquad$ Einheit: mm

Das Produkt aus dem Modul m und der Zähnezahl z bestimmt die Größe des Teilkreisdurchmessers d. Mit Hilfe des Moduls m und der Zähnezahl z lassen sich die wichtigsten Zahnradmaße berechnen.

Höhenmaße bei den Zähnen	Verschiedene Durchmessermaße
Die Zahnhöhe h unterteilt man in Zahnkopfhöhe h_a und Zahnfußhöhe h_f.	Für die Berechnung des Kopfkreisdurchmessers d_a (Außendurchmesser) und des Fußkreisdurchmessers d_f ist der Teilkreisdurchmesser d
Die Differenz zwischen h_f und h_a ist das Kopfspiel c.	eine wichtige Ausgangsgröße: $d = m \cdot z$

$c = \dfrac{1}{6} \cdot m \qquad \rightarrow \quad \boxed{c = 0{,}167 \cdot m} \qquad\qquad d_a = d + 2 \cdot h_a \qquad \rightarrow \quad \boxed{d_a = d + 2 \cdot m}$

$h_a = \dfrac{6}{6} \cdot m = 1 \cdot m \qquad \rightarrow \quad \boxed{h_a = m} \qquad\qquad d_a = m \cdot z + 2 \cdot m \qquad \rightarrow \quad \boxed{d_a = m(z + 2)}$

$h_f = \dfrac{7}{6} \cdot m = 1{,}167 \cdot m \qquad \rightarrow \quad \boxed{h_f = 1{,}167 \ m} \qquad\qquad d_f = d - 2 \cdot h_f \qquad \rightarrow \quad \boxed{d_f = d - 2{,}333 \cdot m}$

$h = \dfrac{13}{6} \cdot m = 2{,}167 \cdot m \qquad \rightarrow \quad \boxed{h = 2{,}167 \cdot m} \qquad\qquad d_f = m \cdot z - 2 \cdot 1{,}167 \cdot m \qquad \rightarrow \quad \boxed{d_f = m(z - 2{,}333)}$

	Bedeutung		Modul m $m = h_a$ in mm	Zahnfußhöhe h_f in mm	Modul m $m = h_a$ in mm	Zahnfußhöhe h_f in mm
p	Teilung		1	1,167	3	3,5
z	Zähnezahl		1,25	1,458	3,25	3,792
m	Modul		1,5	1,75	3,5	4,083
h	Zahnhöhe		1,75	2,042	3,75	4,375
h_a	Zahnkopfhöhe		2	2,333	4	4,666
h_f	Zahnfußhöhe		2,25	2,625	4,5	5,25
c	Kopfspiel		2,5	2,917	5	5,833
d	Teilkreisdurchmesser		2,75	3,208		
d_a	Kopfkreis- oder Außendurchmesser					
d_f	Fußkreisdurchmesser					

Formelzeichen (links); **Tabelle 7.14 Modulreihe nach DIN 780 (Auszug)** (rechts)

Beispiel Von einem Zahnrad mit 28 Zähnen ist der Modul mit 2,5 mm bekannt. Bestimmen Sie folgende Abmessungen: Teilkreis-, Kopfkreis- und Fußkreisdurchmesser, Zahnkopf-, Zahnfuß- und Zahnhöhe sowie die Teilung.

Ges. d, d_a, d_f, h_a, h_f, h, p Geg. $z = 28$, $m = 2,5$ mm

Lös. $d = m \cdot z = 2,5 \text{ mm} \cdot 28 = \textbf{70 mm}$

$d_a = m(z + 2) = 2,5 \text{ mm} \,(28 + 2) = \textbf{75 mm}$

$d_f = d - 2,333 \cdot m = 70 \text{ mm} - 2,333 \cdot 2,5 \text{ mm} = \textbf{64,168 mm}$

$h_a = m = \textbf{2,5 mm}$

$h_f = 1,167 \cdot m = 1,167 \cdot 2,5 \text{ mm} = \textbf{2,918 mm}$

$h = h_a + h_f = 2,5 \text{ mm} + 2,918 \text{ mm} = \textbf{5,418 mm}$

$p = m \cdot \pi = 2,5 \text{ mm} \cdot 3,14 = \textbf{7,85 mm}$

Aufgaben

1. Ein Zahnrad mit 40 Zahnen hat einen Kopfkreisdurchmesser von 168 mm. Bestimmen Sie m, p und d in mm.

2. Berechnen Sie zu einem Zahnrad mit $d_a = 165$ mm und $p = 11,775$ mm die Abmessungen m, z, d und h.

3. Berechnen Sie die Zahnezahl und den Teilkreisdurchmesser eines Zahnrads mit den Angaben $m = 2,5$ mm und $d_f = 89,165$ mm.

4. Der Starterkranz auf einer Lkw-Schwungscheibe hat 150 Zahne und einen Kopfkreisdurchmesser von 456 mm. Berechnen Sie
a) den Modul, b) die Teilung, c) den Teilkreisdurchmesser und d) den Fußkreisdurchmesser.

5. Ein Zahnkranz hat 112 Zahne und einen Modul von 3 mm. Berechnen Sie
a) Teilung, b) Zahnkopfhohe, c) Zahnfußhohe, d) Zahnhohe, e) Teilkreisdurchmesser, f) Kopfkreisdurchmesser und g) Fußkreisdurchmesser.

7. Bestimmen Sie zu einem Zahnrad mit $p = 7,85$ mm den Modul und die Zahnezahl Der Umfang des Teilkreises betragt 376,8 mm

8. Ein Nockenwellenzahnrad hat einen Außendurchmesser von 168 mm und eine Teilung von 10,99 mm. Wie groß sind Modul, Zahnezahl und Teilkreisdurchmesser?

9. Berechnen Sie die Großen p, d, d_a, d_f und h.

	a)	b)	c)	d)
z	27	35	25	90
m	2 mm	3 mm	5 mm	4 mm

Berechnen Sie m, z, d_a, f_f, h_f und h.

	a)	b)	c)	d)
p	7,85 mm	10,99 mm	8,635 mm	3,925 mm
d	45 mm	147 mm	82,5 mm	30 mm

6. Berechnen Sie die fehlenden Großen mit folgenden Zahnradabmessungen:

	m	z	d	d_a	d_f	h_f	h_a	h	p	c
a)	3,25 mm	11	?	?	?	?	?	?	?	?
b)	?	?	112,5 mm	?	?	?	4,5 mm	?	?	?
c)	?	48	?	125 mm	?	?	?	?	?	?
d)	?	22	?	?	?	?	?	?	5,595 mm	?
e)	2,0 mm	?	?	?	125,334 mm	?	?	?	?	?

7.2.2 Achsabstand

Die Abmessungen des treibenden Zahnrads erhalten den Index 1 (z.B. d_1, z_1, n_1), die des getriebenen Zahnrads dagegen den Index 2 (z.B. d_2, z_2, n_2).

Bei einem Zahnradpaar berühren sich die Teilkreise. Daraus ergibt sich der Achsabstand a (7.15).

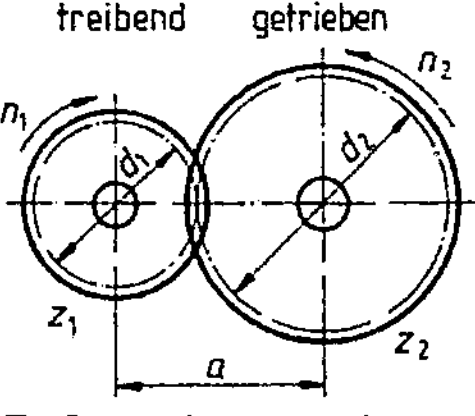

7.15 Achsabstand

Der Achsabstand a setzt sich aus dem halben Teilkreisdurchmesser d_1 und dem halben Teilkreisdurchmesser d_2 zusammen.

$$a = \frac{d_1}{2} + \frac{d_2}{2} = \frac{d_1 + d_2}{2} \qquad a = \frac{m \cdot z_1 + m \cdot z_2}{2} = \frac{m(z_1 + z_2)}{2} \qquad \text{Einheit: mm}$$

7.2.3 Zahnradtriebformel

Beim Zahnradtrieb wälzen sich die Zahnräder an ihren Teilkreisen ab. Die Teilkreisdurchmesser entsprechen den mittleren Durchmessern beim Keilriementrieb.

Formelentwicklung

$$d = m \cdot z$$

$$d_1 \cdot n_1 = d_2 \cdot n_2$$

$$m \cdot z_1 \cdot n_1 = m \cdot z_2 \cdot n_2 \,|:m$$

Zahntriebformel

$$z_1 \cdot n_1 = z_2 \cdot n_2$$

Beim Zahnradtrieb sind die Umfangsgeschwindigkeiten der Teilkreise gleich groß.

Die Drehzahlen der beiden Zahnräder sind verschieden groß.

Die Drehrichtungen der beiden Zahnräder sind entgegengesetzt.

7.2.4 Zahnradübersetzungen

Aus der Zahnradtriebformel ergibt sich durch Umstellen die Übersetzung i

– als das Verhältnis der Drehzahlen $n_1 : n_2$ – als das umgekehrte Verhältnis der Zähnezahlen $z_2 : z_1$

$$i = \frac{n_1}{n_2}$$

$$i = \frac{z_2}{z_1}$$

Mehrfacher Zahnradtrieb. Beim mehrfachen Zahnradtrieb erhält man wie beim Riementrieb die Gesamtübersetzung durch Multiplizieren der Einzelübersetzungen.

Mehrfacher Zahnradtrieb $$i_{ges} = i_1 \cdot i_2 \cdot i_3 \qquad i_{ges} = \frac{z_2 \cdot z_4 \cdot z_6}{z_1 \cdot z_3 \cdot z_5} \qquad i_{ges} = \frac{n_{Anfang}}{n_{Ende}}$$

Zahnradtrieb mit Zwischenrad (7.16). Anwendung der Formel für Gesamtübersetzungen:

$$i_{ges} = i_1 \cdot i_2 = \frac{z}{z_1} \cdot \frac{z_2}{z} = \frac{z \cdot z_2}{z_1 \cdot z} = \frac{z_2}{z_1}$$

$$i_{ges} = i_1 \cdot i_2 = \frac{n_1}{n} \cdot \frac{n}{n_2} = \frac{n_1 \cdot n}{n \cdot n_2} = \frac{n_1}{n_2}$$

> Durch Zwischenräder wird die Übersetzung nicht verändert.

Zwischenräder ändern zweimal den Drehsinn. Dadurch sind die Drehrichtungen des treibenden und des getriebenen Zahnrads gleich (7.16).

Zwischenräder überbrücken größere Achsabstände.

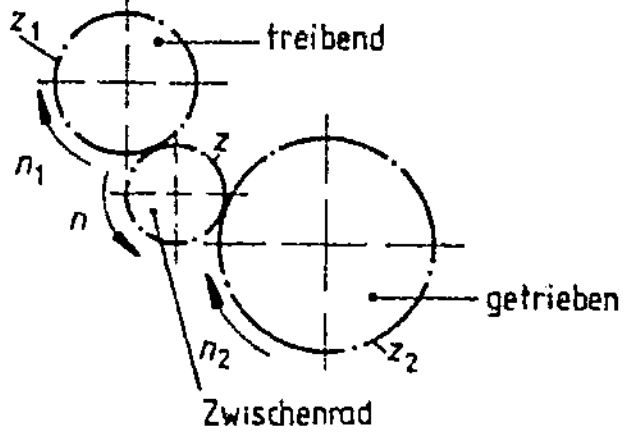

7.16 Zahnradtrieb mit Zwischenrad

Grundformeln		Formelzeichen		Einheiten	
		Bedeutung		SI	weitere ges.
Achsabstand		a	Achsabstand	m	**mm**
$$a = \frac{d_1 + d_2}{2}$$	$$a = \frac{m(z_1 + z_2)}{2}$$	d_1, d_2	Teilkreisdurchmesser des treibenden und getriebenen Rades	m	**mm**
Zahnradtrieb	**Einzelübersetzung**	n_1, n_2	Drehzahlen des treibenden und getriebenen Rades	1/s	**1/min**
$$z_1 \cdot n_1 = z_2 \cdot n_2$$	$$i = \frac{n_1}{n_2} \quad i = \frac{z_2}{z_1}$$	z_1, z_2	Zähnezahlen des treibenden und getriebenen Rades	—	—
Gesamtübersetzung (Beispiele)		m	Modul	m	**mm**
$$i_{ges} = \frac{n_1}{n_2} \cdot \frac{n_2}{n_4}$$	$$i_{ges} = \frac{z_2}{z_1} \cdot \frac{z_4}{z_3} \dots$$	i, i_1, i_2	Einzelübersetzungen	—	—
		i_{ges}	Gesamtübersetzung		
$$i_{ges} = \frac{n_1}{n_2} \cdot \frac{n_2}{n_4}$$	$$i_{ges} = \frac{n_1}{n_6} \triangleq \frac{n_{Anf}}{n_{End}}$$	n_{An}	Anfangsdrehzahl	1/s	**1/min**
		n_{End}	Enddrehzahl	1/s	**1/min**
			Fettdruck = bevorzugte Einheit		

Beispiel   Bestimmen Sie den Achsabstand zwischen zwei Zahnrädern. Die Teilkreisdurchmesser sind mit $d_1 = 140$ mm und $d_2 = 220$ mm vorgegeben.

Ges. a in mm

Geg. $d_1 = 140$ mm, $d_2 = 220$ mm   Lös. $a = \dfrac{d_1 + d_2}{2} = \dfrac{140 + 220}{2}$ mm $= \mathbf{180\,mm}$

Aufgaben

1. Bei einem Lkw-Motor haben das Kurbelwellenzahnrad 32 Zahne und das Nockenwellenzahnrad 64 Zahne. Bestimmen Sie den Achsabstand a in mm bei einem Modul von 3,75 mm

2. Vom Zahnradtrieb **7.17** sind folgende Angaben bekannt:

$n_2 = 180$ 1/min,
$z_1 = 32$, $z_2 = 200$,
$m = 1,25$ mm.

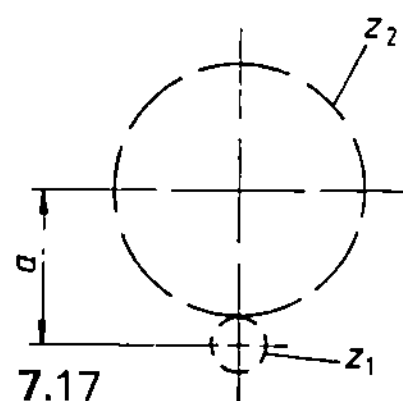

7.17

Berechnen Sie
a) den Achsabstand a,
b) die Drehzahl n_1,
c) die Übersetzung i

3. Von einem doppelten Zahnradertrieb sind gegeben: $z_1 = 80$, $z_2 = 60$, $z_3 = 80$, $z_4 = 20$, $n_1 = 1800$ 1/min, $m = 2,5$ mm. Fertigen Sie zuerst eine Prinzipskizze an. Berechnen Sie dann die Achsabstande und die Drehzahl n_4.

4. Ein Starterkranz mit 126 Zahnen hat einen Außendurchmesser $d_{a,2} = 384$ mm. Die Startdrehzahl der Kurbelwelle soll $n_2 = 70$ 1/min betragen (Ottomotor). Gesucht sind
a) vom Starterkranz: Modul, Teilung, Zahnhohe, Zahnkopfhohe, Zahnfußhohe, Teilkreis- und Fußkreisdurchmesser;
b) vom Starter die Drehzahl;
c) Wie groß ist die Ubersetzung, wenn das Starterritz 9 Zahn hat?

5. Skizze **7.18** zeigt einen Zahnradtrieb mit Zwischenrad. Bestimmen Sie die Achsabstande a_1, a_2 und a_3. Der Modul ist $m = 3,5$ mm.

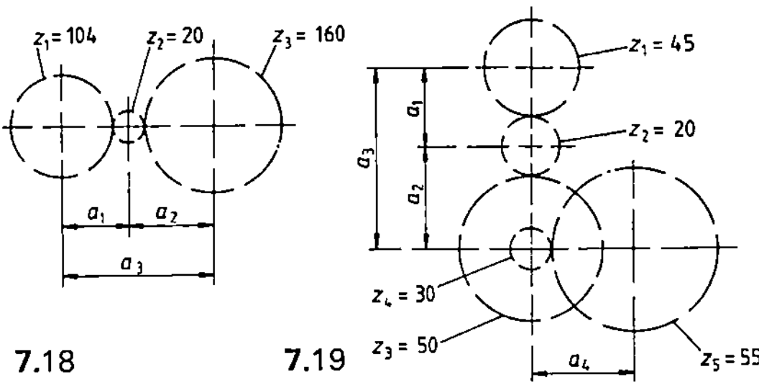

6. Zu dem Zahnradtrieb **7.19** sind vorgegeben $m = 1,25$ mm, $n_1 = 600$ 1/min. Berechnen Sie
a) i_1; i_2; i_3 und i_{ges},
b) n_2; n_3 und n_5,
c) a_1; a_2; a_3 und a_4.

7. Die Skizze **7.20** zeigt ein Zahnradgetriebe. Außerdem sind folgende Angaben bekannt:

$n_1 = 765$ 1/min,
$z_1 = 40$, $z_3 = 24$,
$m = 3,5$ mm,
$i_1 = 1,7$, $i_2 = 2$,
$i_3 = 0,625$.

Zu berechnen sind:
a) i_{ges},
b) z_2, z_4, z_5,
c) n_2, n_4, n_5,
d) a_1, a_2, a_3.

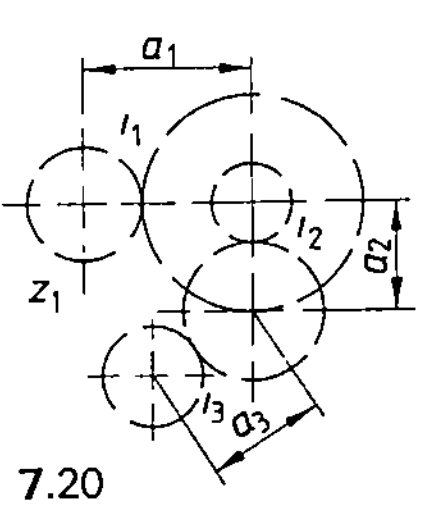

7.2.5 Übersetzung im Wechselgetriebe und Achsantrieb

Die aufgeführten Formelbeispiele und Formelzeichen beziehen sich auf ein Vierganggetriebe.
Bei einigen Aufgaben können auch andere Formeln und Formelzeichen erforderlich sein.

Übersetzung I. Gang, Wechselgetriebe					

Übersetzung I. Gang, Wechselgetriebe

$$i_{I,W} = \frac{z_2}{z_1} \cdot \frac{z_4}{z_3} \qquad i_{I,W} = \frac{n_1}{n_4} \qquad i_{I,W} = \frac{n_1}{n_K}$$

Übersetzung des Achsantriebs

$$i_A = \frac{z_{12}}{z_{11}} \qquad i_A = \frac{n_K}{n_A}$$

Gesamtübersetzung I. Gang

$$i_{I,ges} = i_1 \cdot i_2 \cdot i_A \qquad i_{I,ges} = i_{I,W} \cdot i_A$$

$$i_{I,ges} = \frac{z_2}{z_1} \cdot \frac{z_4}{z_3} \cdot \frac{z_{12}}{z_{11}} \qquad i_{I,ges} = \frac{n_{1,I}}{n_{A,I}}$$

Formelzeichen	Bedeutung
i_I	Übersetzung I. Gang
$i_{I,W}$	Übersetzung I. Gang, Wechselgetriebe
i_A	Übersetzung des Achsantriebs
$i_{I,ges}$	Gesamtübersetzung I. Gang
n	Nenndrehzahl (Motor)
n_1	Drehzahl des treibenden Zahnrads
n_I	Motordrehzahl I. Gang
$n_{A,I}$	Antriebsdrehzahl I. Gang (Antriebsräder, Antriebswellen, Tellerrad)
$n_{K,I}$	Kardanwellendrehzahl I. Gang

Aufgaben

1. Ges.: n_A für alle Gänge in Bild **7.21**.
Geg.: $n_1 = 2500$ 1/min, $i_A = 3,667$ sowie

z_1	z_2	z_3	z_4	z_5	z_6	z_7	z_8	z_9	z_R	z_{10}
19	29	13	31	18	25	24	21	13	18	30

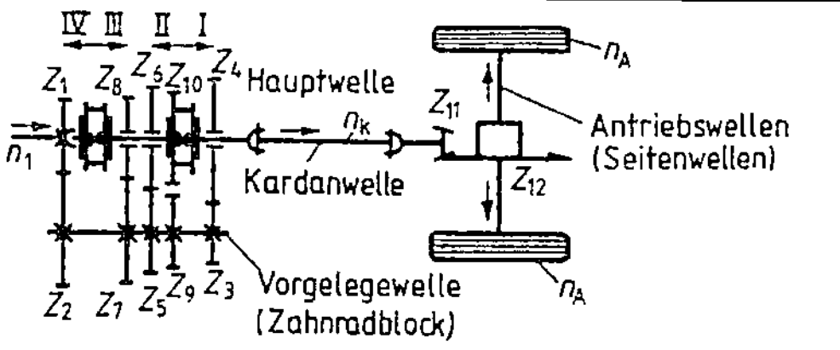

7.21 Wechselgetriebe mit Hinterradantrieb

2. Bestimmen Sie a) die Einzelübersetzungen, b) die Gesamtübersetzung, c) die Drehzahl der Kardanwelle und der Seitenwellen (**7.21**).

n_1	i_A	z_1	z_2	z_7	z_8
5400 1/min	4,2	18	35	33	20

3. Bei einem Kraftrad ist das Zahnradpaar Kurbelwelle-Kupplung 3,2 übersetzt. Das Getriebe hat im IV. Gang eine Direktübersetzung. Das Kettenritzel am Getriebe hat 13 Zähne und das Kettenritzel am Hinterrad 42 Zähne. Berechnen Sie $i_{IV,ges}$.

4. Von einem Pkw sind bekannt: $n_{A,IV} = 1100$ 1/min (direkter Gang), $n_{1,IV} = 4004$ 1/min (Motordrehzahl), $i_{III,ges} = 4,98$ (Gesamtübersetzung III. Gang). Gesucht $i_{III,W}$.

5. Bestimmen Sie die gesuchten Größen für verschiedene Getriebe (Hinterachsantrieb, **7.21**).
a) Gesucht Übersetzung des Achsantriebs; für alle Gänge: Getriebeübersetzung, Drehzahl

der Kardanwelle und Antriebswellen. Gegeben $n_1 = 3500$ 1/min (für alle Gänge) sowie

z_1	z_2	z_3	z_4	z_5	z_6	z_7	z_8	z_9	z_R	z_{10}	z_{11}	z_{12}
18	34	15	29	24	25	29	21	16	16	31	9	37

b) Gesucht Getriebeübersetzung, Gesamtübersetzung und Motordrehzahl für I., II., III. und IV. Gang. Gegeben:

	I. Gang	II. Gang	III. Gang	IV. Gang
n_A in 1/min	80	167	214	1220

z_1	z_2	z_3	z_4	z_5	z_6	z_7	z_8	z_9	z_R	z_{10}	z_{11}	z_{12}
25	43	14	33	27	35	38	31	12	17	25	13	48

c) Ges.: $i_{I,W}$, $i_{I,ges}$, $i_{R,W}$, $i_{R,ges}$, i_A, $n_{1,I}$ und $n_{1,R}$.
Geg.: $n_A = 102$ 1/min (für I. und R.-Gang)

z_1	z_2	z_3	z_4	z_9	z_R	z_{10}	z_{11}	z_{12}
25	39	13	33	13	17	31	12	47

d) Ges.: Getriebeübersetzung für alle Gänge; z_4, z_6, z_8, z_{10}; n_A in allen Gängen. Geg.:

n_1	i_A	z_1	z_2	z_3	z_5	z_7	z_9
3000 1/min	3,889	17	35	15	23	29	16

$i_{I,ges}$	$i_{II,ges}$	$i_{III,ges}$	$i_{IV,ges}$	$i_{R,ges}$
15,479	9,051	5,522	3,889	15,513

6. Ges.: i_A, $i_{IV,ges}$, z_2, $i_{II,W}$, $n_{1,II}$, $n_{A,IV}$. Geg.:

7.2.6 Zahnstangentrieb

Die Zahnstange wird durch das Zahnrad angetrieben und um den Weg s verschoben (7.22). Bei einer Zahnradumdrehung (360°) gilt:

$$\text{Zahnstangenweg } s \,\hat{=}\, \text{Teilkreisumfang } z \cdot p = z \cdot m \cdot \pi$$

Beispiel
$(\alpha = 80°)$

$$360° \,\hat{=}\, z \cdot m \cdot \pi$$
$$1° \,\hat{=}\, \frac{z \cdot m \cdot \pi}{360}$$
$$80° \,\hat{=}\, \frac{z \cdot m \cdot \pi \cdot 80}{360}$$

$$s = \frac{z \cdot m \cdot \pi \cdot \alpha}{360°} = \frac{z \cdot p \cdot \alpha}{360°}$$

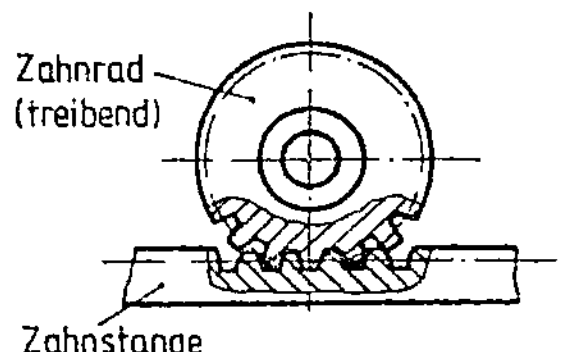

7.22 Zahnstangentrieb

7.2.7 Schneckentrieb

Der Schneckentrieb besteht aus der Schnecke und dem Schneckenrad (Zahnrad). Die Schnecke ist vom Prinzip her eine Welle mit einem kurzen Gewindestück. Die Gewindegänge stehen im Eingriff mit den Zähnen des Schneckenrads wie beim Zahnradtrieb (7.23).

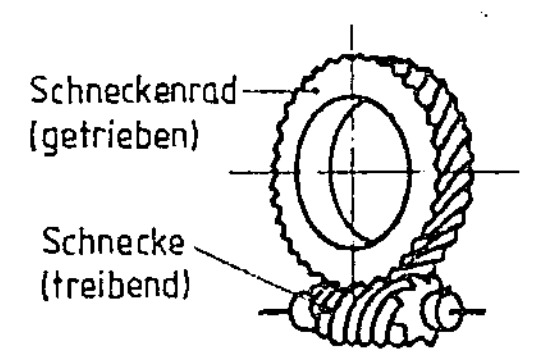

7.23 Schneckentrieb

Die Aufgabe eines antreibenden Zahnrads kann vom Bewegungsablauf her nur die Schnecke erfüllen.

Eine **eingängige** Schnecke bewegt bei einer Umdrehung das Schneckenrad um einen Zahn. Die Gangzahl g der Schnecke entspricht der Zähnezahl eines treibenden Zahnrads (z_1). Daraus folgen:

1. $$g \,\hat{=}\, z_1$$
Beispiel
Für $g = 2$ schreibt man $z_1 = 2$

2. $$z_1 \cdot n_1 = z_2 \cdot n_2$$
$$i = \frac{n_1}{n_2} = \frac{z_2}{z_1}$$

Aufgaben

1. Wie groß ist der Zahnstangenweg in mm bei 1 Umdrehung des Antriebszahnrads? Der Teilkreisdurchmesser beträgt $d = 110$ mm.

2. Bestimmen Sie bei einem Zahnstangentrieb die Zahnezahl des Zahnrads nach folgenden Angaben: $m = 2$ mm, $s = 78{,}5$ mm, $\alpha = 250°$.

3. Von einem Zahnstangenantrieb ist der Modul $m = 1{,}5$ mm bekannt. Das Zahnrad der Lenkspindel hat 18 Zähne. Die Zahnstange wird 59 mm verschoben. Berechnen Sie den Lenkradausschlag in Grad.

4. Von der 4gängigen Antriebsschnecke einer Tachowellenspirale sind folgende Drehzahlen gegeben: im III. Gang 3500 1/min, im IV. Gang 4700 1/min. Das Schneckenrad hat 12 Zähne. Bestimmen Sie für jeden Gang die Drehzahl der Tachowelle und das Übersetzungsverhältnis.

5. Vom Schneckenantrieb an der Hinterachse eines Pkw ist die Übersetzung mit $i = 7$ ange- geben. Die Schnecke ist 3gängig. Die Drehzahl der Kardanwelle beträgt 3800 1/min. Berechnen Sie
a) die Zähnezahl des Schneckenrads,
b) die Drehzahl der Seitenwellen.

6. Die Übersetzung des Schneckentriebs (7.24) beträgt $i = 40$. Die 2gängige Schnecke erreicht eine Drehzahl von $n_1 = 1800$ 1/min. Berechnen Sie a) die Drehzahl n_2, b) die Zähnezahl z_2.

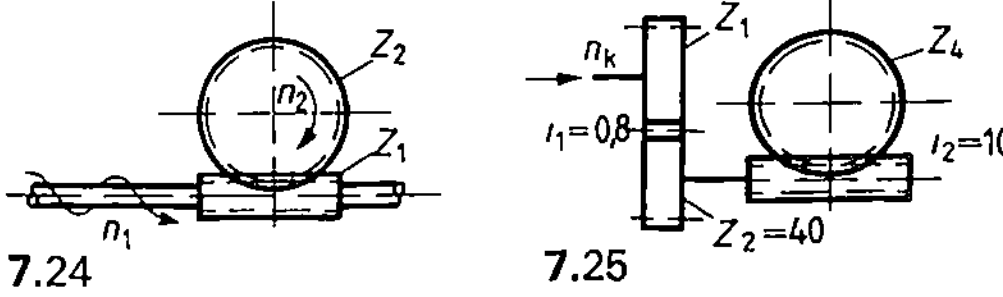

7. Zum Achsantrieb (7.25) gehört eine 2gängige Schnecke. Die Kardanwellendrehzahl beträgt $n_K = 4000$ 1/min. Berechnen Sie a) n_2 und n_4, b) z_1 und z_4, c) i_{ges}.

7.2.8 Drehmomentübersetzung

Jeder Zahn des treibenden Zahnrads überträgt die Kraft F (7.26). Dadurch entstehen die Drehmomente $M_1 = F \cdot r_1$ und $M_2 = F \cdot r_2$. Wenn mechanische Reibungsverluste nicht berücksichtigt werden, gelten folgende Überlegungen:

Beim Getriebeanfang wird die zugeführte Leistung als Eingangsleistung P_{zu} bezeichnet, die abgeführte Leistung als Ausgangsleistung P_{ab}. Die Leistung selbst wird nicht übersetzt, also gilt: $P_{zu} = P_{ab}$. Die Leistung ist vom Produkt $M \cdot n$ abhängig.

Leistungsverluste werden zunächst nicht berücksichtigt (s. Formelentwicklung).

Bei der Übersetzung verhalten sich die Drehmomente umgekehrt wie die Drehzahlen.

Je größer die Übersetzung ist, desto kleiner ist die neue Drehzahl und desto größer ist das übertragene Drehmoment.

Getriebeausgangsdrehmoment. Im Motor werden die Leistungsverluste durch den Wirkungsgrad η gekennzeichnet. Beim Wechselgetriebe rechnet man mit dem Getriebewirkungsgrad η_W.

Der Getriebewirkungsgrad η_W kann als Korrekturfaktor für das Eingangsdrehmoment M_1 gelten. Verluste werden dadurch rechnerisch korrigiert.

Antriebsdrehmoment. Beim Antriebsdrehmoment M_A (7.27) müssen die Übersetzung im Achsantrieb i_A und der Wirkungsgrad im Achsantrieb η_A als zusätzliche Faktoren eingesetzt werden. Die Übersetzungen und Wirkungsgrade werden durch Multiplikation zu i_{ges} bzw. zu η_{Tr} (Triebwerkwirkungsgrad) zusammengefaßt.

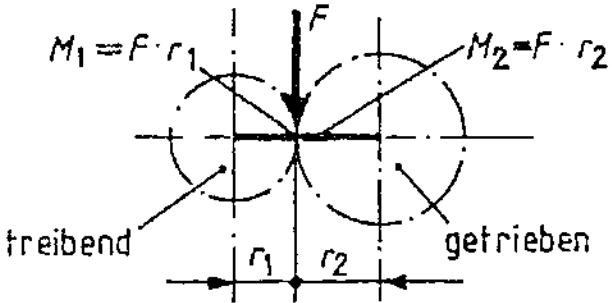

7.26 Drehmomentübersetzung

Formelentwicklung

$$P_{zu} = P_{ab}$$

$$\frac{M_1 \cdot n_1}{9550} = \frac{M_2 \cdot n_2}{9550} \quad\Big|\quad \cdot \frac{9550}{M_1 \cdot n_2}$$

$$\frac{M_1 \cdot n_1 \cdot 9550}{9550 \cdot M_1 \cdot n_2} = \frac{M_2 \cdot n_2 \cdot 9550}{9550 \cdot M_1 \cdot n_2}$$

$$i = \frac{n_1}{n_2} \cdot \qquad i = \frac{M_2}{M_1}$$

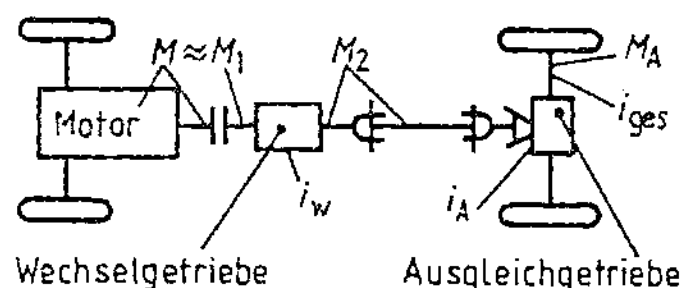

7.27 Drehmomentübersetzung

$$P_{ab} = P_{zu} \cdot \eta_W$$

$$\frac{M_2 \cdot n_2}{9550} = \frac{M_1 \cdot n_1}{9550} \cdot \eta_W$$

$$M_2 = M_1 \cdot i_W \cdot \eta_W \qquad \text{Einheit: Nm}$$

$$M_A = M_1 \cdot i_W \cdot i_A \cdot \eta_W \cdot \eta_A$$
$$i_{ges} = i_W \cdot i_A \qquad \eta_{Tr} = \eta_W \cdot \eta_A$$

$$M_A = M_1 \cdot i_{ges} \cdot \eta_{Tr} \qquad \text{Einheit: Nm}$$

Grundformeln		Formelzeichen	SI-Einheit
		Bedeutung	
Triebwerkswirkungsgrad		η_{Tr}	Triebwerkswirkungsgrad	—
$\eta_{Tr} = \eta_W \cdot \eta_A$		η_W, η_A	Wirkungsgrad im Wechselgetriebe und im Achsantrieb	—
Übersetzungen		i_W, i_A	Übersetzungen (Wechselgetriebe, Achsantrieb,	—
$i = \dfrac{M_2}{M_1}$ $\quad i_W = \dfrac{M_2}{M_1 \cdot \eta_W}$ $\quad i_{ges} = \dfrac{M_A}{M_1 \cdot \eta_{Tr}}$		i_{ges}	Gesamtübersetzung)	
		M_1	Motordrehmoment	Nm
Getriebeausgangsdrehmom. Antriebsdrehmoment		M_2	Getriebeausgangsdrehmoment	Nm
$M_2 = M_1 \cdot i_W \cdot \eta_W$ $\quad M_A = M_1 \cdot i_{ges} \cdot \eta_{Tr}$		M_A	Antriebsdrehmoment	Nm

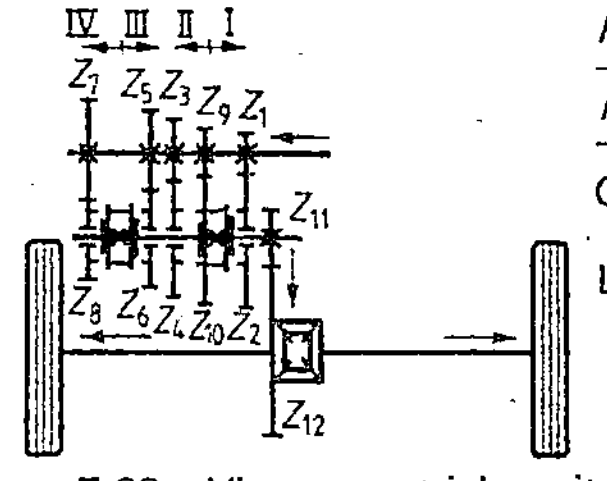

Beispiel Von einem Vierganggetriebe ist die Prinzipskizze 7.28 gegeben. Das Fahrzeug hat einen Vorderradantrieb. Berechnen Sie mit den folgenden Angaben das Motordrehmoment M_1, die Gesamtübersetzung im IV. Gang $i_{IV,ges}$, den Triebwerkswirkungsgrad η_{Tr} und das Drehmoment M_A der Antriebsräder.

$P_{eff} = 40$ kW	$\eta_W = 0{,}924$	z_7	z_8	z_{11}	z_{12}
$n_1 = 6000$ 1/min	$\eta_A = 0{,}982$	41	39	19	73

7.28 Vierganggetriebe mit Vorderradantrieb

Ges. M_1 in Nm, $i_{IV,ges}$, η_{Tr}, M_A in Nm

Lös. $M_1 = \dfrac{P_{eff} \cdot 9550}{n} = \dfrac{40 \cdot 9550}{6000}$ Nm $= \mathbf{63{,}7\ Nm}$

$i_{IV,ges} = \dfrac{z_8 \cdot z_{12}}{z_7 \cdot z_{11}} = \dfrac{39 \cdot 73}{41 \quad 19} = \mathbf{3{,}655}$

$\eta_{Tr} = \eta_W \cdot \eta_A = 0{,}924 \cdot 0{,}982 = \mathbf{0{,}91}$

$M_A = M_1 \cdot i_{IV,ges} \cdot \eta_{Tr} = 63{,}7$ Nm $\cdot 3{,}65 \cdot 0{,}91 = \mathbf{211{,}6\ Nm}$

Aufgaben

1. Bestimmen Sie für jeden Gang die Drehmomente an den Antriebsrädern (Verluste werden vernachlässigt). Rechnen Sie bei jedem Gang mit dem Eingangsdrehmoment $M_1 = 115$ Nm. Übersetzungen: $i_{I,W} = 3{,}6$, $i_{II,W} = 2{,}125$, $i_{III,W} = 1{,}36$, $i_{IV,W} = 0{,}996$, $i_A = 3{,}89$.

2. Bestimmen Sie für den III. Gang das Drehmoment M_A an den Antriebsrädern bei folgenden Angaben: $M = 135$ Nm, $z_5 = 29$, $z_6 = 37$, $z_{11} = 19$, $z_{12} = 68$, $\eta_{Tr} = 0{,}89$. (Vergleichen Sie die Prinzipskizze 7.28.)

3. a) Ermitteln Sie für den IV. Gang das Eingangsdrehmoment M_1 mit folgenden Angaben (s. die Prinzipskizze 7.28): $M_A = 403$ Nm (IV. Gang), $\eta_W = 0{,}959$, $\eta_A = 0{,}987$

z_1	z_2	z_3	z_4	z_5	z_6	z_7	z_8	z_9	z_R	z_{10}	z_{11}	z_{12}
13	41	21	40	29	37	41	39	13	31	47	19	68

b) Bestimmen Sie das Antriebsdrehmoment M_A an den Antriebsrädern im I., II. und III. Gang mit dem berechneten Eingangsdrehmoment M_1 und Triebwerkswirkungsgrad der Aufgabe 3a).

4. Von einem Pkw sind folgende Daten bekannt: $P_{eff} = 71$ kW bei $n = 6000$ 1/min,

z_5	z_6	z_{11}	z_{12}	η_W	η_A
26	35	19	73	0,93	0,99

Wie groß ist das Antriebsdrehmoment M_A?

5. Von einem Vierzylinder-Pkw sind die Prinzipskizze 7.29 und folgende Daten gegeben: $P_{eff} = 55$ kW bei 5800 1/min, $M_{max} = 101$ Nm bei 4200 1/min,

z_1	z_2	z_3	z_4	z_5	z_6	z_7	z_8	z_9
11	40	16	35	21	30	32	31	11

z_R	z_{10}	z_{11}	z_{12}	η_W	η_A
37	35	17	71	0,914	0,974

Stellen Sie die Ergebnisse in Tabellen zusammen.
a) Ges.: Für jeden Gang die Getriebeübersetzung und die Gesamtübersetzung.
b) Wie groß ist für jeden Gang das Drehmoment M_A? In allen Gängen ist $M_1 = 101$ Nm.
c) Wie groß ist theoretisch in jedem Gang das Drehmoment M_A bei $P_{eff} = 55$ kW?
d) Wie groß ist das Eingangsdrehmoment M_1 im IV. Gang bei $M_A = 364$ Nm?

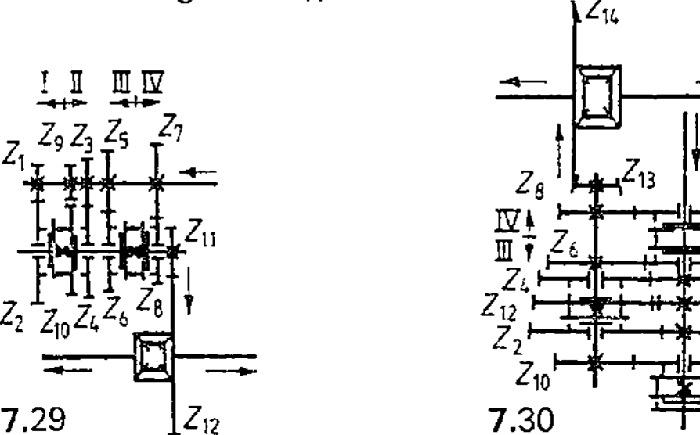

6. Zur Prinzipskizze 7.30 sind folgende Daten gegeben:

z_1	z_2	z_3	z_4	z_5	z_6	z_7	z_8	z_9
10	36	16	34	25	34	30	29	35

z_{10}	z_{11}	z_R	z_{12}	z_{13}	z_{14}	η_W	η_A
29	12	16	42	9	?	0,93	0,981

$P_{eff} = 100$ kW bei 5700 1/min, $M_{max} = 185$ Nm bei 4200 1/min.

a) M_{max} wird im IV. Gang der Höchstwert $M_{A,IV} = 635$ Nm erreicht. Bestimmen Sie z_{14}.
b) Berechnen Sie die Übersetzungen im Wechselgetriebe für alle Gänge und die Übersetzung im Achsantrieb.
c) Wie groß ist $M_{1,III}$, wenn das Antriebsdrehmoment $M_{A,III} = 580$ Nm gegeben ist?
d) Berechnen Sie für den III., IV. und V. Gang die Drehmomente M_A, wenn in allen Gängen die Höchstleistung zur Verfügung steht.

7.3 Fahrgeschwindigkeit

Unter der Fahrgeschwindigkeitsberechnung eines Kraftfahrzeugs versteht man

– das Berechnen der allgemeinen Durchschnittsgeschwindigkeit,
– das Berechnen der Fahrgeschwindigkeit, indem man von der Umfangsgeschwindigkeit des Reifens ausgeht. Dabei werden alle Angaben für die Drehzahl der Antriebsräder berücksichtigt.

7.3.1 Durchschnittsgeschwindigkeit

Als Geschwindigkeit bezeichnet man den in einer bestimmten Zeiteinheit (in 1 s, 1 min, oder 1 h) zurückgelegten Weg. Zur Berechnung der Geschwindigkeit dividieren wir die zurückgelegte Gesamtstrecke durch die aufgewendete Zeit. Als Ergebnis erhält man eine Durchschnittsgeschwindigkeit, nämlich den Mittelwert der unterschiedlichen Geschwindigkeiten auf den einzelnen Streckenabschnitten.

$$\text{Durchschnittsgeschwindigkeit } V = \frac{\text{zurückgelegter Weg}}{\text{aufgewendete Zeit}} \qquad v = \frac{s}{t}$$

Bei Umrechnungen von km/h in m/s oder umgekehrt heißt die $\boxed{\text{Umrechnungszahl 3,6}}$

Beispiele zur Umrechnung

$$126\,\frac{km}{h} = \frac{126 \cdot 1000}{3600}\,\frac{m}{s} = \frac{126}{3,6}\,\frac{m}{s} = 35\,\frac{m}{s} \qquad\qquad 42,5\,\frac{m}{s} = \frac{42,5 \cdot 3600}{1000}\,\frac{km}{h} = 153\,\frac{km}{h}$$

7.3.2 Umfangsgeschwindigkeit

Die zurückgelegte Strecke eines fahrenden Autos entspricht den aneinandergereihten Abrollgängen des Reifens. Damit entspricht die Geschwindigkeit eines Autos der Geschwindigkeit eines Punktes auf dem Umfang des Reifens.

Formelentwicklung

– Weg s eines Punktes auf dem Reifenumfang bei 1 Umdreh. $\hat{=}$ Reifenumfang $d \cdot \pi$ (in mm)
– Anzahl der Reifenumdrehungen je Minute $\hat{=}$ Drehzahl n (in 1/min)
– Reifenumfang mal Anzahl der Umdrehungen je Minute $\hat{=}$ Geschwindigkeit $d \cdot \pi \cdot n$ (in mm/min)
– Einheitenänderung: 1 mm in $\frac{1}{1000}$ m und 1 min in 60 s $\hat{=}$ Geschwindigkeit $\frac{d \cdot \pi \cdot n}{1000 \cdot 60}$ (in m/s)

$$\begin{array}{l} \text{Der von einem gedachten Punkt in 1 s auf dem Kreisumfang zurückgelegte Weg} \\ \text{wird als Umfangsgeschwindigkeit bezeichnet.} \end{array}$$

$$v = \frac{d \cdot \pi \cdot n}{60} \quad d \text{ in m} \qquad\qquad v = \frac{d \cdot \pi \cdot n}{1000 \cdot 60} \quad d \text{ in mm} \qquad\qquad \text{Einheit: m/s}$$

Grundformeln	Formelzeichen	Bedeutung	Einheiten SI	weitere ges.
Durchschnittsgeschwindigkeit $v = \dfrac{s}{t}$	v	Durchschnitts-geschwindigkeit, Umfangsgeschwindigkeit	m/s	km/, m/min
	s	zurückgelegte Strecke	m	km
	t	aufgewendete Zeit	s	h, min
Umfangsgeschwindigkeit $v = \dfrac{d \cdot \pi \cdot n}{60}$ $\quad$ $v = \dfrac{d \cdot \pi \cdot n}{1000 \cdot 60}$	d	Durchmesser	mm	m
	n	Drehzahl	1/s	1/min
			Fettdruck = bevorzugte Einheit	

Aufgaben

1. Fur eine Strecke von 176,2 km braucht ein Pkw 2,81 h. Berechnen Sie die durchschnittliche Geschwindigkeit.

2. Bei einer Geschwindigkeit von 82,4 km/h wird eine Strecke von 84 km zuruckgelegt. Wie groß ist die Fahrzeit in h?

3. Wie groß ist die zuruckgelegte Strecke bei einer Fahrzeit von 3 h 12 min und einer Geschwindigkeit von 125 km/h?

4. Ein Pkw-Fahrer fahrt um 11.40 Uhr von dem Ort A nach dem 54,6 km entfernten Ort B und trifft dort 12.25 Uhr ein. Wie groß war die durchschnittliche Fahrgeschwindigkeit in km/h und in m/s?

5. Ein Pkw-Fahrer hat von seiner Wohnung in Koln bis zum Messegelande in Frankfurt (Haupteingang) eine Strecke von 211,5 km ermittelt. Wann ist er in Frankfurt, wenn er um 7.20 Uhr in Koln abfahrt und mit der Durchschnittsgeschwindigkeit von 94 km/h rechnet?

6. Eine Rennbahn hat eine Lange von 3010 m. Ein Rennfahrer braucht fur 9 Trainingsrunden 10,5 min. Berechnen Sie die Durchschnittsgeschwindigkeit in km/h

7. Ein Pkw fahrt mit einer Durchschnittsgeschwindigkeit von 82,6 km/h eine Strecke von 384 km. Berechnen Sie die Fahrzeit in vollen Stunden und den Rest in Minuten.

8. Ein Pkw fahrt eine Strecke von 430 km mit einer durchschnittlichen Geschwindigkeit von 107,5 km/h. Berechnen Sie die Fahrzeit.

9. Ein Pkw-Fahrer erreicht sein Fahrziel nach 1,7 h. Wie groß ist die gefahrene Strecke bei der Geschwindigkeit von 112,8 km/h?

10. Ein Schuler trainiert auf Langlauf. Fur 8200 m werden 37 min 43,2 s gestoppt. Wie groß ist seine Schnelligkeit in m/s und km/h?

11. Fur eine Strecke von 236,3 km wird eine theoretische Fahrzeit von 2 h 46 min 48 s festgelegt. Welche durchschnittliche Geschwindigkeit in km/h ist bei dieser Aufgabe angenommen worden?

12. Ein Pkw fahrt von der Stadt A um 13.25 Uhr ab und erreicht den Ort B um 18.15 Uhr. Berechnen Sie die Entfernung zwischen A und B! Die durchschnittliche Geschwindigkeit beträgt 86 km/h. Unterwegs wird noch eine Pause von 80 min eingelegt.

13. Berechnen Sie die fehlenden Größen.

14. Die Entfernung von Karlsruhe nach Frankfurt ist zu berechnen. Ein Pkw fahrt die Strecke mit Durchschnittsgeschwindigkeit von 88 km/h. Die Fahrzeit betragt 1 h 52 min.

15. Fur einen Bus wird eine Durchschnittsgeschwindigkeit von 68,5 km/h angenommen. Wieviel km werden bei einer Fahrzeit von 2 h 42 min zuruckgelegt?

16. Eine Riemenscheibe hat einen Durchmesser von 280 mm. Welche Umfangsgeschwindigkeit wird bei einer Drehzahl von 750 1/min erreicht?

17. Die Keilriemenscheibe eines Ottomotors erreicht bei 3250 1/min eine Umfangsgeschwindigkeit von 28,4 m/s. Wie groß ist der Durchmesser der Riemenscheibe?

18. Fur eine Riemenscheibe ist ein Durchmesser von 865 mm festgelegt worden. Wie groß ist die Umfangsgeschwindigkeit in m/s, wenn fur die Drehzahl 154 1/min angenommen wird?

19. Der Durchmesser einer Riemenscheibe betragt 425 mm. Sie soll eine Drehzahl von 230 1/min haben. Wie groß ist dann die Riemengeschwindigkeit in m/s?

20. Für das Fahrzeug ist eine Geschwindigkeit von 124 km/h angegeben. Wie groß ist die Reifendrehzahl bei einem dynamischen Halbmesser von 340 mm?

21. Der dynamische Halbmesser eines Reifens betragt 315 mm. Wie groß ist die Fahrgeschwindigkeit in km/h bei einer Reifendrehzahl von 940 1/min?

22. Der Durchmesser einer Schleifscheibe betragt 330 mm. Die zulässige Umfangsgeschwindigkeit beträgt 28 m/s. Wie hoch darf die maximale Drehzahl sein?

23. Welche Drehzahl kommt hochstens fur einen Reifen in Frage, wenn die Fahrgeschwindigkeit fur diesen Reifen mit 150 km/h angegeben ist? Der dynamische Halbmesser beträgt 320 mm.

24. Die Umfangsgeschwindigkeit einer Riemenscheibe ist in m/s zu berechnen. Der Durchmesser beträgt 84 mm. Die maximale Drehzahl erreicht 4250 1/min.

25. Die Drehzahl einer Riemenscheibe beträgt 220 1/min. Sie hat eine Umfangsgeschwindigkeit von 3,2 m/s. Wie groß ist der Durchmesser der Riemenscheibe (in mm)?

	a)	b)	c)	d)	e)	f)	g)	h)	i)	j)	k)	l)	m)	n)	o)
v in m/s	?	12	8,6	24	?	38,5	60	27	?	9,4	14,8	?	2,4	18,8	?
d in mm	224	328	?	18,5	142	?	236	?	652	?	408	356	748	?	274,8
n in 1/min	850	?	1325	?	650	1250	?	462	528	450	?	960	?	1450	1825

7.3.3 Fahrgeschwindigkeit und Übersetzung

Zur Berechnung der Fahrgeschwindigkeit geht man von der Umfangsgeschwindigkeit aus. Die Formel wird für die besonderen Bedingungen abgewandelt.

$$v = \frac{d \cdot \pi \cdot n}{1000 \cdot 60}$$

- Für d setzt man den zweifachen dynamischen Radius $2 \cdot r_{dyn}$ ein.
- Für das allgemeine Formelzeichen n wird die Drehzahl der Antriebsräder n_A eingesetzt.
- Einheitenumänderung in km/h (1 m/s $=$ 3,6 km/h)
- Die Drehzahl der Antriebsräder n_A kann durch die Motordrehzahl n_M, die Gangübersetzung im Wechselgetriebe i_W und die Übersetzung im Ausgleichgetriebe i_A können nach folgenden Beziehungen ersetzt werden:

$$v = \frac{2 \cdot r_{dyn} \cdot \pi \cdot n}{1000 \cdot 60}$$

$$v = \frac{2 \cdot r_{dyn} \cdot \pi \cdot n_A}{1000 \cdot 60}$$

$$i_{ges} = i_W \cdot i_g = \frac{n_M}{n_A} \qquad n_A = \frac{n_M}{i_W \cdot i_A}$$

- In vielen Reifen-Handbüchern ist bei Radialreifen statt r_{dyn} der Abrollumfang U_{Rad} angegeben. Durch die Beziehung $U_{Rad} = 2 \cdot r_{dyn} \cdot \pi$ wird die Formel vereinfacht.

$$v = \frac{2 \cdot r_{dyn} \cdot \pi \cdot 3,6 \cdot n_A}{1000 \cdot 60}$$
Einheit: km/h

Dynamischer Reifenhalbmesser und Abrollumfang.

Der dynamische Reifenhalbmesser r_{dyn} wird bei belastetem Fahrzeug und einer mittleren Geschwindigkeit von 60 km/h ermittelt. Er stellt den Abstand zwischen Achsenmitte und Fahrbahn bei fahrendem Fahrzeug dar. Aus dem Abrollumfang U_{Rad} berechnet man den dynamischen Halbmesser durch Dividieren mit $2 \cdot \pi$.

$$v = \frac{2 \cdot r_{dyn} \cdot \pi \cdot 3,6 \cdot n_M}{1000 \cdot 60 \cdot i_W \cdot i_A}$$

$$v = \frac{U_{Rad} \cdot 3,6 \cdot n_M}{1000 \cdot 60 \cdot i_W \cdot i_A}$$

$$r_{dyn} = \frac{U_{Rad}}{2 \cdot \pi}$$

7.3.4 Reifenkennzeichnung

7.31 Reifenabmessungen

d_a = Außendurchmesser
d = Felgendurchmesser
h = Reifenhöhe
b = Querschnittsbreite (Konstruktionsmaß)
H/B = Querschnittsverhältnis in %

Die ältere Kennzeichnung der Reifengröße besteht mindestens aus zwei Zahlen. Die erste Zahl gibt die ungefähre Reifenbreite in Zoll oder mm an, die zweite (am Ende stehend) nennt den Felgendurchmesser in Zoll.

Übergangsbezeichnungen

Neue Kennzeichnung nach ECE R 30 (Economic Commission for Europe, Regel Nr. 30) VR-Reifen (über 210 km/h) werden noch nicht nach ECE R 30 gekennzeichnet.

Mit Hilfe der Reifenbezeichnung kann man nur den Außendurchmesser des aufgepumpten, aber unbelasteten Reifens nach untenstehender Formel berechnen. Zur Berechnung der Fahrgeschwindigkeit werden der dynamische Halbmesser r_{dyn} oder der Abrollumfang U_{Rad} den entsprechenden Tabellen entnommen.

$$d_a = d + 2 \cdot H/B \cdot b$$

Hinweis Die Breite b wird in der Formel nicht gekürzt.

Grundformeln	Formelzeichen		Einheiten	
		Bedeutung	SI	weitere ges.
Fahrgeschwindigkeit $$v = \dfrac{2 \cdot r_{dyn} \cdot \pi \cdot 3{,}6 \cdot n_A}{1000 \cdot 60}$$ $$v = \dfrac{U_{Rad} \cdot 3{,}6 \cdot n_M}{1000 \cdot 60 \cdot i_W \cdot i_A}$$	v	Fahrgeschwindigkeit	m/s	km/h, m/min
	r_{dyn}	dynamischer Halbmesser	m	mm
	n_A	Drehzahl der Antriebsräder	1/s	1/min
	U_{Rad}	Abrollumfang	m	mm
	n_M	Motordrehzahl	1/s	1/min
	i_W	Gangübersetzung im Wechselgetriebe	—	—
Dynamischer Halbmesser $$r_{dyn} = \dfrac{U_{Rad}}{2 \cdot \pi}$$	i_A	Übersetzung im Ausgleichgetriebe	—	—
	d_a	Außendurchmesser	m	mm
	d	Felgendurchmesser	m	mm
Außendurchmesser $$d_a = d + 2 \cdot H/B \cdot b$$	H/B	Querschnittsverhältnis (Höhe/Breite)	—	—
			Fettdruck = bevorzugte Einheit	

Reifentabelle. Die Kennbuchstaben S, H, V oder andere Buchstaben geben verschiedene Geschwindigkeitsklassen an. Da sie über den dynamischen Reifenhalbmesser r_{dyn} oder über den Abrollumfang U_{Rad} keine Auskunft geben, spielen sie auch für die Ermittlung der Fahrgeschwindigkeit keine Rolle. Die Kennbuchstaben sind daher in den Reifenbezeichnungen der Tabelle 7.32 nicht aufgeführt.

Bei den Reifen 175 SR 13, 175 HR 13 und 175 VR 13 sind z. B. die Abmessungen für r_{dyn} und U_{Rad} annähernd gleich. Für diese drei Reifen ist in der Tabelle nur 175 R 13 angegeben, dazu die Abmessungen: $r_{dyn} = 295$ mm, $U_{Rad} = 1855$ mm.

Tabelle **7.32** **Autoreifen** (Maße in mm)

Serie 82	r_{dyn}	U_{Rad}	Serie 70	r_{dyn}	U_{Rad}	Serie 60	r_{dyn}	U_{Rad}
145 R 10	239	1500	145/70 R 12	248	1560	175/60 R 13	262	1645
125 R 12	286	1795	155/70 R 12	255	1600	185/60 R 13	268	1685
135 R 12	250	1590	165/70 R 12	264	1660	195/60 R 13	274	1720
145 R 12	264	1655	155/70 R 13	268	1680	205/60 R 13	279	1755
155 R 12	266	1680	165/70 R 13	275	1730	215/60 R 13	286	1795
135 R 13	266	1670	175/70 R 13	282	1770	235/60 R 13	297	1865
145 R 13	275	1725	185/70 R 13	291	1825	175/60 R 14	275	1725
155 R 13	281	1765	195/70 R 13	295	1855	185/60 R 14	281	1765
165 R 13	290	1820	155/70 R 14	279	1755	195/60 R 14	287	1800
175 R 13	295	1855	165/70 R 14	287	1805	205/60 R 14	292	1835
185 R 13	303	1905	175/70 R 14	295	1850	215/60 R 14	299	1875
135 R 14	279	1750	185/70 R 14	303	1905	225/60 R 14	304	1910
145 R 14	287	1800	195/70 R 14	309	1940	235/60 R 14	310	1945
155 R 14	293	1840	205/70 R 14	317	1990	245/60 R 14	316	1985
165 R 14	302	1895	215/70 R 14	323	2030	265/60 R 14	327	2055
175 R 14	308	1935	225/70 R 14	329	2065	175/60 R 15	287	1805
185 R 14	316	1985	235/70 R 14	337	2115	185/60 R 15	293	1840
195 R 14	323	2030	175/70 R 15	307	1930	195/60 R 15	299	1875
205 R 14	333	2090	185/70 R 15	314	1975	205/60 R 15	304	1910
215 R 14	340	2135	195/70 R 15	318	2000	215/60 R 15	311	1950
225 R 14	347	2180	205/70 R 15	325	2040	225/60 R 15	316	1985
125 R 15	286	1795	215/70 R 15	331	2080	235/60 R 15	322	2020
135 R 15	291	1830	225/70 R 15	338	2125	245/60 R 15	328	2060
145 R 15	299	1880	235/70 R 15	346	2170	255/60 R 15	334	2095
155 R 15	306	1920						
165 R 15	314	1970	Serie 65			Serie 50		
175 R 15	321	2015	185/65 R 14	290	1820	195/50 R 15	280	1760
185 R 15	327	2055	185/65 R 15	302	1895	205/50 R 15	285	1790
195 R 15	335	2105				225/50 R 15	295	1850
205 R 15	345	2165	Serie 55			285/50 R 15	324	2035
215 R 15	352	2210	205/55 R 16	307	1930	225/50 R 16	307	1930
225 R 15	358	2250						
235 R 15	365	2295				Serie 40		
205 R 16	357	2245				285/40 R 15	295	1855

Tabelle 7.33
Motorradreifen

Normalquerschnitt

(Zoll)	r_{dyn} (mm)	U_{Rad} (mm)
2.75 - 17	282	1773
3.00 - 17	289	1816
4.50 - 17	323	2029
2.75 - 18	294	1849
3.00 - 18	301	1891
3.25 - 18	307	1927
3.50 - 18	312	1957
3.75 - 18	318	1994
4.00 - 18	322	2024
3.00 - 19	314	1969
3.25 - 19	319	2006
3.50 - 19	324	2036

Niederquerschnitt

(mm)(Zoll)	(mm)	(mm)
80/90-18	287	1813
130/90-16	307	1930
130/90-18	332	2087

(Zoll)		
5.10 -17	320	2012
3.60 -18	295	1855
4.10 -18	308	1833
4.25/85-18	317	1988
3.60 -19	308	1933
4.10 -19	320	2012

Beispiel Von einer kleinen Sportlimousine mit Fünfgang-Schaltung ist die Höchstgeschwindigkeit nach folgenden Angaben zu berechnen: $i_V = 0{,}912$, $r_{dyn} = 280\,mm$, $n_M = 6250\ 1/min$, $i_A = 3{,}895$.

Ges. v in km/h

Geg. $r_{dyn} = 280\,mm$, $n_M = 6250\ 1/min$, $i_V = 0{,}912$, $i_A = 3{,}895$

Lös. $v = \dfrac{2 \cdot r_{dyn} \cdot \pi \cdot 3{,}6 \cdot n_M}{1000 \cdot 60 \cdot i_V \cdot i_A}$

$$v = \frac{2 \cdot 280 \cdot 3{,}14 \cdot 3{,}6 \cdot 6250}{1000 \cdot 60 \cdot 0{,}912 \cdot 3{,}895}\ \frac{km}{h} = 185{,}6\ km/h$$

Aufgaben

1. Die Antriebsräder eines Pkw drehen sich 145mal in der Minute. Wie groß ist die Geschwindigkeit in km/h, wenn die Reifen einen dynamischen Halbmesser von $r_{dyn} = 288\,mm$ haben?

2. Berechnen Sie den dynamischen Halbmesser nach folgenden Angaben:
$i_{W,III} = 1{,}0$, $i_A = 3{,}08$, v im III. Gang $= 42\,km/h$, $n_M = 1000\ 1/min$.

3. Bei welcher Motordrehzahl n_M erreicht ein 2,0 l-Pkw die Geschwindigkeit von 155 km/h? Die Gesamtübersetzung im IV. Gang betragt 3,8. Der Abrollumfang der Antriebsräder ist mit $U_{Rad} = 1970\,mm$ angegeben.

4. Berechnen Sie die Fahrgeschwindigkeit einer 750er in den Gängen I bis V. Gesamtübersetzungen der einzelnen Gänge: $i_{ges,I} = 15{,}1$, $i_{ges,II} = 10{,}56$, $i_{ges,III} = 8{,}24$, $i_{ges,IV} = 6{,}73$, $i_{ges,V} = 5{,}66$. Weitere Angaben: $r_{dyn} = 330\,mm$; $n_M = 9500\ 1/min$.

5. Ein Pkw hat folgende Übersetzungen:
$i_{W,I} = 3{,}833$, $i_{W,II} = 2{,}235$, $i_{W,III} = 1{,}458$, $i_{W,IV} = 1{,}026$, $i_A = 4{,}125$. Die Motordrehzahl betragt 5000 1/min.
a) Berechnen Sie für die einzelnen Gänge die möglichen Geschwindigkeiten bei einer Bereifung von 135 SR 13. Setzen Sie für U_{Rad} den Tabellenwert ein.
b) Um wieviel Umdrehungen je Minute kann die Motordrehzahl theoretisch gesenkt werden, wenn die Achsübersetzung von $i_A = 4{,}125$ auf $i_A = 4{,}0$ geändert wird? Für die Berechnung wird eine gleichbleibende Höchstgeschwindigkeit angenommen.

6. Bei einem Motorrad beträgt der Abrollumfang des Antriebsrads 2041 mm. Bei einer Motordrehzahl von 9400 1/min sind folgende Geschwindigkeiten berechnet worden: im I. Gang 75,286 km/h, im II. Gang 109,84 km/h, im III. Gang 142,819 km/h, im IV. Gang 176,552 km/h, im V. Gang 202,662 km/h. Wie groß sind die Gesamtübersetzungen der einzelnen Gänge?

7. Ein Pkw hat eine Motordrehzahl von 3600 1/min. Der dynamische Halbmesser beträgt 315 mm. Übersetzungen: $i_W = 0{,}89$, $i_A = 3{,}788$. Wie groß ist die erreichbare Geschwindigkeit?

8. Ein Mokick erreicht bei einer Motordrehzahl von 6500 1/min eine Fahrgeschwindigkeit von 40 km/h. Die Gesamtübersetzung beträgt $i_{ges} = 17{,}75$. Wie groß ist r_{dyn}?

9. Ein Bus erreicht bei einer Motordrehzahl von $n_M = 2900\ 1/min$ eine Geschwindigkeit von 82 km/h. Als Abrollumfang ist $U_{Rad} = 3100\,mm$ angegeben. Bestimmen Sie die Gesamtübersetzung i_{ges}.

10. a) Wie groß ist die theoretisch erreichbare Geschwindigkeit im IV. und im V. Gang? Gegeben: $r_{dyn} = 314\ mm$, $i_{W,IV} = 0{,}939$, $i_{W,V} = 0{,}733$, $i_A = 4{,}67$, $n_M = 4875\ 1/min$.
b) Die tatsachlich erreichbare Höchstgeschwindigkeit dieses Pkw beträgt 192 km/h. Wie groß ist dann die Motordrehzahl n_M?

11. Ein Motor hat eine maximale Drehzahl von 5000 1/min. Die Übersetzung im IV. Gang beträgt 0,92, im Achsgetriebe 3,52. Für die serienmäßigen Reifen gilt $U_{Rad} = 1760\,mm$. Durch die Verwendung anderer Felgen und Reifen vergrößert sich der Abrollumfang auf 1920 mm.
a) Wie schnell fährt der Wagen mit den serienmäßigen und mit den nachgerüsteten Reifen bei maximaler Motordrehzahl?
b) Wie groß ist der Geschwindigkeitsunterschied in Prozent?

12. Bei einem Dieselmotor werden an der Kraftstoff-Einspritzpumpe Änderungen ausgeführt. Dadurch steigt die erreichbare Motordrehzahl von 3800 1/min auf 4100 1/min. Die Gesamtübersetzung wird mit 3,8 angegeben. Der Abrollumfang der Antriebsräder beträgt $U_{Rad} = 1980\,mm$.
a) Berechnen Sie die ursprüngliche und die jetzt erreichbare Höchstgeschwindigkeit in km/h.
b) Um wieviel % ist die Höchstgeschwindigkeit größer geworden?

Hinweis Fehlende Angaben wie Abrollumfang (U_{Rad}) oder dynamischer Halbmesser (r_{dyn}) sind der Reifentabelle **7.32** zu entnehmen. Bedeutung der Formelzeichen: i_I, i_{II}, i_{III}, i_{IV}, i_V = Übersetzung 1 bis 5. Gang, i_A = Übersetzung im Achsgetriebe

13. Wie schnell fährt das Motorrad im V. Gang bei folgenden Angaben: i_V = 0,861, i_A = 4,1, Reifen 185/70 HR 13, $n_{M,max}$ = 6200 1/min?

14. Ein Pkw ist mit 165/70 SR 13 bereift. Wie schnell fährt der Wagen im V Gang bei $i_{V,ges}$ = 3,61 und bei folgenden Motordrehzahlen: 1000, 2000, 3000, 4000, 5000 und 5800 1/min?

15. Berechnen Sie die Geschwindigkeiten eines Sportwagens in den einzelnen Gangen Die Motordrehzahl soll 7100 1/min nicht überschreiten. Die Reifengröße ist 225/50 VR 15 Übersetzungen i_I = 3,418, i_{II} = 2,353, i_{III} = 1,693, i_{IV} = 1,244, i_V = 0,95; und i_A = 3,7

16. Wie schnell fährt ein Motorrad im 6. Gang bei i_{VI} = 8,4 und bei der Motordrehzahl von n_M = 7100 1/min? Reifengröße des Antriebsrads 3,50–18 mit einem Abrollumfang von U_{Rad} = 1957 mm.

17. Ein Turbo hat folgende Daten: i_I = 3,16, i_{II} = 1,94, i_{III} = 1,41, i_{IV} = 1, i_A = 3,45, Reifengröße 205/70 VR 14 Berechnen Sie die maximale Hochstgeschwindigkeit in den einzelnen Gangen, wenn der Fahrer die maximale Motordrehzahl von 5500 1/min um 10 % überschreitet

18. Ein 298,8 kW starker Pkw (RS-Ausfuhrung) hat folgende Übersetzungen: i_I = 2,58, i_{II} = 1,52, i_{III} = 1,04, i_{IV} = 0,84, i_V = 0,70, und i_A = 3,20. Die Bereifung ist durch die Bezeichnung 345/35 VR 15 festgelegt. Der dynamische Reifenhalbmesser betragt 312 mm.
a) Berechnen Sie die Motordrehzahl im V Gang bei der Hochstgeschwindigkeit von 322 km/h.
b) Bestimmen Sie die Fahrgeschwindigkeiten in den einzelnen Gangen bei der Motordrehzahl n_M = 4000 1/min.

19. Wie schnell ist ein Motorrad im V Gang bei folgenden Angaben: i_V = 4,1, Reifengröße 4,0–18 mit r_{dyn} = 322 mm, Nenndrehzahl n_M = 6500 1/min?

20. Bei einem Pkw-Modell ist eine Hochstgeschwindigkeit von 175 km/h bei 5800 1/min angegeben. Fur die Reifengröße ist 175 HR 14 vorgeschrieben. Wie groß ist dann die Gesamtübersetzung?

21. Ein Motorrad hat im V. Gang eine Gesamtübersetzung von $i_{V,ges}$ = 7,5. Das Antriebsrad ist mit 3.50–18 bereift. Der Abrollumfang betragt 2076 mm. Bestimmen Sie die größte Geschwindigkeit, wenn die Hochstdrehzahl von 6500 1/min eingehalten werden muß.

22. Berechnen Sie die theoretische Endgeschwindigkeit bei n_M = 9000 1/min. Die Reifengröße des Antriebsrads betragt 130/90 V 18 Fur den V. Gang ist $i_{V,ges}$ = 4,8 gegeben.

23. Folgende Daten sind gegeben: v_{max} = 150 km/h, Übersetzungen i_I = 3,789, i_{II} = 2,22, i_{III} = 1,435, i_{IV} = 1, i_A = 3,909 Reifengröße 155 SR 13. Berechnen Sie
a) die Geschwindigkeit in den einzelnen Gangen bei der Nenndrehzahl 5400 1/min,
b) die Motordrehzahl n_M bei der angegebenen Hochstgeschwindigkeit.

24. Drei Pkw werden mit der konstanten Geschwindigkeit von 50 km/h gefahren. Berechnen Sie fur jeden Typ und fur jeden Gang die Motordrehzahl n_M Stellen Sie die gegebenen und berechneten Daten in einer Tabelle zusammen.

	i_I	i_{II}	i_{III}	i_{IV}	i_A	Bereifung
a)	3,65	1,97	1,37	1,0	3,44	165 SR 13
b)	3,65	1,97	1,37	1,0	3,45	165 SR 13
c)	3,65	1,97	1,37	1,0	3,89	175 SR 14

25. Vergleichen Sie den 300 SL von 1956 mit dem 450 SL Roadster von 1980 durch zwei Berechnungen.
a) Welche Geschwindigkeiten erreichen die beiden Fahrzeuge, wenn ihre Nenndrehzahlen nicht uberschritten werden durfen?
b) Wie hoch sind die tatsachlichen Motordrehzahlen, wenn die angegebenen Hochstgeschwindigkeiten erreicht werden sollen?

	300 SL (1956)	450 SL (1980)
Getriebe	Viergang-getriebe	dreistufiges Automatik-getriebe
Nenndrehzahl	5800 1/min	5000 1/min
Ubersetzung	$i_{IV,ges}$ = 3,64	i_{ges} = 3,07 (3 Stufe)
erreichbare Hochstge-schwindigkeit	235 km/h	210 km/h
Reifengröße	185/70 VR 15	205/70 VR 14

26. Ein Pkw mit 100 kW fahrt 175 km/h und ist mit 185/70 HR 14 bereift. Die Ubersetzung erreicht das Fahrzeug im Wechselgetriebe durch z_7 = 30 und z_8 = 29, im Achsantrieb durch z_K = 9 und z_T = 35. Zu berechnen sind
a) die Ubersetzung im Wechselgetriebe i_W,
b) die Ubersetzung im Achsantrieb i_A,
c) die Gesamtubersetzung i_{ges},
d) die Kurbelwellendrehzahl n,
e) das zugehorige Motordrehmoment M.

7.4 Lenkung

7.4.1 Übersetzungen bei der Lenkung

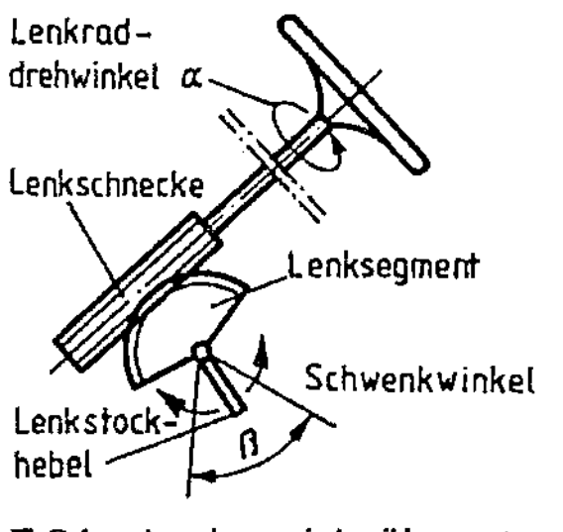

7.34 Lenkgetriebeübersetzung

Der Drehwinkel am Lenkrad und die für den Lenkausschlag erforderliche Kraft werden durch Lenkgetriebe und Hebel übersetzt. Große Drehungen des Lenkrads (mit leichtem Krafteinsatz) ergeben kleine Schwenkungen des Rades (bei großer Kraftwirkung).

Lenkgetriebeübersetzung. Die Drehbewegung des Lenkrads wird in einen Hebelausschlag des Lenkstockhebels umgesetzt. Diesen Hebelausschlag bezeichnet man als Schwenkwinkel des Lenkstockhebels (7.34).

$$\text{Lenkgetriebeübersetzung } i = \frac{\text{Drehwinkel des Lenkrads}}{\text{Schwenkwinkel des Lenkstockhebels}} \qquad i = \frac{\alpha}{\beta}$$

Gesamtübersetzung der Lenkung. Zur Unterscheidung bezeichnet man die Lenkgetriebeübersetzung mit i_1 und die Hebelübersetzung im Lenkgestänge mit i_2. Das Produkt $i_1 \cdot i_2$ ergibt die Gesamtübersetzung i_{ges}. Sie wird auch durch ein Winkelverhältnis gebildet.

$$i_{ges} = i_1 \cdot i_2$$

$$\text{Gesamtübersetzung } i_{ges} = \frac{\text{Drehwinkel des Lenkrads}}{\text{Schwenkwinkel eines Vorderrads}} \qquad i_{ges} = \frac{\alpha}{\delta}$$

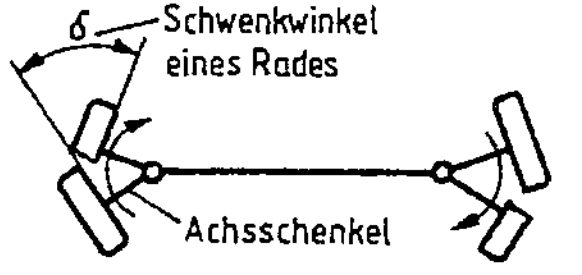

7.35 Schwenkwinkel eines Rades

Den Schwenkwinkel eines Vorderrads kann man dadurch feststellen, daß das Lenkrad von der Geradeausfahrtstellung aus nach einer Seite bis zum Anschlag gedreht wird (7.35). Die meßbaren Winkel der eingeschlagenen Vorderräder ergeben zusammen den Schwenkwinkel eines Vorderrads.

$$\text{Gesamtschwenkwinkel eines Vorderrads } \delta = \alpha_R + \beta_R$$

Einschlag links: $\delta = \alpha_{1.R} + \beta_{1.R}$ rechts: $\delta = \alpha_{2.R} + \beta_{2.R}$

Übersetzung für jedes Vorderrad bei Kurvenfahrten.
Die Lenkübersetzung eines Vorderrads ist das Verhältnis des Lenkraddrehwinkels zum Schwenkwinkel eines Rades.

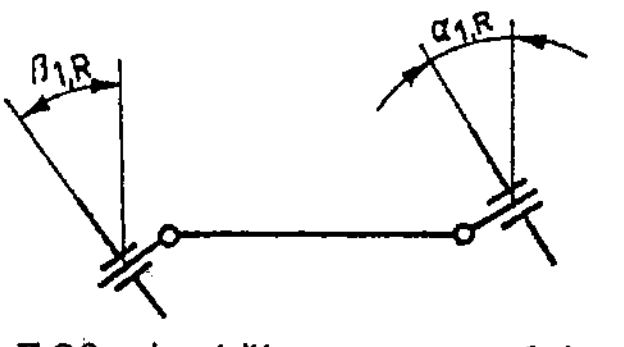

7.36 Lenkübersetzung auf die Vorderräder

$$i_a = \frac{\alpha}{\alpha_R}$$

i_a für das kurvenäußere Rad

i_i für das kurveninnere Rad

$$i_i = \frac{\alpha}{\beta_R}$$

7.4.2 Radwege bei Kurvenfahrten

Die Radwege der verschieden stark eingeschlagenen Vorderräder bei Kurvenfahrten können als Bogenlängen berechnet werden (7.37).

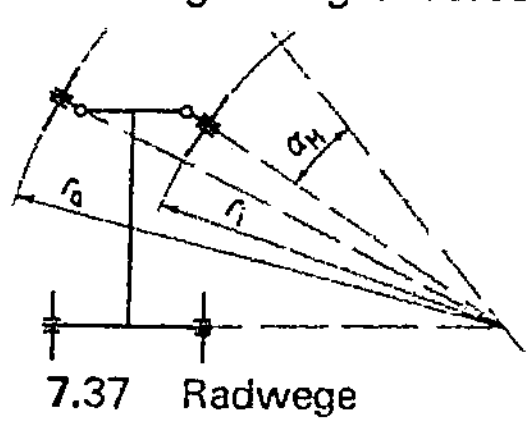

7.37 Radwege

Berechnung der Bogenlänge: $b = \dfrac{d \cdot \pi \cdot \alpha}{360°} = \dfrac{2 \cdot r \cdot \pi \cdot \alpha}{360°}$

Daraus ergeben sich für die Radwege folgende Formeln:

$$b_a = \frac{r_a \cdot \pi \cdot \alpha_M}{180°} \qquad b_i = \frac{r_i \cdot \pi \cdot \alpha_M}{180°} \qquad \text{Einheit: m}$$

b_a bedeutet: Radweg des kurvenäußeren Rades.
b_i bedeutet: Radweg des kurveninneren Rades.

Grundformeln		Formelzeichen	Einheiten	
		Bedeutung	SI	weitere ges.
Lenkgetriebe Gesamtübersetzung $i = \dfrac{\alpha}{\beta}$ $i_{ges} = i_1 \cdot i_2$ $i_{ges} = \dfrac{\alpha}{\delta}$		i — Übersetzung i_1, i_2 — Einzelübersetzungen i_{ges} — Gesamtübersetzung α — Drehwinkel am Lenkrad β — Schwenkwinkel (Lenkstockhebel) δ — Gesamtschwenkwinkel (Vorderrad)	— — — — — —	— — — °(Grad) °(Grad) °(Grad)
Gesamtschwenkwinkel eines Vorderrads $\delta = \alpha_R + \beta_R$				
Lenkübersetzung bei Kurvenfahrten $i_a = \dfrac{\alpha}{\alpha_R}$ $i_i = \dfrac{\alpha}{\beta_R}$		Formelzeichen für das kurven-äußere und -innere Vorderrad		
Radwege bei Kurvenfahrten $b_a = \dfrac{r_a \cdot \pi \cdot \alpha_M}{180°}$ $b_i = \dfrac{r_i \cdot \pi \cdot \alpha_M}{180°}$		i_a, i_i — Übersetzungen $\alpha_R\ \beta_R$ — Schwenkwinkel r_a, r_i — Radien b_a, b_i — Radwege (Bogenlängen) α_M — Mittelpunktswinkel	— — m m —	°(Grad) mm mm °(Grad)

Aufgaben

1. Ein Drehwinkel von 552° beim Lenkrad bewirkt beim Lenkstockhebel einen Schwenkwinkel von $\beta = 30°$. Bestimmen Sie die Übersetzung.

2. Das Vorderrad ist 50° eingeschlagen. Der erforderliche Drehwinkel am Lenkrad beträgt 675° Bestimmen Sie die Übersetzung.

3. Bei $2^1/_2$ Lenkradumdrehungen wird das kurvenäußere Vorderrad um $\delta = 50°$ eingeschlagen. Wie groß ist die Übersetzung i_a?

4. Bei einem Pkw beträgt die Übersetzung des Lenkgetriebes 15,2. Als weitere Einzelübersetzung ist $i_2 = 1,16$ bekannt. Bestimmen Sie die Gesamtübersetzung i_{ges}.

5. Die Lenkradumdrehungen von Anschlag zu Anschlag sind mit 4,4 angegeben. Wie groß ist der Gesamtschwenkwinkel eines Vorderrads bei der Gesamtübersetzung $i_{ges} = 20,8$.

6. Aus der Betriebsanleitung eines Pkw sind folgende Angaben zu entnehmen: Gesamtübersetzung der Lenkung 17,6 : 1, größter Radeinschlag: Innenrad 45°, Außenrad 33°.
a) Wie groß ist der Schwenkwinkel eines Vorderrads?
b) Wieviel Lenkradumdrehungen sind für den größten Radeinschlag erforderlich?

7. Bei einer Kurvenfahrt fährt das kurveninnere Vorderrad auf einem Kreisbogen mit dem Radius $r_i = 3,325$ m. Der zugehörige Mittelpunktswinkel beträgt $\alpha_M = 80°$. Die Spurweite ist mit 137,5 cm angegeben. Bestimmen Sie für beide Vorderräder die zurückgelegten Radwege in der Kurve.

8. Die Gesamtübersetzung einer Lenkung ist mit 19,15 angegeben. Wieviel Lenkradumdrehungen sind beim Gesamtschwenkwinkel eines Vorderrads $\delta = 73,3°$ erforderlich?

9. Bei einer Gesamtübersetzung von $i_{ges} = 22$ ist als Hebelübersetzung im Lenkgestänge $i_2 = 1,1$ angegeben. Berechnen Sie die Lenkgetriebeübersetzung i_1.

10. Berechnen Sie den Gesamtschwenkwinkel eines Vorderrads, wenn $3^1/_2$ Lenkradumdrehungen erforderlich sind. Die Gesamtübersetzung beträgt 21.

11. Ein Lenkgetriebe übersetzt mit 19,45. Berechnen Sie den Schwenkwinkel des Lenkstockhebels bei 3,6 Lenkradumdrehungen.

12. Bei einer Kurvenfahrt ist das kurveninnere Vorderrad 42° eingeschlagen. Die Lenkübersetzung beträgt dabei 16,2. Bestimmen Sie den Drehwinkel des Lenkrads.

13. Auf dem Spurkreis mit $r_a = 4,5$ m legt das kurvenäußere Vorderrad einen Weg von $b_a = 10,2$ m zurück. Die Spurweite beträgt 130 cm. Berechnen Sie
a) den Mittelpunktswinkel α_M in °,
b) den Radweg b_i in m (kurveninneres Rad).

14. Bei einem Lenkrad mit 340 mm Durchmesser wird ein Totgang von 13,5° festgestellt. Die Gesamtübersetzung beträgt 22,2.
a) Berechnen Sie den Totgang als Bogenlänge auf dem Lenkradumfang in mm.
b) Um welchen Winkel kann ein Vorderrad bei Geradeausfahrt pendeln?
c) Entspricht die Größe des Totgangs den üblichen Sollwerten?

8 Fahrzeugantriebskraft

8.1 Antriebskraft und Antriebsdrehmoment

Wirkungsweise der Antriebskraft F_A (8.1 bis 8.3)

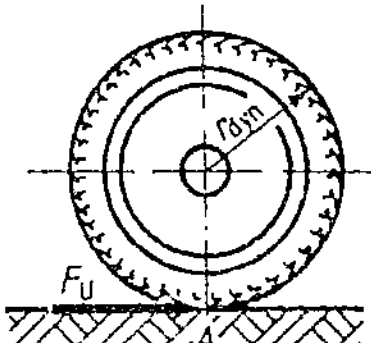

8.1 statisch

Die Radumfangskraft F_U greift im Radaufstandspunkt A an. Es entsteht das Moment $M = F_U \cdot r_{dyn}$. M entspricht dem Antriebsdrehmoment M_A, das vom Ausgleichgetriebe abgegeben wird.

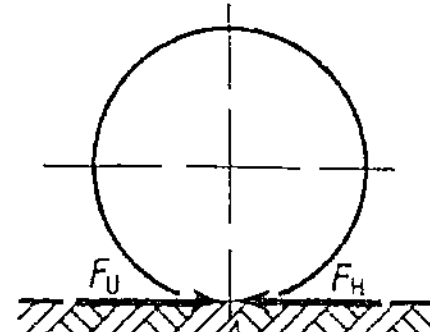

8.2 statisch

Die Kraft F_U greift im Punkt A auch die Fahrbahn an. Dadurch entsteht eine gleichgroße, entgegengerichtete Haftreibungskraft. $F_U = F_H$. Beim Durchrutschen der Räder ist $F_U > F_H$.

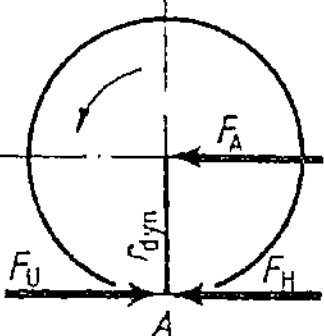

8.3 dynamisch

Die Kraft F_U bildet immer ein Kräftepaar mit der gleichgroßen, parallelen, aber entgegengerichteten Antriebskraft F_A, die auf den Radmittelpunkt gerichtet ist. Durch F_A wird das Rad gedreht.

Die Antriebskraft F_A ergibt sich aus der nach F_A umgestellten Drehmomentformel.

$$F_A = \frac{M_A}{r_{dyn}}$$

Einheit: N

Wird bei einer Rechnung das Motordrehmoment M_1 eingesetzt, ergibt sich für die Antriebskraft F_A die Formel

$$F_A = \frac{M_1 \cdot i_{ges} \cdot \eta_{Tr}}{r_{dyn}}$$

Grundformeln	Formelzeichen	Bedeutung	Einheiten SI	weitere ges.
Antriebskraft $$F_A = \frac{M_A}{r_{dyn}}$$ $$F_A = \frac{M_1 \cdot i_{ges} \cdot \eta_{Tr}}{r_{dyn}}$$	F_A	Antriebskraft	N	kN
	M_A	Antriebsdrehmoment	Nm	—
	M_1	Eingangsdrehmoment (Motordrehmoment)	Nm	—
	r_{dyn}	dynamischer Halbmesser	m	mm
	i_{ges}	Gesamtübersetzung	—	—
	η_{Tr}	Triebwerkswirkungsgrad	—	—

Beispiel Berechnen Sie bei einem Pkw die Antriebskraft F_A im III. Gang bei einem Motordrehmoment $M_1 = 104$ Nm. Der dynamische Halbmesser des Reifens beträgt $r_{dyn} = 301$ mm, der Gesamtwirkungsgrad der Getriebe $\eta_{Tr} = 0{,}89$. Übersetzungen: $i_{III} = 1{,}32$, $i_A = 4{,}23$.

Ges. F_A in N

Geg. $M_1 = 104$ Nm, $r_{dyn} = 301$ mm, $i_{III} = 1{,}32$, $i_A = 4{,}23$, $\eta_{Tr} = 0{,}89$

Lös. $F_A = \dfrac{M_1 \cdot i_{ges} \cdot \eta_{Tr}}{r_{dyn}} = \dfrac{104\,\text{Nm} \cdot 1{,}32 \cdot 4{,}29 \cdot 0{,}89}{0{,}301\,\text{m}} = 1717\,\text{N}$

Aufgaben

1. Bei einem Pkw wird das Antriebsdrehmoment $M_A = 487$ Nm ermittelt. Berechnen Sie die Antriebskraft in N, wenn das Fahrzeug mit 195/70 VR 14 bereift ist.

2. Bei einem Antriebsdrehmoment von $M_A = 406{,}9$ Nm wird eine Antriebskraft $F_A = 1448$ N festgestellt. Wie groß ist der dynamische Halbmesser r_{dyn} in mm?

3. Für einen Pkw ist die Reifengröße 187/70 R 13 84 S vorgeschrieben. Berechnen Sie das Antriebsdrehmoment M_A in Nm bei einer Antriebskraft $F_A = 2378$ N.

4. Berechnen Sie F_A in N mit den Daten:

P_{eff}	n	i_{III}	i_A	η_W	η_A
55 kW	5800 1/min	1,429	4,176	0,935	0,98

Reifengröße 185/60 R 14 82 H

5. Bestimmen Sie für einen Pkw die Antriebskraft F_A in N. Folgende Angaben sind bekannt: Antriebsdrehmoment $M_A = 435$ Nm, dynamischer Halbmesser $r_{dyn} = 281$ mm.

6. Bei einem Pkw werden die Antriebsräder durch die Antriebskraft $F_A = 2850$ N angetrieben. Bestimmen Sie das Antriebsdrehmoment M_A in Nm, wenn der dynamische Halbmesser $r_{dyn} = 291$ mm gegeben ist.

7. Berechnen Sie das Drehmoment der Antriebsräder, wenn die Antriebskraft mit $F_A = 1,89$ kN und der dynamische Halbmesser mit $r_{dyn} = 0,304$ m gegeben sind.

8. Das Antriebsdrehmoment bei den Rädern eines Pkw ist mit 1250 Nm berechnet worden. Wie groß ist der dynamische Halbmesser (gemessen in mm), wenn $F_A = 4180,6$ Nm eingesetzt wurde?

9. Ein Pkw-Motor erreicht ein Drehmoment von $M_1 = 233$ Nm bei $r_{dyn} = 309$ mm. Als Übersetzung sind $i_W = 1$ und $i_A = 3,54$ gegeben. Die Wirkungsgrade sind mit $\eta_W = 0,88$ und $\eta_A = 0,97$ einzusetzen. Berechnen Sie
a) die Gesamtübersetzung i_{ges},
b) den Gesamtwirkungsgrad im Triebwerk η_{Tr},
c) das Antriebsdrehmoment M_A in Nm,
d) die Antriebskraft F_A in N.

10. Berechnen Sie bei einem Pkw für die Antriebsräder die Antriebsdrehmomente und die Antriebskräfte für den I. und IV. Gang mit folgenden Angaben:

M_1	n_1	η_W	η_A	z_1	z_2	z_7	z_8	z_{11}	z_{12}
114 Nm	3800 1/min	0,88	0,96	12	38	33	32	18	72

Reifen 165/70 SR 13

11. Berechnen Sie die fehlenden Größen.

	a)	b)	c)	d)	e)	f)	g)	h)
Antriebskraft F_A in N	?	841,77	?	3834	?	?	1184,3	1441,78
Motordrehmoment M_1 in Nm	115	?	?	?	171	165	?	?
Antriebsdrehmoment M_A in Nm	?	?	1066	1184,7	?	?	293,7	?
dyn. Halbmesser r_{dyn} in m	0,291	0,268	0,287	?	0,295	0,295	?	0,268
i_W im Wechselgetriebe		1,43	2,12	1,43	0,96		0,97	?
i_A im Ausgleichgetriebe		4,11	?	3,54	3,64		?	3,9
i_{ges} (Gesamtübersetzung)	5,54	?	7,844	?	?	3,8	3,783	3,783
η_W (Getriebewirkungsgrad)			?	0,94			?	0,9
η_A (im Ausgleichgetriebe)			0,97	0,965			0,92	?
η_{Tr} (Triebwerkswirkungsgrad)	0,86	0,89	0,906	?	0,89	0,88	0,8	0,873

12. Zum Getriebeschema 8.4 sind folgende technische Daten gegeben: $P_{eff} = 81$ kW bei $n = 6100$ 1/min, $M = 140$ Nm bei $n = 5000$ 1/min, Reifengröße 175/70 R 13 80 H,

z_1	z_2	z_3	z_4	z_5	z_6	z_7	z_8	z_9	z_R	z_{10}	z_{11}	z_{12}	η	η_A
11	38	18	35	28	36	32	31	12	22	38	20	74	0,89	0,97

a) Bestimmen Sie η_{Tr}, i_A und für alle Gänge die Übersetzungen im Wechselgetriebe.
b) Berechnen Sie für den III. und IV. Gang die Antriebskräfte in N, wenn der Motor seine Höchstleistung erreicht.
c) Wie groß sind beim größten Motordrehmoment im I. und II. Gang die Antriebskräfte?
d) Vergleichen Sie den Vorderradantrieb 8.4 mit den Prinzipskizzen 7.28 bis 7.30 auf S. 81 und stellen Sie die Unterschiede fest.

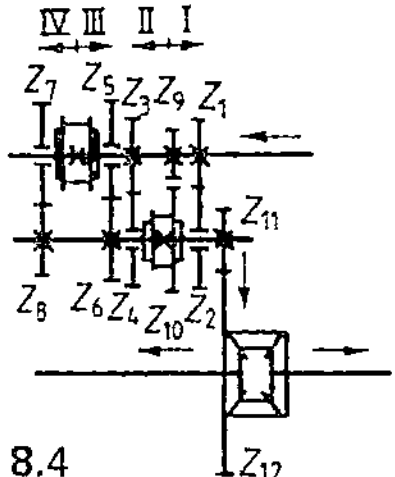

13. Bei einem Pkw wirkt auf die Antriebsräder ein Drehmoment $M_A = 1943,6$ Nm. Die Reifen haben einen dynamischen Halbmesser von 295 mm. Ferner sind gegeben: $i_W = 3,65$, $i_A = 3,45$, $\eta_W = 0,89$, $\eta_A = 0,98$. Berechnen Sie folgende Größen:
a) Gesamtübersetzung i_{ges},
b) Gesamtwirkungsgrad im Triebwerk η_{Tr},
c) Motordrehmoment M_1 in Nm,
d) Antriebskraft F_A in N.

14. Die Räder eines Pkw werden im III. Gang durch $F_A = 3018$ N angetrieben. Außerdem sind folgende Daten bekannt: $i_{III,ges} = 5,832$, $\eta_W = 0,88$, $\eta_A = 0,98$, Reifen 205/60 HR 13, $n_1 = 4100$ 1/min. Bestimmen Sie folgende Größen:

a)	b)	c)	d)	d)	f)
η_{Tr}	M_A	M_1	n_A	v	P_{eff}

8.2 Fahrwiderstand

8.2.1 Rollwiderstand

Die Skizze 8.5 deutet die Verformung einer weichen Unterlage durch die Gewichtskraft eines Rollkörpers schematisch an. Mit Bezug auf den Drehpunkt D sind zwei Momente wirksam:

Für den Gleichgewichtsfall gilt: $\qquad F_R \cdot r = G \cdot f$

Für den Rollwiderstand gilt dann: $\qquad F_R = G \cdot \dfrac{f}{r}$

$\dfrac{f}{r}$ wird oft durch μ_R ersetzt: $\qquad \dfrac{f}{r} \triangleq \mu_R$

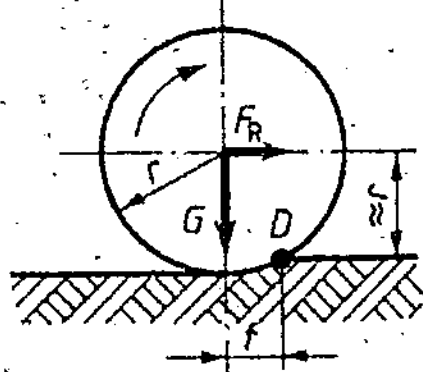

8.5 Rollwiderstand

> Rollwiderstand F_R = Produkt aus Gewichtskraft G und Rollwiderstandsbeiwert μ_R.
>
> $$F_R = G \cdot \mu_R \quad \text{oder} \quad F_R = m \cdot g \cdot \mu_R \qquad \text{Einheit: N}$$

Der Rollwiderstand ist abhängig von

- Formveränderungen des Reifens beim Fahren (Reifenwalken, zu niedriger Luftdruck),
- der allgemeinen Beschaffenheit der Fahrbahn,
- der Saugwirkung der Reifen (Profilhöhe),
- der Reibung in den Radlagern,
- der Größe des dynamischen Halbmessers,
- der Fahrgeschwindigkeit.

Tabelle 8.6 Rollwiderstandsbeiwerte μ_R für Luftreifen

Beton, Asphalt	0,01 bis 0,015
Schotter (gewalzt)	0,016 bis 0,025
Steinpflaster	0,03 bis 0,035
Erdweg (fest)	0,04 bis 0,06
Sandweg (lose)	0,2 bis 0,3

8.2.2 Luftwiderstand

> Luftwiderstand $\qquad F_L = \dfrac{\varrho}{2} \cdot c_W \cdot A \cdot v^2$
>
> Einheitengleichung $\qquad N = \dfrac{kg \cdot \cancel{m^2} \cdot m \cdot \cancel{m}}{\cancel{m^3} \cdot s \cdot s}$
>
> ϱ = Luftdichte (Mittelwert) in kg/m³
> c_W = Luftwiderstandsbeiwert (ohne Einheit)
> A = Fahrzeugquerschnittsfläche in m²
> v = Fahrgeschwindigkeit in m/s

Von der Formel her ergeben sich folgende Erklärungen:

Die Formel entspricht einer einfachen Druckformel, umgestellt nach $\qquad F = p \cdot A$

Bei stromlinienförmigen Körpern entsteht der Staudruck $\qquad p = 0{,}5\,\varrho \cdot v^2$

Die Windschlüpfrigkeit der Fahrzeugform wird durch den Luftwiderstandsbeiwert c_W ausgedrückt. Der c_W-Wert wird als reiner Zahlenwert eingesetzt.

Die Fahrzeugbreite b und die Fahrzeughöhe h mißt man in m. In der Formel für die Fahrzeugquerschnittsfläche A steht zusätzlich der Korrekturfaktor 0,8.

> $$A \approx 0{,}8 \cdot b \cdot h$$

v^2 bedeutet: Wird die Geschwindigkeit verdoppelt, wächst der Luftwiderstand um das Vierfache. Bei genauer Berechnung des Luftwiderstands muß die Windgeschwindigkeit berücksichtigt werden. Bei Gegenwind wird sie zur Fahrgeschwindigkeit hinzuaddiert, bei Rückenwind subtrahiert.

Formelvereinfachung durch Umrechnungsfaktor

Für die Luftdichte wird der Durchschnittswert $\varrho = 1{,}226$ kg/m³ eingesetzt. Daraus ergibt sich:

$$\frac{\varrho}{2} = \frac{1{,}226}{2}\,\frac{kg}{m^3} = 0{,}613\,\frac{kg}{m^3}$$

Da in der Regel die Fahrgeschwindigkeit v in km/h eingesetzt wird, dividieren wir den Zahlenwert 0,613 durch 3,6² (wegen v^2).

$$\frac{0{,}613}{3{,}6 \cdot 3{,}6}\,\frac{kg}{m^3} = 0{,}0473\,\frac{kg}{m^3}$$

> $$F_L = 0{,}0473 \cdot c_W \cdot A \cdot v^2 \qquad \text{Einheit: N}$$

Tabelle 8.7 Luftwiderstandsbeiwerte c_W

Lkw	0,7 bis 1,0	Pkw	0,3 bis 0,5
Motorrad und Omnibus	0,6 bis 0,7	Sonderfahrzeug (Stromlinienform)	0,15

Grundformeln	Formelzeichen		Einheiten	
		Bedeutung	SI	weitere ges.
Rollwiderstand	F_R	Rollwiderstand	N	daN, kN
	G	Gewichtskraft	N	daN, kN
$F_R = G \cdot \mu_R$ $F_R = m \cdot g \cdot \mu_R$	μ_R	Rollwiderstandsbeiwert	—	—
Fahrzeugquerschnitt	m	Masse, Gewicht	kg	g, t
	g	Fallbeschleunigung	m/s²	—
$A = 0{,}8 \cdot b \cdot h$	A	Fahrzeugquerschnittsfläche	m²	cm²
	c_W	Luftwiderstandsbeiwert	—	—
Luftwiderstand	v	Fahrgeschwindigkeit	m/s	km/h
	b, h	Fahrzeugbreite, -höhe	m	cm, mm
$F_L = 0{,}0473 \cdot c_W \cdot A \cdot v^2$			Fettdruck = bevorzugte Einheit	

Beispiel Von einem Sportwagen sind folgende Daten bekannt: Fahrzeuggewicht mit 2 Personen 1310 kg, Rollwiderstandsbeiwert 0,012, Luftwiderstandsbeiwert 0,39, Fahrzeugbreite 1674 mm, Fahrzeughöhe 1320 mm.

Ges.   a) F_R in N bei $g = 9{,}81$ m/s², b) F_L in N bei $v = 190$ km/h

Geg. $m = 1310$ kg, $g = 9{,}81$ m/s², $\mu_R = 0{,}012$, $c_W = 0{,}39$, $v = 190$ km/h
      $b = 1674$ mm $= 1{,}674$ m, $h = 1320$ mm $= 1{,}320$ m

Lös.   a) $F_R = m \cdot g \cdot \mu_R = 1310$ kg $\cdot\ 9{,}81$ m/s² $\cdot\ 0{,}012 = \mathbf{154{,}2\ N}$
     b) $F_L = 0{,}0473 \cdot c_W \cdot A \cdot v^2$
        $A = 0{,}8 \cdot b \cdot h = 0{,}8 \cdot 1{,}674 \cdot 1{,}32$ m² $= 1{,}77$ m²
        $F_L = 0{,}0473 \cdot 0{,}39 \cdot 1{,}77 \cdot 190^2$ N $= \mathbf{1177{,}2\ N}$

Aufgaben

1. Auf einer gewalzten Schotterstraße mit einem $\mu_R = 0{,}02$ fährt ein Pkw mit einem Gesamtgewicht von $m = 1203$ kg. Berechnen Sie den Rollwiderstand F_R in N.

2. Von einem Pkw mit einer max. Breite $b = 1630$ mm und einer Höhe $h = 1410$ mm soll der Luftwiderstand F_L in N bei einer Geschwindigkeit von 120 km/h bestimmt werden. Der Luftwiderstandsbeiwert beträgt $c_W = 0{,}38$.

3. Bei einem Pkw mit 900 kg Leergewicht wird eine Nutzlast von 380 kg zugeladen. Bestimmen Sie den Rollwiderstand F_R in N bei einem Rollwiderstandsbeiwert von $\mu_R = 0{,}015$.

4. Bei einem Pkw mit einer Querschnittsfläche von $A = 2$ m² wird ein Luftwiderstand von $c_W = 0{,}38$ festgestellt. Bestimmen Sie den Luftwiderstand F_L in N bei einer Fahrgeschwindigkeit von 100 km/h.

5. Ein Fahrzeug ist 1640 mm breit und 1620 mm hoch. Der c_W-Wert beträgt 0,42. Als Luftwiderstand soll $F_L = 518$ N eingesetzt werden. Bestimmen Sie die Fahrgeschwindigkeit in km/h.

6. Von einem Pkw mit vorgeschriebenem Leergewicht von $m_1 = 910$ kg wird ein Rollwiderstand von $F_R = 637{,}65$ N berechnet ($\mu = 0{,}05$). Bestimmen Sie die Zuladung m_2 in kg.

7. Auf einer gewalzten Schotterstraße muß ein Fahrzeug einen Rollwiderstand von $F_R = 288$ N überwinden. Das Gesamtgewicht ist auf 1468 kg gerundet. Bestimmen Sie den Rollwiderstandsbeiwert μ_R.

8. Bei einer Fahrgeschwindigkeit von $v = 70$ km/h und einer wirksamen Querschnittsfläche von $A = 3{,}17$ m² beträgt der Luftwiderstandsbeiwert $c_W = 0{,}45$. Bestimmen Sie den Luftwiderstand F_L in N.

9. Ein Omnibus muß bei einer Geschwindigkeit von 80 km/h einen Luftwiderstand von $F_L = 1135{,}2$ N überwinden. Der c_W-Wert beträgt 0,75. Berechnen Sie die Querschnittsfläche A in m².

10. Von einem Pkw sind bekannt: Breite 1800 mm, Höhe 1430 mm, $c_W = 0{,}41$.

v in km/h	10	20	30	40	50	60	70	80
F_L in N	?	?	?	?	?	?	?	?
v in km/h	90	100	120	140	160	180	200	
F_L in N	?	?	?	?	?	?	?	

a) Ergänzen Sie in der Wertetabelle zu jeder Geschwindigkeit den entsprechenden Luftwiderstand F_L in N.
b) Zeichnen Sie auf ein Blatt DIN A4 die Luftwiderstandskurve nach der Wertetabelle. Achseneinteilungen: waagerecht 10 mm $\triangleq$ 20 km/h, senkrecht 10 mm $\triangleq$ 100 N.
c) Beweisen Sie folgenden Satz durch Einzeichnen entsprechender Kennlinien in das Diagramm: Doppelte Geschwindigkeit ergibt den vierfachen Luftwiderstand.

8.2.3 Steigungswiderstand

Der Steigungswiderstand F_S ist eine Hangabtriebskraft, die das Fahrzeug abwärts schieben will. Bei Abwärtsfahrt werden Hangabtriebskraft und Antriebskraft addiert.

Das Steigungsmaß einer Straße wird in der Regel in Prozent ausgedrückt. 8 % Steigung bedeutet z. B.: Die Straße nimmt auf 100 m in der Waagerechten (l_W) um 8 m in der Höhe (h) zu.

Steigungen können ausgedrückt werden durch

— eine Winkelfunktion $\quad \tan\alpha = \dfrac{h}{l_W};\quad$ hier: $\tan 20° = 0{,}364$

— Verhältnisbildung $\quad\dfrac{h}{l_W};\quad$ hier: $\dfrac{12{,}74\,m}{35\,m} = 0{,}364$

— Prozentangabe; hier: $\dfrac{100\,\% \cdot 12{,}74\,m}{35\,m} = 36{,}4\,\%$

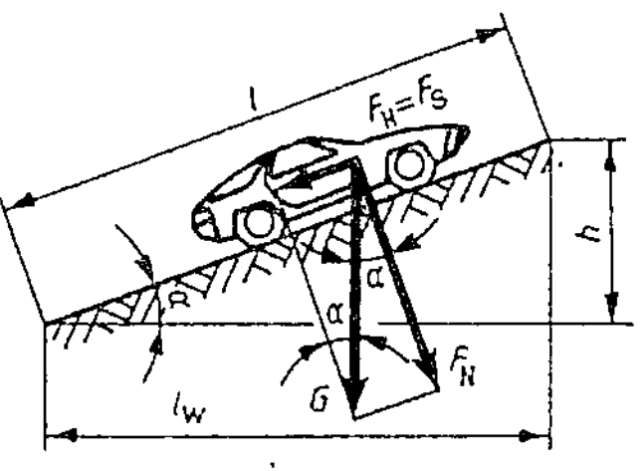

8.8 Steigung (Kräfteparallelogramm)

Zur nebenstehenden Rechnung:

$\alpha = 20°\qquad h = 12{,}74\,m$
$l_W = 35\,m\qquad l = 37{,}25\,m$

Für die theoretische Länge l_W setzt man in der Regel die wahre Steigungslänge l ein (8.8). Bei kleinen Winkeln ist $\tan\alpha \approx \sin\alpha$. Damit gelten folgende Gleichungen:

$\sin\alpha = \dfrac{F_S}{G} = \dfrac{h}{l}$. Durch Umstellungen nach F_S erhält man

$F_S = G \cdot \sin\alpha$

$$F_S = G \cdot \frac{h}{l}$$

Die Steigung kann durch den Quotienten h/l angegeben werden. In der Regel gibt man sie jedoch in % an. Dann wird in der Formel der Bezug auf 100 % zusätzlich eingesetzt.

$$F_S = G \cdot \frac{St}{100\,\%}$$

8.2.4 Äußerer Gesamtfahrwiderstand

Beim Vergleich zwischen Antriebskraft und Gesamtfahrwiderstand müssen wir zwischen inneren und äußeren Gegenkräften unterscheiden. Die inneren Widerstandskräfte werden durch den Gesamtwirkungsgrad des Triebwerks η_{Tr} berücksichtigt.

Die Summe der äußeren Einzelfahrwiderstände ergibt den äußeren Gesamtfahrwiderstand F_W.	$F_W = F_R + F_L + F_S$ Einheit: N

Wenn die Antriebskraft F_A gleich dem Gesamtfahrwiderstand F_W ist, behält das Fahrzeug die augenblickliche Geschwindigkeit bei. Erst bei einem Überschuß an Antriebskraft kann das Fahrzeug beschleunigt werden.

Grundformeln	Formelzeichen		Einheiten	
		Bedeutung	SI	weitere ges.
Steigungswiderstand $F_S = G \cdot \dfrac{h}{l}\qquad F_S = G \cdot \dfrac{St}{100\,\%}$ Äußerer Gesamtfahrwiderstand $F_W = F_R + F_L + F_S$	G h, l St $F_R, F_L,$ F_S F_W	Gewichtskraft Höhe, Länge Steigung in Prozent Roll-, Luft- und Steigungswiderstand Äußerer Gesamtfahr- widerstand	N m — N N	daN, kN — % daN, kN daN, kN Fettdruck = bevorzugte Einheit

Beispiel Von einem Pkw soll der Steigungswiderstand F_S in kN nach den angegebenen Daten ermittelt werden. Paßstraße mit einer Steigung von 11 %, zulässiges Gesamtgewicht 1355 kg,

Ges. F_S in kN $\qquad\qquad$ Geg. $St = 11\,\%,\quad m = 1355\,\mathrm{kg}$

Lös. $F_S = G \cdot \dfrac{St}{100\,\%} = m \cdot g \cdot \dfrac{St}{100\,\%} = 1355\,\mathrm{kg} \cdot 9{,}81\,\mathrm{m/s^2} \cdot 0{,}11 = \mathbf{1463{,}7\,N}$

Aufgaben

Hinweis   Setzen Sie fur die Fallbeschleunigung $g = 9,81$ m/s² ein.

1. Ein Kfz mit einem Gewicht von 1215 kg fährt auf einer Straße mit 9 % Steigung. Berechnen Sie den Steigungswiderstand in N.

2. Welchen Steigungswiderstand muß ein Fahrzeug mit 1500 kg Gesamtgewicht uberwinden, wenn die Straße auf einer Lange von 4,25 km in der Hohe um 340 m ansteigt?

3. Ein Pkw (1359 kg) fahrt auf einer Straße, die auf 100 m um 5 m ansteigt. Berechnen Sie den Steigungswiderstand F_S in N.

4. Ein Omnibus mit 28 Personen befahrt eine Paßstraße mit 11 % Steigung. Berechnen Sie F_S in N. Eigengewicht des Fahrzeugs $m_1 = 8500$ kg, Reisegepack $m_2 = 840$ kg, Gewicht je Person $m_3 = 75$ kg.

5. Ein Pkw mit einem fahrfertigen Leergewicht $m_1 = 875$ kg ist mit drei Personen besetzt. Das Durchschnittsgewicht je Person betragt 75 kg. Auf einer Steigung muß das Fahrzeug einen Widerstand von $F_S = 647,46$ N uberwinden. Berechnen Sie die Straßensteigung in %.

6. Bei einer Steigung von 12 % uberwindet ein Pkw einen Steigungswiderstand von 1412,7 N. Bestimmen Sie das Fahrzeuggewicht in kg.

7. Ein Pkw wiegt einschließlich Zuladung 1780 kg und muß bei einer Steigung den Steigungswiderstand von $F_S = 1047,7$ N uberwinden. Wie groß ist die Steigung in %?

8. Ein Pkw muß auf einer stark ansteigenden Straße durch Zuruckschalten in den III. Gang einen Steigungswiderstand von 1255,7 N uberwinden. Das Gesamtgewicht betragt 1,28 t. Berechnen Sie die Steigung in %.

9. Ein Pkw befährt mit zwei Personen verschiedene Paßstraßen (Leergewicht 840 kg, Zuladung 290 kg, je Person 75 kg). Berechnen Sie jeweils den Steigungswiderstand F_S in N.
a) Großglocknerstraße (12 %),
b) Brenner (13 %),
c) Katschberg (15 %),
d) Turracher Hohe (30 %).

11. Ein Pkw muß auf einer Straße mit 7 % Steigung einen Steigungswiderstand von $F_S = 665$ N uberwinden. Wieviel kg wiegt er?

12. Von einem Pkw sind bekannt: Breite $b = 1482$ mm, Hohe $h = 1440$ mm, $c_W = 0,35$, Luftdichte $\varrho = 1,29$ kg/m³. Berechnen Sie
a) nach der Naherungsformel $A = 0,8 \cdot b \cdot h$ die Querschnittsflache A in m²,
b) den Luftwiderstand F_L in N bei 200 km/h.

13. In einem Pkw mit einem Leergewicht von 1224 kg sitzen vier Personen (109 kg, 78 kg, 51 kg, 38 kg). Das Fahrzeug ist 1768 mm breit und 1390 mm hoch. Berechnen Sie
a) den Rollwiderstand F_R auf einer Asphaltstraße ($\mu_R = 0,015$),
b) den Luftwiderstand F_L bei $v = 108$ km/h ($c_W = 0,41$),
c) den Steigungswiderstand F_S (Steigung 5 %),
d) den Gesamtfahrwiderstand F_W.

14. In einem Test befahrt ein Pkw eine betonierte Strecke mit verschiedenen Steigungen. Berechnen Sie fur jeden Gang den Fahrwiderstand F_W in N.

	Steigung	Gang	Zusatzliche Angaben
a)	60 %	I.	$m = 1655$ kg, g mit genauem Wert einsetzen, $\mu_R = 0,015$, $F_L = 120$ N (angenommener Mittelwert)
b)	31 %	II.	
c)	17 %	III	
d)	10 %	IV	

15. Ein Omnibus ist mit 52 Personen besetzt und befahrt eine betonierte Paßstraße mit einer Geschwindigkeit von 20 km/h. Der Bus hat eine Querschnittsflache von 6,2 m². Das Leergewicht beträgt 8,2 t, das Gepäck 1825 kg und das Gewicht je Person 75 kg. Berechnen Sie
a) den Rollwiderstand mit $\mu_R = 0,015$,
b) den Luftwiderstand mit $c_W = 0,58$,
c) den Steigungswiderstand bei 18 % Steigung,
d) den Gesamtfahrwiderstand in kN.

10. Berechnen Sie die fehlenden Angaben in der Tabelle

	m in kg	G in N	μ_R	c_W	St	A in m²	v in m/s	Fahrwiderstände			
								F_R in N	F_L in N	F_S in N	F_W in N
a)	1800	?	0,015	0,4	9 %	1,97	44,44	?	?	?	?
b)	?	12851,1	0,035	?	?	2,2	25	?	421,4	1413,6	?
c)	38000	?	?	?	?	3,8	13,89	74556	404,4	?	127149,6
d)	?	?	0,04	0,7	?	?	11,67	?	245,3	38847,8	44725,7
e)	1100	?	0,012	0,35	0 %	1,8	?	?	?	?	725,6
f)	180	?	?	0,6	?	?	38,33	?	459,4	70,6	551,2

8.2.5 Fahrwiderstandsleistung und Fahrleistung

Ein Fahrzeug kann nur bewegt werden, wenn die Antriebskraft F_A an den Antriebsrädern mindestens gleich dem Fahrwiderstand F_W ist.

$$F_A = F_W \qquad F_A = F_R + F_L + F_S$$

Ist die Antriebskraft F_A größer als der Gesamtfahrwiderstand F_W, wirkt die überschüssige Antriebskraft als Beschleunigungskraft F_B. Dadurch wird das Fahrzeug beschleunigt.

$$F_A > F_W \qquad F_A = F_W + F_B$$

Beim Überwinden der Fahrwiderstände wird eine bestimmte Leistung erbracht. Diese Fahrwiderstandsleistung P_W entspricht der mechanischen Leistung $P = F \cdot v$.

Fahrwiderstandsleistung P_W = Gesamtfahrwiderstand mal Fahrgeschwindigkeit

Wird v in km/h eingesetzt, gilt: $\qquad P_W = \dfrac{F_W \cdot v}{3600} \qquad$ Einheit: kW

Fahrleistung P_a = Antriebskraft mal Fahrgeschwindigkeit.

$$P_A = \dfrac{F_A \cdot v}{3600} \qquad \text{Einheit: kW}$$

Antriebskraft

Durch Formelumstellen erhalten wir für die Antriebskraft:

$$F_A = \dfrac{P_A \cdot 3600}{v}$$

Die Fahrleistung P_A kann ersetzt werden.

$$\eta_{Tr} = \dfrac{P_A}{P_{eff}} \longrightarrow P_A = P_{eff} \cdot \eta_{Tr}$$

$$F_A = \dfrac{P_{eff} \cdot \eta_{Tr} \cdot 3600}{v}$$

Grundformeln	Formelzeichen		Einheiten	
		Bedeutung	SI	weitere ges.
Fahrwiderstandsleistung $$P_W = \dfrac{F_W \cdot v}{3600}$$	P_W	Fahrwiderstandsleistung	W	kW, Nm/s
	P_A	Fahrleistung	W	kW, Nm/s
Fahrleistung $$P_A = \dfrac{F_A \cdot v}{3600}$$	F_W	Gesamtfahrwiderstand	N	daN, kN
	F_A	Antriebskraft	N	daN, kN
	v	Fahrgeschwindigkeit	m/s	km/h
Antriebskraft $$F_A = \dfrac{P_A \cdot 3600}{v} \qquad F_A = \dfrac{P_{eff} \cdot \eta_{Tr} \cdot 3600}{v}$$	P_{eff}	Nutzleistung	W	kW
	η_{Tr}	Gesamtwirkungsgrad des Triebwerks		
				Fettdruck = bevorzugte Einheit

Beispiel Ein Pkw muß einen Gesamtfahrwiderstand von 1650 N überwinden. Wie groß ist die Fahrwiderstandsleistung bei einer Geschwindigkeit von 112 km/h?

Ges. P_W in kW

Geg. $F_W = 1650\,\text{N}, \; v = 112\,\text{km/h}$

Lös. $P_W = \dfrac{F_W \cdot v}{3600} = \dfrac{1650 \cdot 112}{3600}\,\text{kW} = \mathbf{51{,}3\,kW}$

Aufgaben

1. Ein Pkw der Mittelklasse erfahrt in der Ebene einen Fahrwiderstand $F_W = 1480$ N und bei der Bergfahrt von $F_W = 1720$ N. Bestimmen Sie beide Fahrwiderstandsleistungen bei der Geschwindigkeit von $v \doteq 110$ km/h.

2. Die Hochstgeschwindigkeit eines Pkw betragt $v = 188$ km/h, die Antriebsleistung $P_A = 84$ kW. Berechnen Sie
a) die Antriebskraft F_A in N,
b) das Antriebsdrehmoment M_A in Nm bei der Bereifung 235/60 VR 13.

3. Bei der Geschwindigkeit von 158 km/h eines Pkw betragt das Antriebsdrehmoment 487 Nm (Bereifung 185/70 R 14). Bestimmen Sie
a) den dynamischen Halbmesser (s. S. 85),
b) die Antriebskraft F_A in Nm,
c) die Fahrleistung P_A in kW.

4. Berechnen Sie die Geschwindigkeit eines Fahrzeugs bei einer Autobahnfahrt und bestimmen Sie den dynamischen Halbmesser mit folgenden Angaben·
a) Antriebskraft 1950 N,
b) Antriebsdrehmoment 627,9 Nm,
c) Antriebsleistung 104 kW.

5. Auf die Antriebsrader wirkt das Drehmoment $M_A = 420$ Nm. Der Pkw erreicht eine Geschwindigkeit von $v = 132$ km/h. Die Bereifung ist mit 165 SR 14 angegeben.
a) Bestimmen Sie die Antriebskraft F_A in Nm.
b) Wie groß ist die Antriebsleistung P_A in kW?

6. Von einem Kleinwagen sind gegeben:

P_{eff}	n_1	i_{II}	i_A	η_W	η_A	Reifen
40,4 kW	5400 1/min	2,08	4,24	0,85	0,95	145/70 R 12

Berechnen Sie
a) die Antriebsleistung P_A in kW,
b) das Antriebsdrehmoment M_A in Nm,
c) die Antriebskraft F_A in N,
d) die Antriebsdrehzahl n_A in 1/min,
e) die Fahrgeschwindigkeit v in km/h.

7. Berechnen Sie die fehlenden Größen und beachten Sie dabei die Einheiten.

	a)	b)	c)	d)	e)	f)	g)	h)	i)
Fahrwiderstandsleistung P_W in kW	?	?	45	87	?	?	228	?	144,5
Fahrwiderstand F_W in N	1440	?	1620	?	2485	3800	?	3168	?
Fahrgeschwindigkeit v in km/h	80	120	?	157	?	?	233,8	?	85
Fahrleistung P_A in kW	?	?	87,5	?	48	?	252	66	150
Antriebskraft F_A in N	2610	2550	?	?	?	4091	?	?	?
Beschleunigungskraft F_B in N	?	700	?	?	215	?	?	0	?
Motorleistung P_{eff} in kW	?	90,4	?	100	55,8	112	?	75	160
Triebwerkswirkungsgrad η_{Tr}	0,92	?	0,849	0,87	?	0,892	0,951	?	?

8. Ein Lkw soll beladen eine Steigung mit einer Geschwindigkeit von $v = 64$ km/h befahren. Bestimmen Sie die Fahrleistung P_A und das Antriebsdrehmoment M_A mit folgenden Werten: $P_{eff} = 118$ kW, $\eta_{Tr} = 0,88$, $r_{dyn} = 489$ mm (Bereifung 9,00–20).

9. Ein Pkw-Motor bringt eine Leistung von 70 kW bei 4500 1/min. Der Getriebewirkungsgrad betragt 0,93, der Wirkungsgrad im Ausgleichgetriebe 0,95. Als Ubersetzung ist $i_{IV,ges} = 3,6$ angegeben, Bereifung 175/70 SR 13. Gesucht sind:
a) die Antriebsleistung P_A in kW,
b) der Triebwerkswirkungsgrad η_{Tr},
c) das Antriebsdrehmoment M_A in Nm,
d) die Antriebskraft F_A in N,
e) die Fahrgeschwindigkeit v in km/h,
f) die Antriebsdrehzahl n_A in 1/min.

10. Ein Pkw fahrt mit einer Geschwindigkeit von 97,6 km/h. Dabei leistet der Motor 70 kW bei einer Drehzahl von $n = 3800$ 1/min. Ferner sind gegeben: $i_{V,ges} = 3,67$, $\eta_W = 0,89$, $\eta_A = 94\%$, Bereifung 135 SR 12. Gesucht sind:

a)	b)	c)	d)	e)	f)
η_{Tr}	P_A	n_A	M_1	M_A	F_A

11. Zum Erreichen der Fahrgeschwindigkeit von 150 km/h im IV. Gang ist bei einem Pkw eine Antriebskraft von $F_A = 1370$ N erforderlich. Die Reifengroße ist mit 185 SR 14 angegeben. Die Gesamtubersetzung betragt $i_{V,ges} = 3,427$, die Achsubersetzung $i_A = 3,917$. Der Triebwerkswirkungsgrad wird durch $\eta_{Tr} = 0,854$ berucksichtigt. Berechnen Sie:

a)	b)	c)	d)	e)	f)	g)
P_A	M_A	n_A	$i_{IV,W}$	M_1	n_1	P_{eff}

12. Bestimmen Sie die Motorleistung in kW mit folgenden Daten: Antriebskraft 2830,5 N, Geschwindigkeit 125 km/h, Triebwerkswirkungsgrad 0,91.

9 Bremsanlage

9.1 Geschwindigkeitsänderung

Um die gleichförmige Geschwindigkeit eines Körpers ausrechnen zu können, brauchen wir zwei Größen: den zurückgelegten Weg und die dafür aufgewendete Zeit.

Geschwindigkeit ist der zurückgelegte Weg je Zeiteinheit.	$v = \dfrac{s}{t}$	Einheiten: m/s oder km/h

Umrechnungen $\quad 1\,\dfrac{m}{s} = 3{,}6\,\dfrac{km}{h} \qquad 1\,\dfrac{km}{h} = \dfrac{1}{3{,}6}\,\dfrac{m}{s}$

Beispiel Für eine Strecke von 210 km braucht ein Pkw 2,4 h. Berechnen Sie die durchschnittliche Geschwindigkeit.

Ges. v in km/h

Geg. $s = 210\,km$, $t = 2{,}4\,h$

Lös. $v = \dfrac{s}{t} = \dfrac{210}{2{,}4}\,\dfrac{km}{h} = 87{,}5\,km/h$

9.1.1 Ungleichförmige Geschwindigkeit

Bei der Beschleunigung und Verzögerung findet eine Geschwindigkeitsänderung statt. Um diese Beschleunigung oder Verzögerung ausrechnen zu können, sind zwei Größen nötig: die Geschwindigkeitsänderung $v_2 - v_1 = v$ und die dafür aufgewendete Zeit t.

Beschleunigung a ist die Geschwindigkeitszunahme, Verzögerung a die Geschwindigkeitsabnahme je Zeiteinheit.	$a = \dfrac{v}{t}$	Einheit: m/s²

Als Einheit für die Geschwindigkeitsänderung muß stets m/s, als Zeiteinheit immer s (Sekunde) eingesetzt werden.

Beispiel $v_2 - v_1 = v = 15\,m/s$ und $t = 3\,s$

$$\frac{\text{Geschwindigkeitsänderung } v}{\text{Zeit } t} \rightarrow \frac{15\,m/s}{3\,s} \rightarrow \frac{5\,m}{s \cdot s} \rightarrow 5\,\frac{m}{s^2} \rightarrow \text{Beschleunigung } a$$

Grundformeln	Formelzeichen		Einheiten	
		Bedeutung	SI	weitere ges.
Geschwindigkeit	v	Geschwindigkeit	**m/s**	km/h, m/min
$v = \dfrac{s}{t}$	v_2	größere Geschwindigkeit	**m/s**	km/h
	v_1	kleinere Geschwindigkeit	**m/s**	km/h
	s	zurückgelegter Weg	**m**	km
Geschwindigkeitsänderung	t	aufgewendete Zeit	**s**	h, min
$v_2 - v_1 = v$	a	Beschleunigung oder Verzögerung	**m/s²**	
Beschleunigung, Verzögerung				
$a = \dfrac{v}{t}$				Fettdruck = bevorzugte Einheit

Beispiele   Ein Pkw wird aus dem Stand in 10 s auf 72 km/h gebracht. Wie groß ist die Beschleunigung a?

Ges. a in m/s²

Geg. $t = 10$ s, $v = 72$ km/h

Lös. $v = 72$ km/h : 3,6 = 20 m/s

$$a = \frac{v}{t} = \frac{20\,\text{m}}{10\,\text{s} \cdot \text{s}} = 2\,\text{m/s}^2$$

Ein Pkw wird in 3,2 s aus 72 km/h bis zum Stillstand abgebremst. Wie groß ist die Verzögerung a?

Ges. a in m/s²

Geg. $t = 3,2$ s, $v = 72$ km/h

Lös. $v = 72$ km/h : 3,6 = 20 m/s

$$a = \frac{v}{t} = \frac{20\,\text{m}}{3,2\,\text{s} \cdot \text{s}} = 6,25\,\text{m/s}^2$$

Aufgaben

1. Bestimmen Sie die fehlenden Großen.

	a)	b)	c)	d)	e)	f)	g)	h)	i)	j)	k)	l)	m)	n)
v in km/h	?	125	81,5	25	75	55	12,5	?	173,7	34,5	80	81	40,5	70
s in km	276	25	?	2,25	?	225	?	150	?	?	492	?	?	182
t in h	2,4	?	2,13	?	1,25	?	3,5	1,25	24	3,24	?	2,5	0,26	?

2. Ein Sportflugzeug legt in 140 min eine Strecke von 420 km zuruck. Wie groß ist seine Durchschnittsgeschwindigkeit?

3. Bei einem Formel-2-Rennen werden fur eine Runde 5,22 min gestoppt. Die mittlere Geschwindigkeit wird mit 195 km/h berechnet. Wie lang ist der Kurs in m?

4. Bei einem Rennen fur Radamateure braucht der Gewinner fur die 208 km lange Strecke 6 h 24 min. Berechnen Sie seine Durchschnittsgeschwindigkeit.

5. Wieviel Minuten braucht ein Mofafahrer fur eine Strecke von 13,5 km? Die Durchschnittsgeschwindigkeit beträgt 18 km/h.

6. Bei einem Leichtathletikwettbewerb werden 10 000 m in der Bestzeit von 29,05 min gelaufen. Wie groß war die mittlere Geschwindigkeit in km/h?

7. Fur eine Bergrennstrecke von 6,3 km betragt die mittlere Geschwindigkeit 93 km/h. Wie groß ist die Fahrzeit in min und s (zwei Dezimalstellen)?

8. Ein Pkw erreicht nach etwa 10,2 s eine Geschwindigkeit von 100 km/h. Wie groß ist die Beschleunigung?

9. Eine 750er wird aus dem Stand in 5 s auf 110 km/h beschleunigt. Wie groß ist die Beschleunigung in m/s?

10. Ein Pkw wird in 4,5 s von 100 km/h bis zum Stillstand abgebremst. Wie groß war die Bremsverzogerung?

11. Ein Fallschirmspringer erreicht nach 12 s eine Geschwindigkeit von 247,5 km/h. Bestimmen Sie seine Fallbeschleunigung.

12. Ein Motorradfahrer fahrt mit einer Geschwindigkeit von 180 km/h und bremst mit einer Verzögerung von 5,4 m/s² bis zum Stillstand ab. Wie groß war die reine Bremszeit?

13. Welche Geschwindigkeit in m/s erreicht eine Jagdgewehrkugel in 0,0021 s, wenn die Beschleunigung 452 000 m/s² betragt?

14. Eine Rakete wird mit 18,9 m/s² beschleunigt. Welche Geschwindigkeiten werden in den Beschleunigungsphasen von 37 s, 50 s und 72 s erreicht?

15. Ein Pkw wird mit 1,9 m/s² beschleunigt. Wie groß ist die Geschwindigkeit nach 10 s, 11,5 s und 14 s?

16. Wieviel Sekunden braucht ein Kleinkraftrad bei einer Beschleunigung von 2,01 m/s², um von 0 auf 80 km/h zu kommen?

17. Wie groß ist die Beschleunigung des Sprinters, der nach 3,5 s eine Geschwindigkeit von 36 km/h erreicht hat?

18. Wie groß ist die Geschwindigkeit einer fallenden Stahlkugel nach 10,25 s in m/s und in km/h (bei $g = 9,81$ m/s²)? Die Reibung der Luft wird vernachlassigt.

19. Der Hammer einer Gesenkschmiede wird 1,9 s lang mit 12,6 m/s² beschleunigt. Bei welcher Geschwindigkeit schlägt der Hammer auf das Schmiedestuck?

20. Wieviel Sekunden wird ein Rennwagen mit 6,25 m/s² beschleunigt, um eine Geschwindigkeit von 225 km/h zu erreichen?

21. Berechnen Sie die Bremszeit beim Abbremsen eines Motorrads mit 5,9 m/s². Fur die Geschwindigkeit wurden 180,54 km/h berechnet.

22. Bestimmen Sie fur folgende Sportwagen die Beschleunigungen von 0 auf 100 km/h.

a)	b)	c)	d)	e)	f)
11,7 s	12,5 s	13,6 s	12,4 s	10,2 s	9,8 s
g)	h)	i)	j)	k)	l)
8,5 s	5,6 s	5,5 s	5,4 s	7,9 s	8,6 s

9.1.2 Der Weg *s* im *v*-*t*-Diagramm

Wird ein Fahrzeug aus einer beliebigen Geschwindigkeit abgebremst, legt es während des Bremsvorgangs einen bestimmten Weg zurück.

> Bremsweg *s* ist der Weg, der nach dem Ansprechen der Bremsen bis zur Beendigung des Bremsvorgangs zurückgelegt wird.   Einheit: m

In einem *v*-*t*-Diagramm wird der Weg *s* als Flächeninhalt *A* dargestellt: $A \triangleq s$ (9.1 bis 9.4).

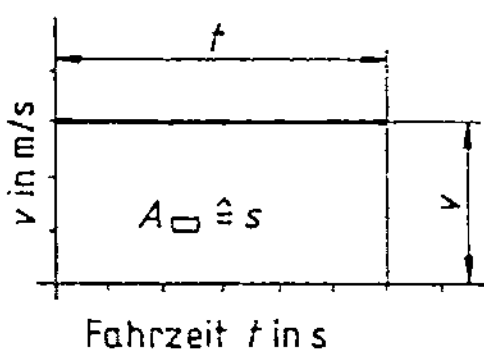

Fahrzeit *t* in s

9.1 Gleichmäßige Geschwindigkeit

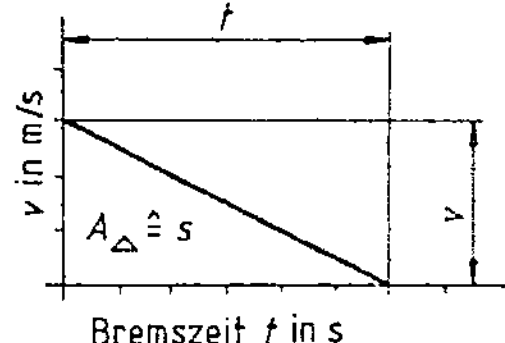

Bremszeit *t* in s

9.2 Gleichmäßige Beschleunigung

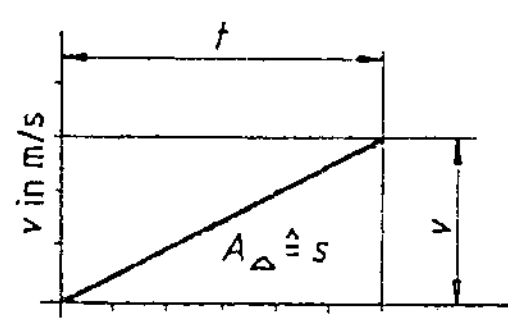

Beschleunigungszeit *t* in s

9.3 Gleichmäßige Verzögerung

Aus den Formeln für die Flächeninhalte (Rechteck, Dreiecke) ergeben sich gleichzeitig die Formeln für die zurückgelegten Wege.

Fahrweg	Beschleunigungsweg	Bremsweg
$s = v \cdot t$	$s = \dfrac{v \cdot t}{2}$	$s = \dfrac{v \cdot t}{2}$

Wird ein Fahrzeug nicht bis zum Stillstand abgebremst oder von einer Anfangsgeschwindigkeit auf eine höhere Geschwindigkeit beschleunigt, kann der zurückgelegte Weg ebenfalls im *v*-*t*-Diagramm dargestellt werden. Die Formel für den Weg *s* muß dann beide Geschwindigkeiten (v_1 und v_2) enthalten. Die Trapezformel zeigt die Möglichkeit, den Brems- und Beschleunigungsweg *s* zu berechnen.

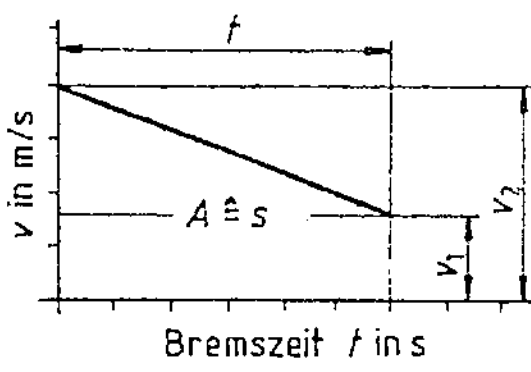

Bremszeit *t* in s

9.4 Geschwindigkeitsverminderung

1. *s* = Trapezfläche

$$s = \frac{v_2 + v_1}{2} \cdot t$$

2. *s* = Dreiecksfläche + Rechteckfläche

$$s = \frac{(v_2 - v_1) \cdot t}{2} + v_1 \cdot t$$

Beispiel   Ein Pkw wird aus einer Geschwindigkeit $v_1 = 10\,\text{m/s}$ in 14 s auf $v_2 = 36\,\text{m/s}$ beschleunigt (9.5). Wie groß ist der zurückgelegte Weg während der Beschleunigung?

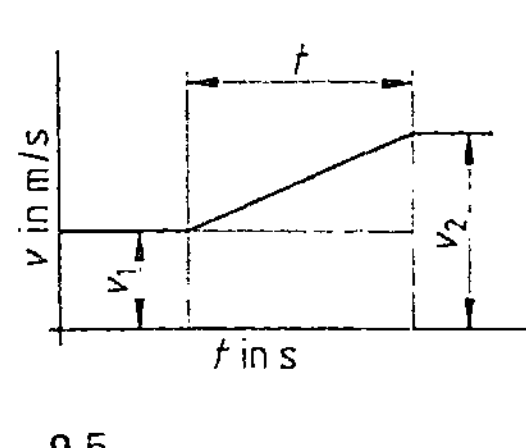

9.5

Ges.   *s* in m

Geg. $v_1 = 10\,\text{m/s}$, $v_2 = 36\,\text{m/s}$, $t = 14\,\text{s}$

1. Lös. $s = \dfrac{(v_2 - v_1) \cdot t}{2} + v_1 \cdot t$

$$s = \frac{(36\,\text{m/s} - 10\,\text{m/s}) \cdot 14\,\text{s}}{2} + 10\,\text{m/s} \cdot 14\,\text{s} = \mathbf{322\,m}$$

2. Lös. $s = \dfrac{v_2 + v_1}{2} \cdot t$ $s = \dfrac{36\,\text{m/s} + 10\,\text{m/s}}{2} \cdot 14\,\text{s} = \mathbf{322\,m}$

Aufgaben

Zeichnen Sie zu allen Aufgaben die Geschwindigkeitslinie im v-t-Diagramm als Prinzipskizze

1. Ein Lkw wird in 4 s aus der Geschwindigkeit von 86 km/h bis auf 0 abgebremst. Bestimmen Sie grafisch und rechnerisch den Bremsweg in m.

2. Wie groß ist der zurückgelegte Weg, wenn ein Pkw 8 s lang mit einer gleichbleibenden Geschwindigkeit von 108 km/h fährt?

3. Ein Kleinkraftrad beschleunigt in 13,5 s von 0 auf 80 km/h Berechnen Sie den Beschleunigungsweg.

4. Ein Bus wird in 13 s von 30 km/h auf 75 km/h beschleunigt. Wie lang ist der in dieser Zeit zurückgelegte Weg?

5. Aus einer Geschwindigkeit von 105 km/h kommt ein Wagen nach 62 m zum Stillstand. Bestimmen Sie die Bremszeit

6. Ein Lkw kommt nach einem Bremsweg von 70 m in 6,2 s zum Stehen. Wie groß war die Geschwindigkeit?

7. In welcher Zeit beschleunigt ein Motorrad von 36 km/h auf 108 km/h? Der Beschleunigungsweg beträgt 140 m

8. Ein Krad wird 9 s lang beschleunigt, so daß sich die Geschwindigkeit von 13 m/s auf 33 m/s erhöht. Bestimmen Sie den Beschleunigungsweg.

9. Ein Pkw fährt 110 km/h. Die Bremsanlage hat einen Defekt. Der Bremsweg bis zum Stillstand beträgt daher 145 m. Berechnen Sie die Bremszeit.

10. Ein Kleinkraftrad wird auf einer Strecke von 250 m beschleunigt. Dadurch erhöht sich die Geschwindigkeit von 25 km/h auf 85 km/h. Wie lange wird es beschleunigt?

11. Welchen Weg legt ein Pkw zurück, der in 5 s von 20 km/h auf 70 km/h beschleunigt wird?

12. Ein Motorrad fährt 20 km/h. Welche Geschwindigkeit erreicht es, wenn 5 s lang auf einer Strecke von 105 m beschleunigt wird?

13. Auf einer Strecke von 250 m beschleunigt ein Pkw aus einer Geschwindigkeit von 54 km/h Die Beschleunigung dauert 10 s. Wie groß ist die Endgeschwindigkeit?

14. In 10 s und nach 200 m erreicht ein Pkw eine Geschwindigkeit von 144 km/h. Berechnen Sie die Anfangsgeschwindigkeit.

15. Ein Bus fährt 100 km/h und wird in 3,6 s bis auf 20 km/h abgebremst. Bestimmen Sie den Bremsweg.

16. Ein Pkw muß bei einer Geschwindigkeit von 128 km/h plötzlich bis auf 30 km/h abgebremst werden. Berechnen Sie die Bremszeit bei einem Bremsweg von 88 m.

17. In einem Beschleunigungsversuch wird ein Pkw von 0 km/h auf 120 km/h gebracht. Dabei werden 220 m zurückgelegt. Bestimmen Sie die Beschleunigungszeit.

18. Ein leistungsstarkes Motorrad beschleunigt aus dem Stand auf eine Geschwindigkeit von 100 km/h in 5,4 s. Berechnen Sie die in dieser Zeit zurückgelegte Fahrstrecke.

19. Nach einem Unfall wird von einem Pkw eine Bremsspur von 43,5 m gemessen. Als reine Bremszeit werden 3,3 s angenommen. Welche Geschwindigkeit in km/h hatte das Fahrzeug bei Bremsbeginn?

20. Ermitteln Sie die reine Bremszeit, wenn bei Bremsbeginn die Fahrzeuggeschwindigkeit 50,4 km/h betrug. Der Bremsweg beträgt 17,5 m.

21. Ein Pkw fährt mit einer Geschwindigkeit von 144 km/h. Plötzlich muß stark gebremst werden. Nach einer Bremszeit von 2,4 s und 72 m Bremsweg kracht der Wagen auf das Hindernis. Mit welcher Geschwindigkeit erfolgt der Aufprall?

22. Der Fahrweg eines Pkw kann in verschiedene Abschnitte eingeteilt werden. Es kommen Durchschnittsgeschwindigkeiten, Beschleunigungen und Verzögerungen vor. Der zurückgelegte Gesamtweg (in m) soll rechnerisch und grafisch ermittelt werden. Die ganze Aufgabe wird in Teilaufgaben a) bis d) zerlegt. Maßstab: 5 mm $\triangleq$ 1 s (waagerechte Achse), 5 mm $\triangleq$ 1 m/s (senkrechte Achse).

a) Ein Pkw fährt mit einer Geschwindigkeit von 54 km/h. Nach 3 s wird das Auto beschleunigt und erreicht nach weiteren 4 s eine Geschwindigkeit von 90 km/h. Bestimmen Sie grafisch und rechnerisch den Weg in m.

b) Der Pkw behält 8 s lang eine Durchschnittsgeschwindigkeit von 90 km/h bei und wird dann in 2,5 s bis auf eine Geschwindigkeit von 36 km/h abgebremst. Berechnen und zeichnen Sie den Weg in m.

c) Das Auto fährt 2,5 s lang mit einer Durchschnittsgeschwindigkeit von 36 km/h. Dann wird es in 5 s auf 108 km/h beschleunigt. Danach wird das Auto sofort bis zum Stillstand in 4 s abgebremst. Ermitteln Sie zeichnerisch und rechnerisch den Weg in m

d) Zeichnen Sie die in den Aufgaben a, b und c ermittelten Fahrstrecken in einer zusammenhangenden Darstellung. Stellen Sie die verwendeten Formeln zu einer Gesamtformel zusammen und berechnen Sie den Gesamtweg in m.

9.1.3 Formelentwicklung

Aus den beiden Grundformeln $s = \dfrac{v \cdot t}{2}$ und $a = \dfrac{v}{t}$ können zahlreiche Formeln entwickelt werden, die zu den gegebenen Größen einer Aufgabe passen.

Beispiele Ges. Formel für den Bremsweg s

a) Geg. Geschwindigkeit v, Verzögerung a b) Geg. Verzögerung a, Bremszeit t

Lös. $s = \dfrac{v \cdot t}{2} \rightarrow a = \dfrac{v}{t} \rightarrow t = \dfrac{v}{a}$ Lös. $s = \dfrac{v \cdot t}{2} \rightarrow a = \dfrac{v}{t} \rightarrow v = a \cdot t$

$$s = \frac{v \cdot \dfrac{v}{a}}{2} \rightarrow \boxed{s = \frac{v^2}{2 \cdot a}}$$

$$s = \frac{a \cdot t \cdot t}{2} \rightarrow \boxed{s = \frac{a \cdot t^2}{2}}$$

Formelzusammenstellungen. Man unterscheidet

- die Grundformeln $s = \dfrac{v \cdot t}{2}$ und $a = \dfrac{v}{t}$,
- einfache Umstellungen der Grundformeln,
- Entwicklungen neuer Formeln aus beiden Grundformeln.

Tabelle 9.6 **Beschleunigungen aus dem Stand und Bremsungen bis zum Stillstand**

Beschleunigungsweg oder Bremsweg s	$s = \dfrac{v \cdot t}{2}$	$s = \dfrac{v^2}{2 \cdot a}$	$s = \dfrac{a \cdot t^2}{2}$
Beschleunigung oder Verzögerung a	$a = \dfrac{v}{t}$	$a = \dfrac{v^2}{2 \cdot s}$	$a = \dfrac{2 \cdot s}{t^2}$
Geschwindigkeitsänderung v	$v = a \cdot t$	$v = \sqrt{2 \cdot a \cdot s}$	$v = \dfrac{2 \cdot s}{t}$
Beschleunigungszeit oder Bremszeit t	$t = \dfrac{v}{a}$	$t = \dfrac{2 \cdot s}{v}$	$t = \sqrt{\dfrac{2 \cdot s}{a}}$

Bei Beschleunigungen von einer Anfangsgeschwindigkeit aus oder bei Bremsverzögerungen bis zu einer kleineren Geschwindigkeit rechnet man in der Regel mit den beiden Geschwindigkeiten v_1 und v_2. Die kleinere Geschwindigkeit erhält immer das Formelzeichen v_1.

Kommen in einer Aufgabe die beiden Geschwindigkeiten v_1 und v_2 vor, können die erforderlichen Formeln aus den nebenstehenden Grundformeln entwickelt werden.

$$\boxed{a = \frac{v_2 - v_1}{t}} \qquad \boxed{s = \frac{(v_1 + v_2) \cdot t}{2}}$$

Beispiel Ein Pkw wurde aus einer Geschwindigkeit von 144 km/h mit einer Verzögerung von 6 m/s² abgebremst. Der Bremsweg beträgt 81,25 m (9.7). Berechnen Sie die Endgeschwindigkeit v_1.

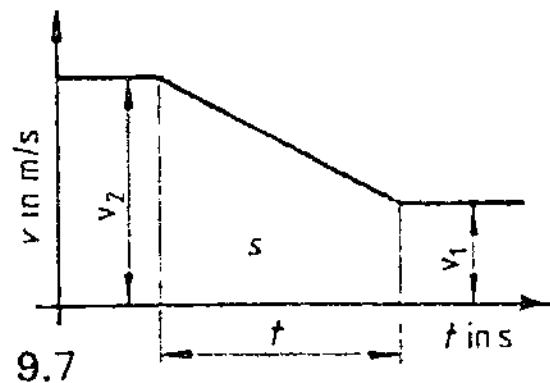

Formelentwicklung:

$$s = \frac{(v_1 + v_2)}{2} \cdot t \rightarrow t = \frac{v_2 - v_1}{a}$$

$$s = \frac{(v_2 + v_1)}{2} \cdot \frac{(v_2 - v_1)}{a} = \frac{v_2^2 - v_1^2}{2 \cdot a}$$

$$v_1 = \sqrt{v_2^2 - 2 \cdot a \cdot s}$$

Ges. v_1 in km/h

Geg. $v_2 = 144\,\text{km/h} = 40\,\text{m/s}$, $a = 6\,\text{m/s}^2$, $s = 81{,}25\,\text{m}$

Lös. $v_1 = \sqrt{v_2^2 - 2 \cdot a \cdot s}$

$$v_1 = \sqrt{\frac{40^2\,\text{m}^2}{\text{s}^2} - 2 \cdot \frac{6\,\text{m}}{\text{s}^2} \cdot 81{,}25\,\text{m}} = \sqrt{\frac{625\,\text{m}^2}{\text{s}^2}} = 25\,\text{m/s} = 90\,\text{km/h}$$

Aufgaben

1. Beim Abbremsen aus 108 km/h bis zum Stillstand vergehen 6 s. Wie groß war die Bremsverzögerung?

2. Ein Lkw wird bis zum Stillstand in 7,5 s mit 3,2 m/s² abgebremst. Wie groß war die Geschwindigkeit in m/s und km/h?

3. In welcher Zeit kommt ein Motorrad aus einer Geschwindigkeit von 130 km/h zum Stehen, wenn es mit 3,8 m/s² abgebremst wird?

4. In der Straßenverkehrszulassungsordnung wird eine Bremsverzögerung von 2,5 m/s² verlangt. Wie groß ist der Unterschied zu der tatsächlichen Verzögerung, wenn ein Pkw aus 151,2 km/h nach 150 m zum Stehen kommt?

5. Nach einem Unfall gibt der Fahrer des verunglückten Wagens an, er sei mit 70 km/h gefahren. Das Fahrzeug ist bei einer Bremsverzögerung von 5,2 m/s² nach 4,2 s zum Stehen gekommen. Ist die Aussage des Fahrers richtig?

6. Wie groß war die Geschwindigkeit eines Pkw, der mit 2,5 m/s² abgebremst wird und nach 6,2 s zum Stehen kommt?

7. Ein Pkw kommt aus 120 km/h nach 85 m zum Stehen. Bestimmen Sie die Bremszeit und die Bremsverzögerung.

8. Eine 250er wird aus 104,4 km/h in 2,9 s auf 36 km/h abgebremst. Wie groß ist die Bremsverzögerung, und wie lang ist der tatsächliche Bremsweg?

9. Eine 750er wird aus dem Stand in 7 s auf 144 km/h gebracht und gleich danach in 5 s bis zum Stillstand abgebremst. Berechnen Sie den Beschleunigungsweg, den Bremsweg, die Beschleunigung und die Bremsverzögerung.

10. Ein Lkw wird aus 75,6 km/h mit 4 m/s² bis zum Stillstand abgebremst.
a) Berechnen Sie die Bremszeit
b) Zeichnen Sie das Bremsdiagramm
(1 m/s ≙ 5 mm; 1 s ≙ 20 mm).

11. Ein Motorrad wird 3 Sekunden lang aus 95 km/h abgebremst. Die Endgeschwindigkeit beträgt 40 km/h. Wie groß ist die Bremsverzögerung?

12. Welchen Weg legt ein Lkw zurück, wenn er auf 82 km/h in 7 Sekunden auf 33 km/h abgebremst wird?

14. Ein Pkw wird mit 4,5 m/s² von 115 km/h bis auf 42 km/h abgebremst. Wie groß ist der zurückgelegte Weg in m?

15. Bei einem Autorennen wird für den Spitzenfahrer eine Rundenzeit von 4 min 32 s gemessen. Wie lang ist die Strecke bei einer errechneten Durchschnittsgeschwindigkeit von 196 km/h?

16. Ein Pkw wird 4,2 Sekunden lang aus 150 km/h mit $a = 4,9$ m/s² abgebremst.
a) Berechnen Sie die noch vorhandene Geschwindigkeit nach dem Abbremsen.
b) Berechnen Sie den dabei zurückgelegten Weg in m.

17. Berechnen Sie die Endgeschwindigkeit von einem Pkw, der aus 104 km/h mit 4,5 m/s² abgebremst wird und dabei 56 m zurücklegt.

18. Ein Wagen wird von 110 km/h mit $a = 3,2$ m/s² auf 185 km/h beschleunigt. Wieviel Zeit wird dafür benötigt?

19. Berechnen Sie die Beschleunigung von einem Pkw, der von 100 km/h in 6 s auf 165 km/h beschleunigt wird.

20. Welchen Weg legt ein Motorrad zurück, wenn es in 7 Sekunden von 50 km/h auf 125 km/h beschleunigt wird? Berechnen Sie die Beschleunigung a in m/s².

21. Nach einem Bergrennen werden für einen Sportwagen (130 kW) folgende Werte zusammengestellt: 0 auf 65 km/h in 7,2 s, 65 auf 115 km/h in 9,8 s, von 115 auf 138 km/h in 13,2 s. Berechnen Sie für alle drei Messungen die Beschleunigungen.

22. Ein Pkw-Fahrer beschleunigt sein Fahrzeug aus einer Anfangsgeschwindigkeit von 105 km/h über eine Strecke von 58 m mit einer Beschleunigung von 1,8 m/s². Berechnen Sie
a) die Geschwindigkeitszunahme in km/h,
b) die Endgeschwindigkeit in km/h,
c) die Geschwindigkeitssteigerung in %.

23. Ein Lkw wird mit 7,2 m/s² bis auf eine Geschwindigkeit von 20 km/h abgebremst. Der Bremsweg beträgt 84 m. Berechnen Sie
a) die reine Bremszeit,
b) die Geschwindigkeit bei Bremsbeginn,
c) die Geschwindigkeitsreduzierung in %.

13. Berechnen Sie die fehlenden Größen in den angegebenen Einheiten.

	a)	b)	c)	d)	e)	f)	g)	h)	i)	j)	k)	l)
v in m/s	?	36	?	?	28	16	?	14,5	?	?	?	?
t in s	12	?	?	3,2	5,4	?	4	3,8	8,2	?	6,2	?
s in m	144	?	150	?	?	?	42	?	?	88	98	72
a in m/s²	?	3,2	6,25	4,5	?	4,2	?	?	2,1	2,5	?	3,6

9.1.4 Anhalteweg

Reaktionszeit. Zwischen dem Erkennen eines Hindernisses und dem Ansprechen der Bremsen vergeht immer eine gewisse Zeit. Diese Zeit heißt Reaktionszeit t_R (0,7 s bis 1,5 s). Der Fahrer muß die „Schrecksekunde" überwinden, und vom Betätigen der Bremse bis zum Einsetzen der Bremswirkung vergeht auch der „Bruchteil" einer Sekunde.

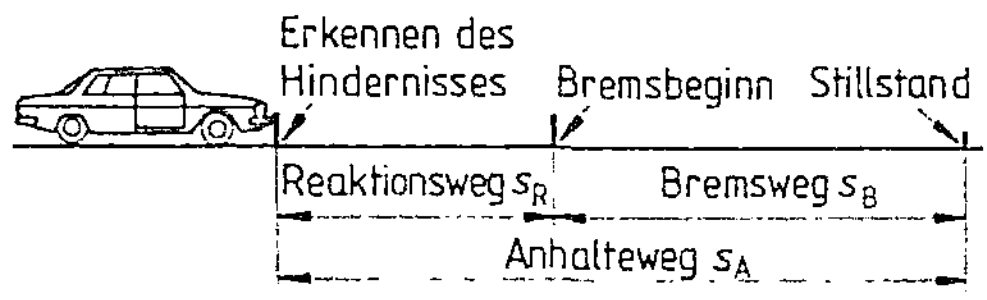

9.8 Anhalteweg

Anhalteweg. Bis zum Beginn der Bremswirkung fährt das Fahrzeug **ungebremst** weiter. Den Weg, den es in dieser Zeit zurücklegt, nennt man **Reaktionsweg** s_R. Danach beginnt der eigentliche Bremsweg s_B. Der Anhalteweg s_A setzt sich daher zusammen aus dem Reaktionsweg s_R und dem Bremsweg s_B (**9.8**).

> Der Anhalteweg s_A ist der Weg, der vom Erkennen eines Hindernisses bis zum Stillstand zurückgelegt wird. Einheit: m

Beispiel Auf der Autobahn fährt ein Pkw mit einer Geschwindigkeit von 108 km/h. Der Fahrer erkennt plötzlich das Ende eines Fahrzeugstaus. Nach einer Reaktionszeit von 1,1 s sprechen die Bremsen an. Wie groß ist der Anhalteweg bei einer Bremszeit von 6 s (**9.9**)?

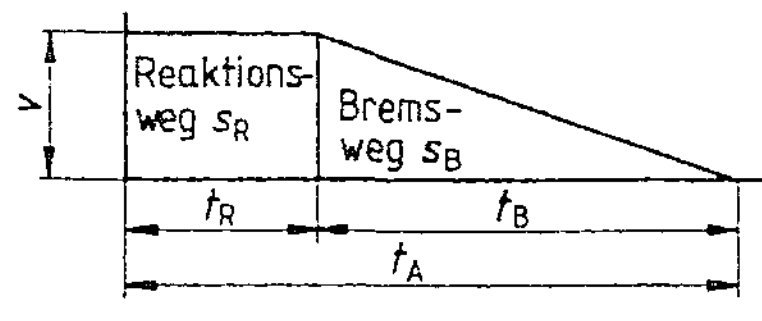

9.9 Anhalteweg im Diagramm

Ges. s_A in m

Geg. $v = 108\,\text{km/h} = 30\,\text{m/s}$, $t_R = 1{,}1\,\text{s}$, $t_B = 6\,\text{s}$

Lös. $s_A = s_R + s_B$

$s_R = v \cdot t_R = 30\,\text{m/s} \cdot 1{,}1\,\text{s} = 33\,\text{m}$

$s_B = \dfrac{v \cdot t_B}{2} = \dfrac{30\,\text{m/s} \cdot 6\,\text{s}}{2} = 90\,\text{m}$

$s_A = 33\,\text{m} + 90\,\text{m} = \mathbf{123\,m}$

Grundformeln		Formelzeichen		Einheiten	
			Bedeutung	SI	weitere ges.
Anhalteweg		s_A	Anhalteweg	m	km
		s_R	Reaktionsweg	m	km
$s_A = s_R + s_B$	$s_A = v \cdot t_R + \dfrac{v \cdot t_B}{2}$	s_B	Bremsweg	m	km
		t_A	Anhaltezeit	s	
		t_R	Reaktionszeit	s	
Anhaltezeit		t_B	Bremszeit	s	
$t_A = t_R + t_B$	$t_A = \dfrac{s_R}{v} + \dfrac{2 \cdot s_B}{v}$				Fettdruck = bevorzugte Einheit

Beispiel Ein Motorrad wird in 4 s von 0 auf 72 km/h beschleunigt. Diese Geschwindigkeit wird für 6 s beibehalten. Danach wird das Motorrad in 5 s bis zum Stillstand abgebremst (**9.10**). Wie groß ist der zurückgelegte Gesamtweg s_{ges}?

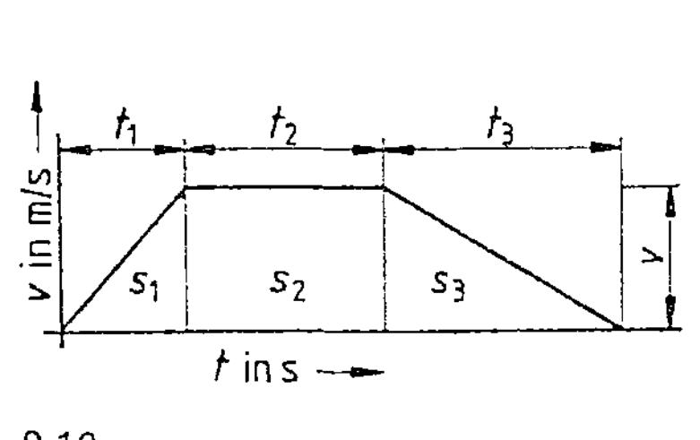

9.10

Ges. s_{ges} in m

Geg. $v = 72\,\text{km/h} = 20\,\text{m/s}$
$t_1 = 4\,\text{s}$, $t_2 = 6\,\text{s}$, $t_3 = 5\,\text{s}$

Lös. $s_{ges} = s_1 + s_2 + s_3$

$s_1 = \dfrac{v \cdot t_1}{2} = \dfrac{20\,\text{m} \cdot 4\,\text{s}}{\text{s} \cdot 2} = 40\,\text{m}$

$s_2 = v \cdot t_2 = \dfrac{20\,\text{m} \cdot 6\,\text{s}}{\text{s}} = 120\,\text{m}$

$s_3 = \dfrac{v \cdot t_3}{2} = \dfrac{20\,\text{m} \cdot 5\,\text{s}}{\text{s} \cdot 2} = 50\,\text{m}$

$s_{ges} = 40\,\text{m} + 120\,\text{m} + 50\,\text{m} = \mathbf{210\,m}$

Aufgaben

Hinweis Beim Losen dieser Aufgaben bieten die zugehorigen v-t-Diagramme in Form von Prinzipskizzen wertvolle Hilfen

1. Wie lang ist der Anhalteweg, wenn ein Fahrzeug aus 144 km/h nach 14 s Bremszeit zum Stehen gebracht wird? Die Reaktionszeit soll 1,05 s betragen.

2. Ein Sportwagen wird aus 180 km/h in 8 s bis zum Stillstand abgebremst. Als Reaktionszeit werden 1,7 s angenommen.
a) Wie groß ist der Anhalteweg?
b) Mit welcher Bremsverzogerung wurde gebremst?

3. Berechnen Sie den Anhalteweg eines Pkw, der bei einer Geschwindigkeit von 108 km/h mit 5 m/s² abgebremst wird. Die Reaktionszeit des Fahrers betragt 1,05 s.

4. a) Wie groß ist die Geschwindigkeit eines Motorrads, das bei einer Bremsverzogerung von 4 m/s² nach 72 m Bremsweg zum Stillstand kommt?
b) Wie groß ist dann bei einer angenommenen Reaktionszeit von 0,9 s der Reaktionsweg?

5. Ein Pkw wird aus dem Stand in 9 s auf 80 km/h beschleunigt und behalt diese Geschwindigkeit 22 s bei. Vor einer Ampel wird der Wagen in 7 s bis auf 0 km/h abgebremst. Wie lang ist der zuruckgelegte Weg?

6. Ein Fahrer erkennt auf der Autobahn einen Stau. Nach einer Reaktionszeit von 1,05 s bringt er den Wagen in 6 s bei einem reinen Bremsweg von 83 m zum Stehen.
a) Wie groß war seine Geschwindigkeit?
b) Wie lang ist der Anhalteweg?

7. Bestimmen Sie nach dem v-t-Diagramm 9.11 den zuruckgelegten Weg eines Fahrzeugs.

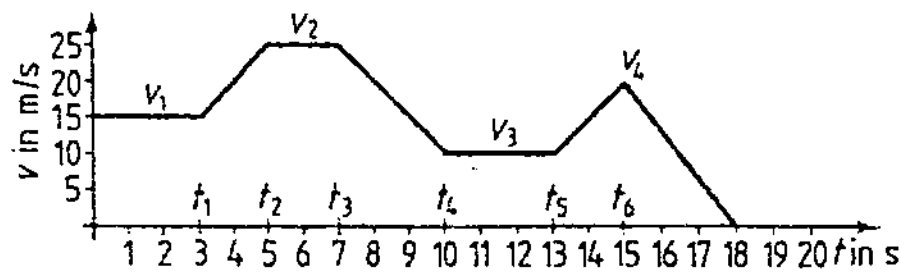

8. Welchen Weg legt ein Bus zuruck, wenn er die Geschwindigkeit von 20 km/h auf 100 km/h durch eine Beschleunigung von 1,8 m/s² erhoht?

9. Ein Rennwagen erreicht 15 s nach dem Start eine Geschwindigkeit von 183 km/h. Mit dieser Geschwindigkeit fahrt er noch 11 s weiter. Wie groß ist der zuruckgelegte Weg?

10. Berechnen Sie den Anhalteweg, wenn ein Pkw aus einer Geschwindigkeit von 96 km/h heraus mit einer Bremszeit von 6 s zum Stehen gebracht wird. Dem Fahrer wird eine Reaktionszeit von 0,9 s zugebilligt.

11. a) Zeichnen Sie nach folgenden Angaben das v-t-Diagramm. Maßstabe:
5 m/s $\triangleq$ 10 mm; 5 s $\triangleq$ 20 mm
Gleiche Geschwindigkeit
$v_1 = 18$ km/h von $t_0 = 0$ s bis $t_1 = 3$ s,
Beschleunigung von v_1 auf
$v_2 = 54$ km/h $\longrightarrow$ bis $t_2 = 10$ s,
gleiche Geschwindigkeit
$v_2 = 54$ km/h von $t_2 = 10$ s bis $t_3 = 17$ s,
Beschleunigung von v_2 auf
$v_3 = 108$ km/h $\longrightarrow$ bis $t_4 = 25$ s,
gleiche Geschwindigkeit
$v_3 = 108$ km/h von $t_4 = 25$ s bis $t_5 = 30$ s,
Verzogerung von v_3 auf
$v_4 = 0$ km/h $\longrightarrow$ bis $t_6 = 40$ s
b) Ermitteln Sie rechnerisch und mit Hilfe des Diagramms den Gesamtweg s_{ges} in m.

12. Ein Mofa wird 15 s lang mit 15 km/h gefahren und dann in 10 s auf 26 km/h beschleunigt. Bei Erreichen dieser Geschwindigkeit bremst der Fahrer direkt ab. Die Bremszeit bis zum Stillstand betragt 3 s. Berechnen Sie den zuruckgelegten Weg.

13. Bei einer Geschwindigkeit von 162 km/h wird ein Pkw mit einer Verzogerung von 5 m/s² bis zum Stillstand abgebremst. Fur den Reaktionsweg werden 54 m gerechnet. Ermitteln Sie
a) die Reaktionszeit,
b) die reine Bremszeit,
c) den eigentlichen Bremsweg,
d) den gesamten Anhalteweg.

14. Nach einem Auffahrunfall gibt ein Pkw-Fahrer seine Fahrgeschwindigkeit mit 80 km/h an. Die Bremsspur betragt 84 m, die Verzogerung 6,4 m/s². Als Reaktionszeit werden dem Fahrer 0,9 s zugebilligt. Berechnen Sie
a) die Geschwindigkeit des Fahrzeugs,
b) die reine Bremszeit,
c) den Reaktionsweg.

15. Bei einer nachtraglichen berechneten Geschwindigkeit von 79,2 km/h wird ein Pkw bis zum Stillstand abgebremst. Als Bremsweg werden 77 m gemessen. Der Reaktionsweg betragt 26,4 m. Bestimmen Sie die Reaktionszeit und die Bremszeit.

16. Ein Lkw-Fahrer erkennt auf der Fahrbahn in 135 m Entfernung ein Hindernis. Nach einer Reaktionszeit von 1,2 s bremst er den Lkw bei einer Geschwindigkeit von 92 km/h ab. Die Bremsverzogerung betragt 3,5 m/s². Kommt es zu einem Unfall?

17. Ein Sportwagen (GTI-Ausfuhrung) beschleunigt von 0 auf 100 km/h in 9,5 s. Ermitteln Sie
a) den zuruckgelegten Weg in m,
b) die Beschleunigung in m/s².

9.2 Abbremsung

9.2.1 Bremskraft und Abbremsung

Bremskraft. Die Bremsverzögerung a ist in physikalischer Hinsicht eine negative Beschleunigung; also gilt das dynamische Grundgesetz auch für die Bremskraft F_B.

Nach Newton gilt:

$$F_B = m_F \cdot a$$

Bei Überprüfung einer Bremsanlage auf dem Bremsprüfstand mißt man an jedem Rad die wirksame Bremskraft. Die Summe der einzelnen Radbremskräfte ergibt die Gesamtbremskraft F_B.

$$F_B = F_{v,r} + F_{v,l} + F_{h,r} + F_{h,l}$$

Abbremsung. Die Bremswirkung wird als Abbremsung z angegeben und ist eine Verhältniszahl aus F_B/G_F. Aus $F_B = m_F \cdot a$ und $G_F = m_F \cdot g$ erhält man durch Einsetzen die Abbremsung $z = \dfrac{F_B}{G_F} = \dfrac{m_F \cdot a}{m_F \cdot g}$

$$z = \frac{\text{Gesamtbremskraft}}{\text{Fahrzeuggewichtskraft}} \qquad z = \frac{F_B}{G_F}$$

$$z = \frac{\text{Verzögerung}}{\text{Fallbeschleunigung}} \qquad z = \frac{a}{g}$$

Tabelle 9.12 Mindestabbremsungen für Kraftfahrzeuge, die sich bereits im Verkehr befinden

Betriebsbremsanlage		
bei $v > 25$ km/h	bei $v < 25$ km/h	$F_{F\,max}$
$z = 40\%$	$z = 25\%$	800 N
Feststellbremsanlage (auch Hilfsbremse)		$F_{H\,max}$
$z = 20\%$		400 N

Tabelle 9.13 Mindestabbremsungen für Kraftfahrzeuge, die erstmals in den Verkehr kommen

Fahrzeugklasse	z in %	F_F in N
Pkw (M$_1$)	60	500
Omnibus (M$_2$, M$_3$)	51	700
Lkw (N$_1$, N$_2$, N$_3$)	45	700
Anhänger (O$_1$, O$_2$, O$_3$, O$_4$)	45	—

Auch die Gleichmäßigkeit der Bremswirkung muß beachtet werden. Der zulässige Unterschied der Bremskräfte an den Rädern einer Achse $U_{F,B}$ (bezogen auf die größere Bremskraft) beträgt beim Rollenbremsprüfstand $U_{F,B} \leqq 30\%$ und beim Plattenbremsprüfstand $U_{F,B} \leqq 20\%$.

Mittlere und maximale Bremsverzögerung. Die Bremsverzögerung in der Formel für die Abbremsung $z = a/g$ muß eigentlich als maximale Bremsverzögerung a_{max} bezeichnet werden. Die Bremsen unterscheiden sich in Ansprech- und Schwellzeiten. Die aus Geschwindigkeit und Bremsweg berechnete Bremsverzögerung ist darum eine mittlere Bremsverzögerung a_m. Durch Einsetzen eines Gütefaktors (auch Zeitwirkungsgrad genannt) ergibt sich ein Zusammenhang zwischen a_m und a_{max}. Bei hydraulischen Bremsanlagen wird oft 0,7 als Gütefaktor eingesetzt.

$$a_m \approx 0{,}7 \cdot a_{max}$$

9.2.2 Prozentuale Abbremsung

An einem Pkw mit einer Gewichtskraft von 10 594,8 N wird eine Gesamtbremskraft von 5521 N ermittelt. Mit Hilfe der Dreisatzrechnung läßt sich die prozentuale Abbremsung berechnen. Theoretisch kann die höchste Bremskraft 10 594,8 N betragen.

Beispiel $10\,594{,}8\ \text{N} \mathrel{\hat=} 100\%$

$$1\ \text{N} \mathrel{\hat=} \frac{100}{10\,594{,}8}\ \%$$

$$5521\ \text{N} \mathrel{\hat=} \frac{100 \cdot 5521}{10\,594{,}8}\ \% = 52{,}11\%$$

Die prozentuale Abbremsung beträgt $z = 52{,}11\%$.
Aus dem Ansatz der Dreisatzrechnung folgt:

$$z = \frac{F_B}{G_F} \cdot 100\% \qquad\qquad \text{Einheit: keine}$$

Grundformeln		Formelzeichen		Einheiten	
			Bedeutung	SI	weitere gesetzl.
Bremskraft $F_B = m_F \cdot a$		F_B	Gesamtbremskraft	N	kN
		$F_{v,r}$	Bremskraft (vorn, rechts)	N	kN
$F_B = F_{v,r} + F_{v,l} + F_{h,r} + F_{h,l}$		$F_{h,l}$	Bremskraft (hinten, links)	N	kN
		G_s	Fahrzeuggewichtskraft	N	kN
Gewichtskraft des Fahrzeugs	mittlere Verzögerung	m_F	Fahrzeugmasse (-gewicht)	kg	t
		z	Abbremsung (als Dezimal- oder als Prozentzahl)	—	—
$G_F = m_F \cdot g$	$a_m \approx 0{,}7 \cdot a_{max}$	g	Fallbeschleunigung	m/s²	—
		a	Verzögerung	m/s²	—
Abbremsung	in Prozent	a_{max}	maximale Verzögerung	m/s²	—
		a_m	mittlere Verzögerung	m/s²	—
$z = \dfrac{F_B}{G_F}$	$z = \dfrac{F_B \cdot 100\,\%}{G_F}$				
$z = \dfrac{a_{max}}{g}$	$z = \dfrac{a_{max} \cdot 100\,\%}{g}$				Fettdruck = bevorzugte Einheit

Aufgaben

1. Ein Motorrad wird mit $a = 2{,}28\ \text{m/s}^2$ gebremst. Das Gesamtgewicht beträgt $m = 375\ \text{kg}$. Berechnen Sie die Bremskraft F_B in N.

2. Bei einem Pkw wird eine Gesamtbremskraft $F_B = 2100\ \text{N}$ gemessen. Bestimmen Sie das Gesamtfahrzeuggewicht in kg mit $a = 2{,}1\ \text{m/s}^2$.

3. Ein Pkw hat ein zulassiges Gesamtgewicht von $m_{zul} = 1310\ \text{kg}$. Die erreichbare Abbremsung beträgt 50 %. Berechnen Sie
a) die Gesamtbremskraft des Fahrzeugs,
b) die maximale Bremsverzögerung,
c) die mittlere Bremsverzögerung.

4. An den Vorderrädern eines Pkw wird eine Bremskraft von insgesamt 6120 N ermittelt. Dieser Wert entspricht 61 % der Gesamtbremskraft. Berechnen Sie
a) die Bremskraft an der Hinterachse,
b) die Verzögerung in m/s², wenn das Gesamtfahrzeuggewicht 1,55 t beträgt,
c) die erreichbare Abbremsung in %.

5. Bei einem Pkw betragen die Bremskrafte an den Vorderrädern zusammen 4305 N. Berechnen Sie die Bremskraft fur beide Hinterrader, wenn sich die Achslasten wie 70 : 30 verhalten.

6. Bei einer Pkw-Bremsprufung werden an den Radern folgende Bremskrafte gemessen:
$F_{v,r} = 2340\ \text{N}$, $F_{v,l} = 2120\ \text{N}$, $F_{h,r} = 1850\ \text{N}$ und $F_{h,l} = 1825\ \text{N}$. Die Bremsverzogerung betragt $a_{max} = 6{,}45\ \text{m/s}^2$. Bestimmen Sie
a) die Abbremsung z in %,
b) die Bremskraftunterschiede an den Achsen,
c) das Gesamtfahrzeuggewicht in kg,
d) die mittlere Bremsverzogerung a_m.

7. Ein Achtzylinder-Pkw hat ein zulassiges Gesamtgewicht $m_{zul} = 2420\ \text{kg}$. Die angenommene Haftreibungszahl beträgt $\mu_H = 0{,}79$. Es sind zu berechnen:
a) die maximale Bremsverzögerung a_{max},
b) die erforderliche Bremskraft F_B in N,
c) die Abbremsung z in %,
d) die Fahrzeuggeschwindigkeit bei einer Bremszeit von $t = 3{,}3\ \text{s}$,
e) die Bremsstrecke s in m.

8. Bei einem Pkw werden fur die Fußbremse folgende Bremskrafte gemessen:

	links	rechts
vorn	2250 N	2650 N
hinten	1350 N	1550 N

Bestimmen Sie für jede Achse den Unterschied der Bremskräfte in %.

9. Bremswirkung eines leeren Lkw:

	Vorderachse	Hinterachse
Bremskraft, rechts	12 080 N	9150 N
Bremskraft, links	8 260 N	10 420 N
Prufgewicht des leeren Fahrzeugs		9,246 t

Bestimmen Sie:
a) die Gesamtbremskraft F_B in N,
b) die Abbremsung z in %,
c) die maximale Verzogerung a_{max} in m/s²,
d) die mittlere Bremsverzögerung a_m in m/s²,
e) den Bremskraftunterschied je Achse in %.
f) Kann der Lkw noch zugelassen werden?

9.3 Übersetzung in der Bremsanlage

9.3.1 Hydraulische Übersetzung

Hydraulische Systeme sind im allgemeinen geschlossene Systeme (z. B. Bremsanlagen oder hydraulische Pressen). Wirkt bei diesem System eine Kraft F auf die eingeschlossene Flüssigkeit ein, entsteht in der Flüssigkeit der Druck p. Er ist abhängig von der Größe der Kraft, die von außen einwirkt.

Nach dem Gesetz von Pascal gilt: In geschlossenen Systemen wirkt der Druck in Flüssigkeiten in jeder Richtung und an jeder Stelle in gleicher Größe. Der Flüssigkeitsdruck ist stets senkrecht zu den begrenzenden Wandungen gerichtet.

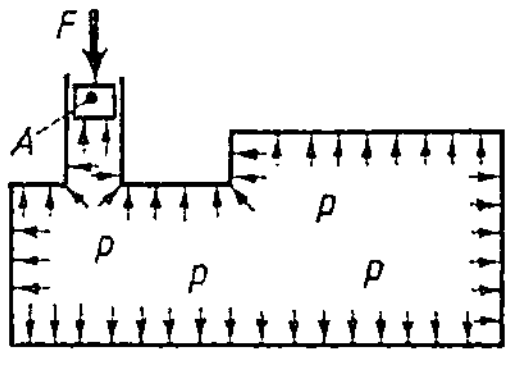

9.14 Pascalsches Gesetz

$$\text{Druck } p = \frac{\text{Kraft des Druckkolbens}}{\text{Kolbenquerschnittsfläche}} \qquad p = \frac{F}{A} \qquad \text{Einheit: bar}$$

Einheitengleichung

$$1 \text{ bar} = 10 \ \frac{N}{cm^2} = 1 \ \frac{daN}{cm^2}$$

Bei gegebenem Druck in bar muß beim Einsetzen in die Druckformel der Zahlenfaktor 10 berücksichtigt werden.

Beispiel (9.15). Der Druckkolben übt eine Kraft von $F_1 = 1260$ N aus. Die Querschnittsfläche des Druckkolbens ist $A_1 = 30\,cm^2$. Der Druckweg des Druckkolbens beträgt $s_1 = 120$ mm. Die Querschnittsfläche des Arbeitskolbens ist $A_2 = 180\,cm^2$. Zu berechnen sind:
a) der Flüssigkeitsdruck p, b) die Kraft F_2 (Arbeitskolben), c) der Hubweg s_2 (Arbeitskolben), d) das Übersetzungsverhältnis i_{hyd}.

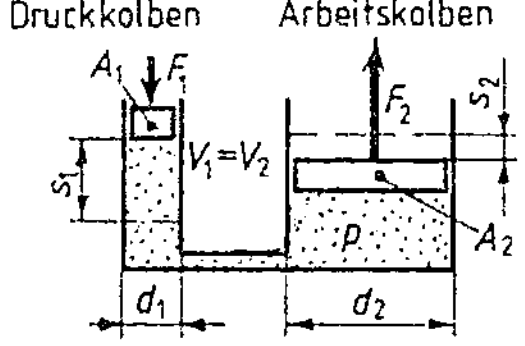

9.15 Hydraulische Presse

Lösung

a) $p = \dfrac{F_1}{A_1} = \dfrac{1260 \text{ N}}{30 \text{ cm}^2} = \dfrac{126 \text{ daN}}{30 \text{ cm}^2} = 4{,}2 \text{ bar}$

b) $F_2 = \dfrac{F_1 \cdot A_2}{A_1} = \dfrac{180\,cm^2 \cdot 1260 \text{ N}}{30\,cm^2} = 7560 \text{ N}$

c) $s_2 = \dfrac{A_1 \cdot s_1}{A_2} = \dfrac{30\,cm^2 \cdot 120 \text{ mm}}{180\,cm^2} = 20 \text{ mm}$

d) $i_{hyd} = \dfrac{F_1}{F_2} = \dfrac{A_1}{A_2} = \dfrac{s_2}{s_1}$

$i_{hyd} = \dfrac{1260 \text{ N}}{7560 \text{ N}} = \dfrac{3\,cm^2}{180\,cm^2} = \dfrac{20 \text{ mm}}{120 \text{ mm}} = \dfrac{1}{6} \approx 0{,}167$

Formelentwicklung

$p = \dfrac{F_1}{A_1}$ und $p = \dfrac{F_2}{A_2}$; also gilt: $\dfrac{F_1}{A_1} = \dfrac{F_2}{A_2}$

$\dfrac{F_1}{F_2} = \dfrac{A_1}{A_2} \rightarrow \boxed{i_{hyd} = \dfrac{F_1}{F_2} = \dfrac{A_1}{A_2}}$

$V_1 =$ verdrängtes Volumen im Druckzylinder
$V_2 =$ vermehrtes Volumen im Arbeitszylinder
$V_1 = V_2$; also gilt: $A_1 \cdot s_1 = A_2 \cdot s_2$

$\dfrac{A_1}{A_2} = \dfrac{s_2}{s_1} \rightarrow \boxed{i_{hyd} = \dfrac{s_2}{s_1}}$

Grundformeln		Formelzeichen	Einheiten	
		Bedeutung	SI	weitere gesetzl.
Druckformel Hydraulische Übersetzungen		p	Flüssigkeitsdruck	Pa, N/m²	bar, daN/cm²
$p = \dfrac{F}{A}$ $\qquad$ $i_{hyd} = \dfrac{F_1}{F_2} = \dfrac{A_1}{A_2} = \dfrac{s_2}{s_1}$		F	Kolbenkraft	N	daN, kN, MN
		A	Querschnittsfläche	m²	cm², mm²
		s_1, s_2	Kolbenweg	m	cm, mm
		i_{hyd}	Hydraulische Übersetzung	—	—
				Fettdruck = bevorzugte Einheit	

Beispiel Das Bremspedal einer hydraulischen Bremsanlage wird mit einer Fußkraft von $F_F = 280\,N$ betätigt. Für die mechanische Hebelübersetzung ist $i_{mech} = 0{,}2$ angegeben. Der Durchmesser des Hauptzylinders beträgt $d_H = 19\,mm$. Alle Radzylinder haben den gleichen Durchmesser $d_R = 24\,mm$. Mit welcher Anpreßkraft F_A in N wird jeder Bremsbacken betätigt? Bestimmen Sie in folgender Reihenfolge: F_H in daN, p in daN/cm² und F_A in N.

Ges. F_A in N   Geg. $F_F = 280$, $i_{mech} = 0{,}2$, $d_H = 19\,mm$, $d_R = 24\,mm$

Lös. $$F_H = \frac{F_F}{i_{mech}} = \frac{280\,N}{0{,}2} = 1400\,N = 140\,daN$$

$$p = \frac{F_H}{d_H^2 \cdot 0{,}785} = \frac{140\,daN}{1{,}9^2\,cm^2 \cdot 0{,}785} = 49{,}4\,\frac{daN}{cm^2}$$

$$F_A = p \cdot d_R^2 \cdot 0{,}785 = 49{,}4\,\frac{daN}{cm^2} \cdot 2{,}4^2\,cm^2 \cdot 0{,}785 = 223{,}37\,daN = \mathbf{2233{,}7\,N}$$

Aufgaben

1. Ermitteln Sie die in der Tabelle fehlenden Großen.

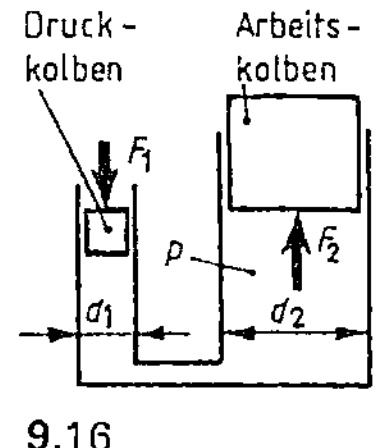

9.16

	a)	b)	c)	d)	e)	f)	g)	h)
d_1	? mm	? mm	16 mm	8 mm	12 mm	10 mm	? mm	48 mm
A_1	12,56 cm²	? cm²	? cm²	? cm²	? cm²	? cm²	0,636 cm²	? cm²
F_1	100 N	? N	240 N	200 N	350 N	? N	? N	? N
d_2	? mm	? mm	92 mm	40 mm	? mm	? mm	? mm	224 mm
A_2	70,85 cm²	? cm²	? cm²	? cm²	? cm²	? cm²	? cm²	? cm²
F_2	? N	36 kN	? N	? N	? kN	40 kN	11,3 kN	15,6 kN
p	? bar	9,92 bar	? bar	? bar	? bar	? bar	? bar	? bar
i_{hyd}	?	0,024	?	?	0,294	0,08	0,013	?

2. Berechnen Sie die auf den Arbeitskolben einer hydraulischen Presse wirkende Kraft F_2, wenn der Druckkolben mit der Kraft von 200 daN betätigt wird. Die hydraulische Ubersetzung betragt $1:12{,}5$.

3. Wie groß ist die hydraulische Ubersetzung einer Handpresse bei folgenden Angaben: $A_1 = 2{,}5\,cm^2$ und $d_2 = 22\,mm$?

4. Ein Bolzen muß mit 25 kN eingepreßt werden. Die unter Druck stehende Flache beim Druckkolben betragt 55 cm². Beim Arbeitskolben wirkt der Druck auf eine Flache von 440 cm². Mit welcher Kraft muß der Druckkolben beaufschlagt werden?

5. Der Durchmesser eines Arbeitszylinders betragt 40 mm. Wie groß sind die Querschnittsflachen des Arbeitszylinders und des Druckzylinders bei einer hydraulischen Ubersetzung von $i_{hyd} = 0{,}25$?

6. Auf den Arbeitskolben einer hydraulischen Presse wirkt ein Druck von 15 bar. Die Querschnittsflache des Arbeitszylinders betragt 245 cm² und des Druckzylinders 9,8 cm². Berechnen Sie das hydraulische Ubersetzungsverhaltnis und die Krafte F_1 und F_2.

7. Welche Kraft geht vom Arbeitskolben einer hydraulischen Presse aus, wenn auf die betreffende Querschnittsflache von $A_2 = 500\,cm^2$ ein Leitungsdruck von 21,5 bar wirkt? Berechnen Sie F_1 und A_1. Die hydraulische Ubersetzung ist mit $i_{hyd} = 0{,}02$ angegeben.

8. Bei einer hydraulischen Hebebuhne hat die Querschnittsflache des Druckzylinders eine Große von 55 cm². Beim Arbeitszylinder betragt die Querschnittsfläche 440 cm².
a) Wie groß ist die hydraulische Ubersetzung?
b) Wie groß ist der vom Arbeitskolben zuruckgelegte Weg s_2, wenn der Druckkolben bei einem Hub den Weg $s_1 = 30\,mm$ zurucklegt?

9. Bei einem hydraulischen Wagenheber verhalten sich die Querschnittsflachen des Druck- und Arbeitszylinders wie $3:12$. Welche Kraft geht vom Arbeitskolben aus, wenn auf den Druckkolben eine Kraft von $F_1 = 55\,daN$ wirkt?

10. Eine hydraulische Hebebuhne hat eine Hubkraft von 50 kN. Der Durchmesser des Hubkolbens betragt 340 mm. Die hydraulische Ubersetzung ist mit 0,02 angegeben. Berechnen Sie A_2 in cm², p in bar, A_1 in cm², d_1 in mm und F_1 in N.

11. Bei einem hydraulischen Wagenheber wirkt auf den Druckkolben eine Kraft von 50 daN. Die Querschnittsflache des Druckzylinders betragt 7,5 cm², die des Arbeitszylinders 82,5 cm². Bestimmen Sie die Kraft F_2 und die hydraulische Ubersetzung.

9.3.2 Mechanische Übersetzung

Die Grundlage für die mechanische Übersetzung in Bremsanlagen bildet das Hebelgesetz $F_1 \cdot l_1 = F_2 \cdot l_2$. Überwiegend wird der einseitige Hebel verwendet. Das mechanische Übersetzungsverhältnis i_{mech} bildet man durch

das Verhältnis der Kräfte $\dfrac{F_1}{F_2}$, das Verhältnis der Hebellängen $\dfrac{l_2}{l_1}$, das Verhältnis der Hebelwege $\dfrac{s_2}{s_1}$,

das Verhältnis $\dfrac{F_F}{F_H}$ bzw. $\dfrac{\text{Fußkraft } F_F}{\text{Hauptzylinderkolbenkraft } F_H} \longrightarrow$

$$\boxed{i_{mech} = \frac{F_F}{F_H} = \frac{F_1}{F_2} = \frac{l_2}{l_1} = \frac{s_2}{s_1}}$$

9.3.3 Gesamtübersetzung

Die hydraulische Übersetzung i_{hyd} bilden wir durch

das Verhältnis $\dfrac{\text{Hauptzylinderkolbenkraft } F_H}{\text{Gesamtspannkraft } \Sigma F_S} \longrightarrow \boxed{i_{hyd} = \dfrac{F_H}{\Sigma F_S}}$

Die Gesamtspannkraft ΣF_S entspricht der Summe aller Anpreßkräfte der Bremsbacken bzw. der Bremsscheiben.

$$\boxed{\begin{array}{ll} \text{Spannkraft } F_S = \text{Bremsleitungsdruck} \cdot \text{Querschnittsfläche der Radzylinder} \\ \quad F_S = p \cdot A_R \hspace{5cm} \text{Einheit: N} \end{array}}$$

Bei Berücksichtigung der Querschnittsflächen erhalten wir weitere Übersetzungsformeln. $\quad i_{hyd} = \dfrac{F_H}{\Sigma F_S} = \dfrac{p \cdot A_H}{p \cdot \Sigma A_R} \rightarrow \boxed{i_{hyd} = \dfrac{A_H}{\Sigma A_R}}$

Die Gesamtübersetzung ergibt sich durch Multiplizieren aller Einzelübersetzungen. $\quad \boxed{i_{ges} = i_{mech} \cdot i_{hyd}} \quad i_{ges} = \dfrac{F_F}{F_H} \cdot \dfrac{F_H}{\Sigma F_S} \rightarrow \boxed{i_{ges} = \dfrac{F_F}{\Sigma F_S}}$

Grundformeln	Formelzeichen	Bedeutung	Einheiten SI	weitere ges.
Hebelgesetz $\quad$ Spannkraft $\boxed{F_1 \cdot l_1 = F_2 \cdot l_2}$ $\boxed{F_S = p \cdot A_R}$	p	Bremsdruck	N/m²	bar, daN/cm²
	F_1	Kraft am Hebel	N	daN, kN, MN
Mechanische Übersetzung $\boxed{i_{mech} = \dfrac{F_1}{F_2} = \dfrac{F_F}{F_H} = \dfrac{l_2}{l_1} = \dfrac{s_2}{s_1}}$	F_F	Fußkraft (Pedalkraft)	N	daN, kN, MN
	F_H	Hauptzylinderkolbenkraft	N	daN, kN, MN
	F_S	Spannkraft (Radzylinder)	N	daN, kN, MN
	ΣF_S	Gesamtspannkraft	N	daN, kN, MN
	i_{ges}	Gesamtübersetzung	—	—
	i_{mech}	Mechanische Übersetzung	—	—
Hydraulische Übersetzung $\boxed{i_{hyd} = \dfrac{F_H}{\Sigma F_S} = \dfrac{A_H}{\Sigma A_R}}$	i_{hyd}	Hydraulische Übersetzung	—	—
	A_H, A_R	Querschnittsflächen (Hauptzylinder bzw. Radzylinder)	m²	cm², mm²
Gesamtübersetzung $\boxed{i_{ges} = i_{mech} \cdot i_{hyd} = \dfrac{F_F}{\Sigma F_S}}$	l_1, l_2	Hebelarmlänge	m	mm, cm
	s_1, s_2	Hebelweg	m	mm, cm
				Fettdruck = bevorzugte Einheit

Beispiel Wie groß ist die Kraft F_2, die auf den Hauptbremszylinder 9.17 wirkt? Wie groß ist die mechanische Übersetzung? Bekannt sind: $F_1 = 150$ N, $l_1 = 200$ mm, $l_2 = 500$ mm.

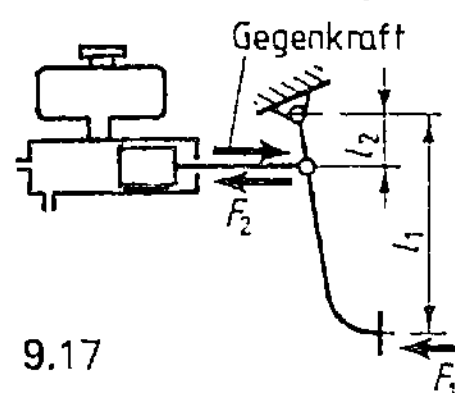

9.17

Ges. $\quad F_2$ in N, i_{mech}

Geg. $\quad F_1 = 150$ N, $l_1 = 200$ mm, $l_2 = 50$ mm

Lös. $\quad F_2 = \dfrac{F_1 \cdot l_1}{l_2} = \dfrac{150 \text{ N} \cdot 200 \text{ mm}}{50 \text{ mm}} = 600$ N

$\quad i_{mech} = \dfrac{l_2}{l_1} = \dfrac{50 \text{ mm}}{200 \text{ mm}} = 0{,}25$

Aufgaben

1. Bestimmen Sie zur Prinzipskizze **9.18** einer hydraulischen Bremsanlage die Übersetzungen i_{mech}, i_{hyd} und i_{ges} nach folgenden Angaben: $l_1 = 30$ mm, $l_2 = 15$ mm, $d_H = 19,05$ mm, $d_R = 22,2$ mm, 8 Radzylinderkolben.

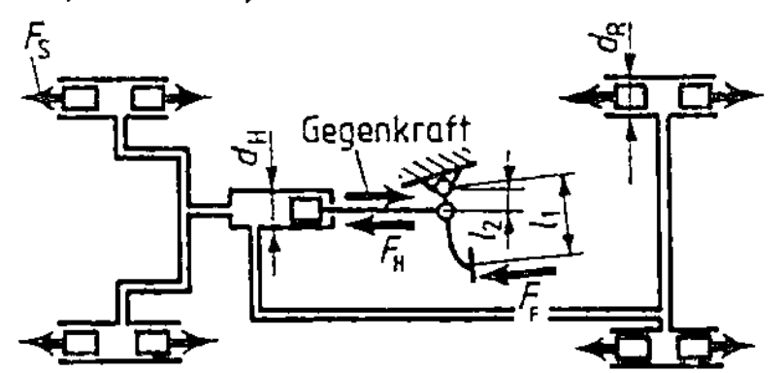

9.18   Hydraulische Bremsanlage

F_F Fußkraft
F_H Kolbenkraft (Hauptzylinder)
F_S Kolbenspannkraft
l_1 Hebelarm (Fußkraft)
l_2 Hebelarm (Kolben)
d_H Durchmesser (Hauptzylinder)
d_R Durchmesser (Radzylinder)

2. An einem Bremspedal (einseitiger Hebel) wirken die Kräfte $F_1 = 150$ N und $F_2 = 750$ N. Geben Sie i_{mech} als Verhältnis und als ausgerechneten Quotienten an.

3. Die Hebelarme eines Bremspedals **9.19** verhalten sich wie $1,26 : 3$. $F_1 = 640,5$ N und $l_1 = 185$ mm sind gegeben. Berechnen Sie den Hebelarm l_2, i_{mech} und die Kraft F_2.

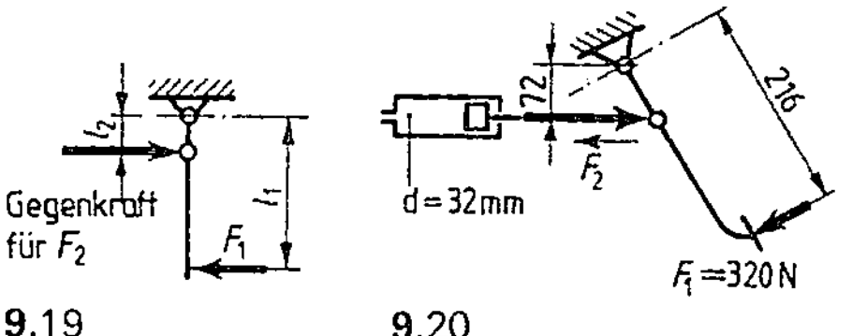

4. Ermitteln Sie nach der Prinzipskizze **9.20** die Kraft F_2 und den entstehenden Flüssigkeitsdruck p.

5. Die mechanische Hebelübersetzung einer Bremsanlage beträgt 0,27. Der Leitungsdruck erreicht 30 bar. Der Hauptzylinderdurchmesser ist $d_H = 22$ mm, bei den Radzylindern ist $d_R = 19$ mm. Berechnen Sie die Kolbenkraft F_H, die Spannkraft F_S und die Fußkraft F_F.

6. In einer hydraulischen Bremsanlage herrscht ein Flüssigkeitsdruck von 38 bar. Mit welcher Kraft wird ein Bremsbelag an die Bremsscheibe gedrückt, wenn der Bremszylinderdurchmesser 48 mm beträgt?

7. Der Bremsdruck in der Bremsleitung eines Pkw beträgt 80 bar. Bei den Vorderrädern ist die Spannkraft eines Radzylinderkolbens 3095 N, bei den Hinterrädern 1914 N. Welchen Durchmesser in mm haben die Radzylinder bei den Vorder- und bei den Hinterrädern?

8. Das Bremspedal einer hydraulischen Bremsanlage wird mit einer Fußkraft von $F_F = 280$ N betätigt. Für die mechanische Hebelübersetzung ist $i_{mech} = 0,2$ angegeben. Der Durchmesser des Hauptzylinders beträgt 19,05 mm. Die Durchmesser der Radzylinder betragen 22,2 mm. Berechnen Sie nach Bild **9.18**
a) die Spannkraft F_S je Bremsbacke,
b) die ΣF_S bei 8 Radzylinderkolben.

9. Welcher Druck ist in einer hydraulischen Bremsanlage erforderlich, wenn auf eine Bremsbacke die Spannkraft $F_S = 900$ N wirkt? Der Radzylinderdurchmesser ist $d_R = 20,5$ mm.

10. Ein Pkw ist mit einer Zweikreisscheibenbremsanlage ausgerüstet. Berechnen Sie p, $F_{S,v}$, F_H, $i_{hyd,v}$ und $i_{hyd,h}$. Gegeben sind vom Hauptzylinder: $d_H = 22$ mm, von den Radzylindern: $d_{R,v} = 50$ mm, $d_{R,h} = 36$ mm, $F_{S,h} = 3968$ N, 2 Radzylinder je Bremsscheibe.

11. Wie groß muß die Fußkraft F_F sein, wenn der Bremsbelag mit 3000 N an die Scheibe gepreßt wird? Der Radzylinderdurchmesser beträgt 33 mm und der Hauptzylinderdurchmesser 1 Zoll. Das Bremspedal ist ein einseitiger Hebel mit den Hebellängen $l_1 = 284$ mm und $l_2 = 52$ mm. Die Bremsanlage hat 8 Radzylinder.

12. Ein Bremspedal wird durch die Fußkraft $F_F = 26,2$ daN betätigt. Auf den Kolben des Hauptzylinders wirkt die Kraft $F_H = 93,8$ daN. Die hydraulische Übersetzung ist mit $1 : 18$ angegeben. Zu berechnen sind: i_{mech}, i_{ges} und ΣF_S.

13. Ein Bremspedal wird mit einer Fußkraft von $F_F = 494$ N betätigt. Dadurch entsteht ein Bremsdruck von 26 bar. Der Durchmesser des Hauptzylinders ist mit $d_H = 22$ mm angegeben. In den 4 Radzylindern vorn wirkt je Kolben die Spannkraft $F_{S,v} = 3,6$ kN, in den 4 Radzylindern hinten je Kolben $F_{S,h} = 740,7$ N.

Berechnen Sie
a) die mechanische Übersetzung i_{mech},
b) den Durchmesser $d_{R,v}$ (Radzylinder),
c) den Durchmesser $d_{R,h}$ (Radzylinder),
d) die Summe aller Spannkräfte ΣF_S,
e) die Übersetzungen $i_{hyd,v}$ und $i_{hyd,h}$,
f) die Gesamtübersetzung i_{ges}.

14. Von einer Bremsanlage sind folgende Daten bekannt: Hauptzylinderkolbenkraft $= 2,28$ kN, Leitungsdruck $= 80$ bar, mechanische Hebelübersetzung $= 0,228$, Radzylinderdurchmesser $= 22,2$ mm. Berechnen Sie folgende Größen:
a) den Durchmesser des Hauptzylinders d_H in mm,
b) die wirksam gewordene Fußkraft F_F in N,
c) die Spannkraft des Radzylinderkolbens F_S in N.

9.3.4 Umfangskraft an der Bremsscheibe

Bei der Scheibenbremse wirkt die Spannkraft F_S auf beide Bremsbeläge (9.21). Zwischen jedem Bremsbelag und der Bremsscheibe wirkt eine Gleitreibungskraft F_G.

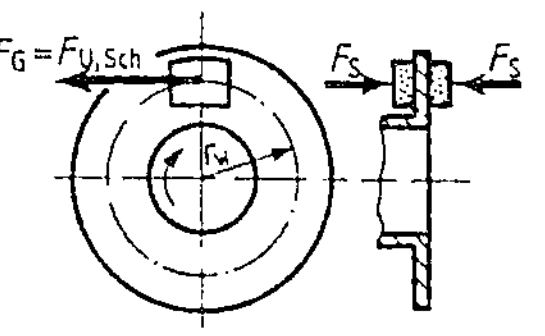

9.21 Scheibenbremse

> Gleitreibungskraft = Spannkraft · Gleitreibungsbeiwert
> $$F_G = F_S \cdot \mu_G \qquad \text{Einheit: N}$$

Die Gleitreibungskraft F_G oder Umfangskraft der Bremsscheibe $F_{U.Sch}$ setzt sich in Wirklichkeit aus den 2 Gleitreibungskräften beider Scheibenseiten zusammen.

$$F_{U.Sch} = 2 \cdot F_S \cdot \mu_G$$

9.3.5 Bremsenkennwert, Bremsmoment, Bremskraft, Spannkraft

Bei der Trommelbremse werden die Bremsbacken durch die Spannkraft der Radzylinderkolben an die Bremstrommel gepreßt. Je nach Bremsenbauart wird der Gleitreibungsbeiwert μ_G mit einem entsprechenden Korrekturfaktor multipliziert. Dadurch erhält man den Bremsenkennwert C. Durch ihn wird die verstärkende Servowirkung von Trommelbremsen berücksichtigt. Er ist gleichzeitig der Verhältniswert eines Kräfteverhältnisses.

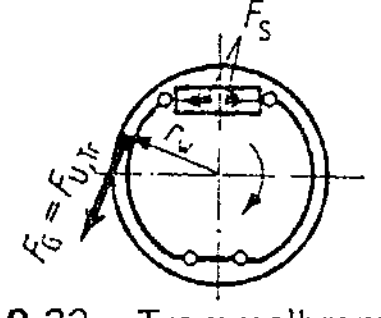

9.22 Trommelbremse

$$C = \frac{\text{Umfangskraft an der Bremstrommel}}{\text{Spannkraft eines Radzylinderkolbens}} \qquad C = \frac{F_{U.Tr}}{F_S}$$

Der Bremsenkennwert C (für Trommelbremsen) wird aus dem Diagramm 9.23 direkt abgelesen. Der Gleitreibungsbeiwert μ_G ist im Bremsenkennwert C mit enthalten. Der Gleitreibungsbeiwert μ_G für Bremsbeläge liegt in der Regel zwischen 0,3 und 0,5. Die Abbremsung eines Fahrzeugs ist am größten, wenn sich die Räder gerade noch drehen.

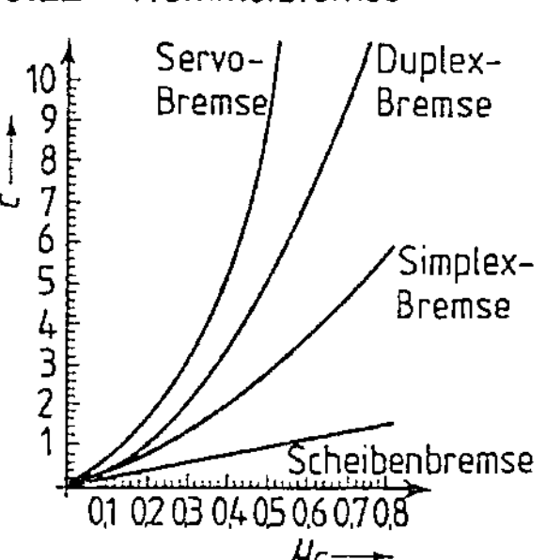

9.23 Bremsenkennung

Die größtmögliche Bremskraft F_{Br} berechnet man nach der Formel $F_{Br} = G \cdot \mu_H$. Dann wird F_{Br} gleich F_H gesetzt. Der größte Haftreibungsbeiwert μ_H tritt bei trockener Betonstraße mit $\mu_H = 0{,}8$ auf. Beim Bremsen greift die innere Umfangskraft F_U bei der Bremsscheibe bzw. Bremstrommel an dem entsprechenden wirksamen Halbmesser r_w an und bewirkt ein Drehmoment. Gleichzeitig wirkt am Rad ein gleichgroßes, aber entgegengesetzt gerichtetes Bremsmoment. Bis zum Erreichen der Blockiergrenze sind beide Momente gleich groß.

- Drehmoment an der Bremsscheibe $M_{Sch} = F_{U.Sch} \cdot r_w$
- Drehmoment an der Bremstrommel $M_{Tr} = F_{U.Tr} \cdot r_w$
- Bremsmoment am Rad $M_{Br} = F_{Br} \cdot r_{dyn}$

Formelentwicklung

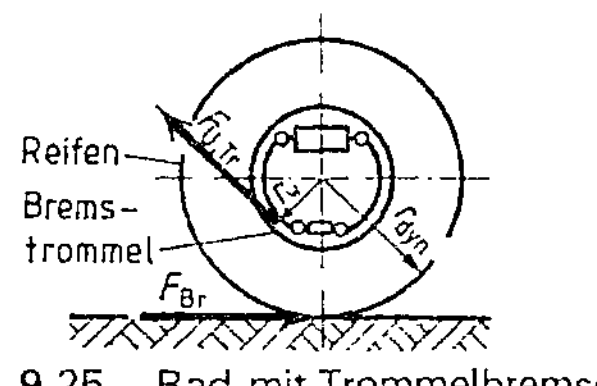

9.24 Rad mit Scheibenbremse

9.25 Rad mit Trommelbremse

Scheibenbremse (9.24)	Trommelbremse (9.25)
$M_{Br} = M_{Sch}$	$M_{Br} = M_{Tr}$
$F_{Br} \cdot r_{dyn} = F_{U.Sch} \cdot r_w$	$F_{Br} \cdot r_{dyn} = F_{U.Tr} \cdot r_w$
$F_{Br} = \dfrac{F_{U.Sch} \cdot r_w}{r_{dyn}} = \dfrac{2 \cdot F_S \cdot \mu_G \cdot r_w}{r_{dyn}}$	$F_{Br} = \dfrac{F_{U.Tr} \cdot r_w}{r_{dyn}} = \dfrac{C \cdot F_S \cdot r_w}{r_{dyn}}$
$F_S = \dfrac{F_B \cdot r_{dyn}}{2 \cdot \mu_G \cdot r_w} = \dfrac{G \cdot \mu_H \cdot r_{dyn}}{2 \cdot \mu_G \cdot r_w}$	$F_S = \dfrac{F_{Br} \cdot r_{dyn}}{C \cdot r_w} = \dfrac{G \cdot \mu_H \cdot r_{dyn}}{C \cdot r_w}$

Grundformeln		Formelzeichen		Einheiten	
Scheibenbremse	Trommelbremse		Bedeutung	SI	weitere ges.
Umfangskraft		$F_{U,Sch}$	Umfangskräfte an der	N	kN, daN
		$F_{U,Tr}$	Scheibe bzw. Trommel	N	kN, daN
$F_{U,Sch} = 2 \cdot F_S \cdot \mu_G$	$F_{U,Tr} = C \cdot F_S$	F_S	Spannkraft	N	kN, daN
		F_{Br}	Radbremskraft	N	kN, daN
Radbremskraft		G	Gewichtskraft	N	kN, daN
$F_{Br} = G \cdot \mu_H$	$F_{Br} = G \cdot \mu_H$	r_w	wirksamer Halbmesser	m	mm
		r_{dyn}	dynamischer Reifen-	m	mm
$F_{Br} = \dfrac{F_{U,Sch} \cdot r_w}{r_{dyn}}$	$F_{Br} = \dfrac{F_{U,Tr} \cdot r_w}{r_{dyn}}$		halbmesser		
		C	Bremsenkennwert	—	—
Spannkraft			(Trommelbremse)		
		μ_G	Gleitreibungs- bzw.	—	—
$F_S = \dfrac{F_{Br} \cdot r_{dyn}}{2 \cdot \mu_G \cdot r_w}$	$F_S = \dfrac{F_{Br} \cdot r_{dyn}}{C \cdot r_w}$	μ_H	Haftreibungsbeiwert	—	—
				Fettdruck = bevorzugte Einheit	

Beispiel Von einem Pkw wird die Bereifung mit 185/70 R 14 86 H und die Belastung der Hinterachse mit 830 kg angegeben. Für den Haftreibungsbeiwert zwischen Reifen und Fahrbahn wird $\mu_H = 0,8$ eingesetzt. Beim Gleitreibungsbeiwert der Bremsbeläge $\mu_G = 0,38$ lesen wir aus dem Diagramm **9.23** den Bremsenkennwert $C = 3,2$ ab. Die Bremstrommel hat einen wirksamen Halbmesser $r_w = 115$ mm. Mit welcher Spannkraft müssen die Bremsbacken eines Hinterrads angepreßt werden, um die größtmögliche Bremskraft zu erreichen?

Ges. F_S in N

Geg. $r_{dyn} = 303$ mm, $m = 415$ kg, $\mu_H = 0,8$, $C = 3,2$, $r_w = 115$ mm

Lös. $F_S = \dfrac{m \cdot g \cdot \mu_H \cdot r_{dyn}}{C \cdot r_w} = \dfrac{415 \text{ kg} \cdot 9,81 \text{ m} \cdot 0,8 \cdot 303 \text{ mm}}{3,2 \cdot \text{s}^2 \cdot 115 \text{ mm}} = 2681,6$ N

Aufgaben

1. In einer Versuchsserie sollen Simplex-, Duplex- und Servobremsen miteinander verglichen werden. Die Spannkraft $F_S = 1320$ N und der Gleitreibungsbeiwert $\mu_G = 0,36$ sollen bei allen Bremsen gleich sein. Bestimmen Sie für alle drei Bremsen die Umfangskraft $F_{U,Tr}$. Entnehmen Sie den Wert C dem Diagramm.

2. Auf beide Kolben einer Zweizylinder-Festsattel-Scheibenbremse wirkt der Druck $p = 15$ bar. Die Durchmesser der Kolben betragen 41,3 mm. Wie groß sind die Umfangskräfte $F_{U,Sch}$, wenn der Gleitreibungsbeiwert der Bremsbeläge $\mu_G = 0,42$ beträgt?

3. Bei einem 1250 kg schweren Pkw wirken 43 % der Masse auf die Hinterachse. Wie groß ist die Spannkraft F_S in N an der Scheibenbremse eines Vorderrads bei $\mu_H = 0,63$, $\mu_G = 0,42$, $r_{dyn} = 268$ mm, $r_w = 160$ mm?

4. Berechnen Sie für eine Simplexbremse die Spannkraft F_S in N und den Bremsleitungsdruck p in bar mit den Angaben: Umfangskraft $F_{U,Tr} = 3400$ N, Gleitreibungsbeiwert $\mu_G = 0,35$, Radzylinderdurchmesser $d_R = 28$ mm.

5. Von einer Duplexbremse sind folgende Größen gegeben: $p = 27,8$ bar, $d_R = 22,2$ mm, $\mu_G = 0,48$. Gesucht: $F_{U,Tr}$ in N.

6. Bestimmen Sie mit folgenden Angaben die erreichbare Spannkraft F_S an der Bremse eines Hinterrads: Fahrzeuggewicht $m = 1150$ kg, Belastung der Hinterachse 42 %, Bereifung 155/70 R 14, Bremsenkennwert $C = 3,4$, wirksamer Halbmesser $r_w = 120$ mm, Haftreibungsbeiwert $\mu_H = 0,78$.

7. Berechnen Sie das Gewicht (Masse) eines Pkw in kg mit folgenden Daten: Reifengröße 185/70 R 13, wirksamer Halbmesser $r_w = 135$ mm, Gleitreibungszahl $\mu_G = 0,48$, Haftreibungszahl $\mu_H = 0,6$, Gesamtspannkraft an allen Bremsscheiben $F_S = 16,52$ kN.

8. Die Hinterachse eines Pkw wird mit 45 % des Gesamtgewichts $m = 1636$ kg belastet. Welche Bremskraft erreicht ein Rad maximal bei einem Haftreibungsbeiwert $\mu_H = 0,45$?

9. Von einer Bremsanlage sind folgende Daten gegeben:

$F_F = 450$ N	$\mu_G = 0,38$
$l_1 = 280$ mm	$d_H = 25,4$ mm
$l_2 = 73$ mm	$d_{R,v} = 28,6$ mm
	$d_{R,h} = 22,2$ mm

vorn: Servobremsen, hinten: Scheibenbremsen. Berechnen Sie a) p in bar, b) F_S in N, c) $F_{U,Tr}$ (b + c je Vorder- und Hinterrad).

10 Kraftfahrzeug-Elektrik

10.1 Stromkreis

Elektrischer Strom fließt nur in einem geschlossenen Stromkreis (**10.1**). Der Stromkreis besteht aus Spannungsquelle, Leitungen, Verbraucher, Schalter und Sicherung. Jeder Verbraucher ist ein Widerstand, ein Energieumwandler und ein Spannungsverbraucher.

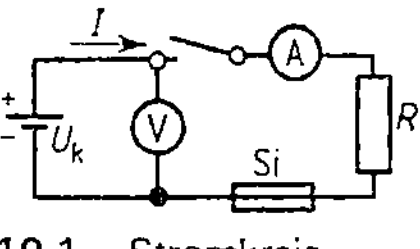
10.1   Stromkreis

10.1.1   Stromstärke, Spannung, Widerstand

> Die **Stromstärke** I ist ein Maß für die Anzahl der Elektronen, die je Sekunde durch den Leiterquerschnitt fließen.   Einheit: A (Ampere)
>
> Die **Spannung** U entspricht einer elektrischen Kraft, die den Unterschied an Elektronendichte ausgleichen will.   Einheit: V (Volt)
>
> Der **Widerstand** R ist die Eigenschaft der Leiter, dem Elektronenfluß hemmend entgegenzuwirken.   Einheit: Ω (Ohm)

Zusammenhang zwischen der Stromstärke I und der Spannung U

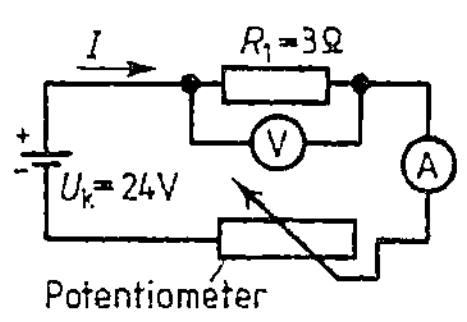

10.2   Versuchsaufbau

Versuchsdurchführung:
Spannungsänderung bei gleichbleibendem Widerstand (**10.2**).

Potentiometer	U	R	I
1. Einstellung	3 V	3 Ω	1 A
2. Einstellung	6 V	3 Ω	2 A
3. Einstellung	12 V	3 Ω	4 A

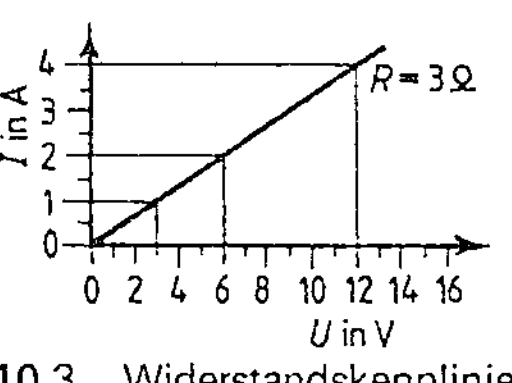

10.3   Widerstandskennlinie

> Stromstärke und Spannung ändern sich in gleichem Verhältnis, wenn der Widerstand konstant bleibt (**10.3**).

Zusammenhang zwischen der Stromstärke I und dem Widerstand R

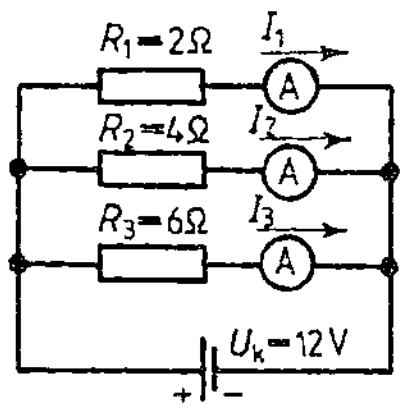

10.4   Versuchsaufbau

Versuchsdurchführung:
Widerstandsänderung bei gleichbleibender Spannung (**10.4**).

Widerstand	R	U	I
R_1	2 Ω	12 V	6 A
R_2	4 Ω	12 V	3 A
R_3	6 Ω	12 V	2 A

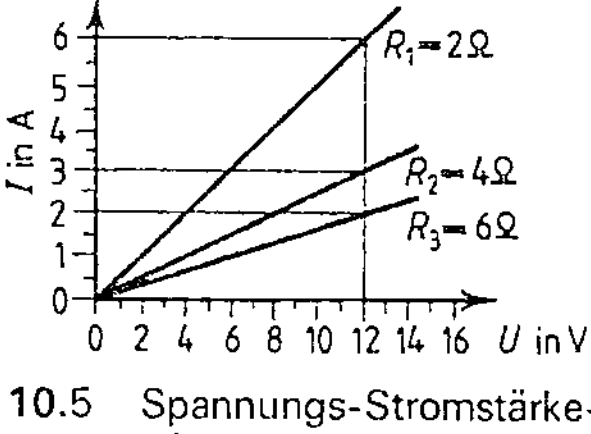

10.5   Spannungs-Stromstärke-Diagramm

> Stromstärke und Widerstand ändern sich im umgekehrten Verhältnis, wenn die Spannung konstant bleibt (**10.5**).

Zusammenfassung

> Die Stromstärke I steigt an, wenn die Spannung U größer oder der Widerstand R kleiner wird.

10.1.2 Ohmsches Gesetz

Die Beziehungen zwischen Stromstärke, Spannung und Widerstand werden durch das Ohmsche Gesetz ausgedrückt.

$$\text{Stromstärke } I = \frac{\text{Spannung}}{\text{Widerstand}} \qquad I = \frac{U}{R} \qquad \text{Einheit: A}$$

10.6 Meßschaltung

Die Meßschaltung **10.6** verdeutlicht folgende Einheitenbeziehung:

Wenn bei der Spannung von 1 V ein Strom von 1 A fließt, beträgt der Widerstand 1 Ω.

Es gelten die Einheitengleichungen: $\quad \dfrac{1\,V}{1\,A} = 1\,\Omega \qquad 1\,V = 1\,A \cdot \Omega \qquad 1\,A = \dfrac{1\,V}{1\,\Omega}$

Grundformel	Formelzeichen	Bedeutung	Einheiten SI	weitere gesetzliche
Ohmsches Gesetz $U = I \cdot R$	U	Spannung	V	mV, kV
	I	Stromstärke	A	mA
	R	Widerstand	Ω	kΩ, MΩ

Beispiel Welche Spannung ist erforderlich, damit durch die Wicklung eines Einrückmagnetschalters mit einem Widerstand von 0,3428 Ω ein Strom von 35 A fließt?

Ges. U in V

Geg. $R = 0,3428\ \Omega,\ I = 35\,A$ $\qquad$ Lös. $\quad U = I \cdot R = 35 \cdot 0,3428\,A \cdot \Omega = 12\,V$

Aufgaben

1. Berechnen Sie die fehlenden Größen in SI-Einheiten.

		a)	b)	c)	d)	e)	f)	g)	h)	i)
Spannung	U	24 V	?	6,2 V	?	16,1 V	28 V	?	?	14,6 V
Widerstand	R	6 Ω	3 Ω	?	20 mΩ	6,4 mΩ	?	28 Ω	50 kΩ	1,25 kΩ
Stromstärke	I	?	4 A	1,2 A	12,5 A	?	600 mA	857 mA	25 mA	?

2. Welche Spannung muß in einem Stromkreis wirksam sein, wenn bei einem Widerstand von 44 Ω ein Strom von 5 A fließen soll?

3. Welche Stromstärke stellt sich in einem Stromkreis ein, wenn bei einem Widerstand von 25 Ohm eine Spannung von 230 V wirksam ist?

4. An welche Spannung ist eine Gluhkerze angelegt, wenn bei einem Widerstand von 34,6 mΩ ein Strom von 31,792 A fließt?

5. Bestimmen Sie bei einer Dieselvorgluhanlage den Vorwiderstand, der bei einem Strom von 42 A einen Spannungsabfall von 6,7 V bewirkt.

6. Bei einer angelegten Spannung von 12 V ergibt die Messung eines Widerstands 283 Ω. Berechnen Sie den Stromfluß in mA.

7. Bei einem Widerstand von 96 mΩ nimmt ein Anlasser eine Stromstärke von 250 A auf. Wie groß ist die angelegte Spannung?

8. Bestimmen Sie die Stromstärke, wenn der Widerstand einer Halogenlampe 1,308 Ω beträgt. Die Spannung wird mit 12 V gemessen.

9. In der Primarwicklung einer Zundspule fließt ein Strom von 1,52 A bei einem Widerstand von 7,893 Ω. Berechnen Sie die Spannung.

10. Ein Relais ist fur eine Spannung von 12 V ausgelegt und spricht bei einem Stromfluß von 0,15 A an. Berechnen Sie den Widerstand der Spule.

11. Ein Heizwiderstand liegt an 24 V Batteriespannung. Er hat einen Widerstand von 1,243 Ω. Berechnen Sie den Stromfluß in Ampere.

12. Berechnen Sie den Vorwiderstand in einer Vorgluhanlage. Die Stromstärke beträgt 45,8 A. Der Spannungsabfall kann maximal 6,46 V betragen.

13. Berechnen Sie die angelegte Spannung in Volt, wenn ein Strom von 2,12 Ampere fließt. Der wirksame Widerstand beträgt 5,66 Ω.

14. Die Batteriespannung von 12 V wird durch den Generator auf 14,7 V angehoben. Um wieviel % steigt der Stromfluß in einer Lampe, wenn der Widerstand 1,297 Ω beträgt?

10.2 Leitungswiderstand

10.2.1 Spezifischer elektrischer Widerstand

Der Stromfluß der Elektronen wird in den einzelnen Leiterwerkstoffen durch den unterschiedlichen Gefügeaufbau verschieden stark behindert. Um diesen spezifischen elektrischen Widerstand der einzelnen Werkstoffe miteinander vergleichen zu können, müssen gleiche Leiterlänge, gleicher Querschnitt und gleiche Temperatur zugrundegelegt werden.

> Der spezifische elektrische Widerstand ϱ (rho) ist der Widerstand eines Leiters mit 1 mm² Querschnitt und 1 m Länge (bei 20 °C). Einheit: $\dfrac{\Omega \cdot mm^2}{m}$

10.2.2 Elektrische Leitfähigkeit

Den Kehrwert des spezifischen elektrischen Widerstands nennt man elektrische Leitfähigkeit.

> Die elektrische Leitfähigkeit γ (gamma) gibt die Drahtlänge in m an, die bei 1 mm² Querschnitt für 1 Ω Widerstand erforderlich ist. Einheit: $\dfrac{m}{\Omega \cdot mm^2}$

10.2.3 Berechnung des Leitungswiderstands

Der Widerstand vergrößert sich

- bei größerem spezifischen Widerstand des Leiterwerkstoffs bzw.
- bei kleinerer Leitfähigkeit des Leiterwerkstoffs,
- bei größerer Drahtlänge,
- bei kleinerem Querschnitt

Hieraus ergeben sich für die Berechnung des Leitungswiderstands zwei Formeln.

Tabelle 10.7 Spezifischer Widerstand und elektrische Leitfähigkeit

Werkstoff	ϱ in $\dfrac{\Omega \cdot mm^2}{m}$	γ in $\dfrac{m}{\Omega \cdot mm^2}$
Kupfer	0,0178	56
Aluminium	0,0286	35
Nickelin	0,4	2,5
Konstantan	0,5	2
Chromnickel	1,12	0,9
Aluchrom	1,37	0,73

$$\text{Leitungswiderstand } R = \frac{\text{spezifischer elektrischer Widerstand mal Länge}}{\text{Querschnittsfläche}} \qquad R = \frac{\varrho \cdot l}{A}$$

$$\text{Leitungswiderstand } R = \frac{\text{Länge}}{\text{Leitfähigkeit mal Querschnittsfläche}} \qquad R = \frac{l}{\gamma \cdot A}$$

Grundformeln		Formelzeichen Bedeutungen	Einheiten SI	weitere ges.
Leiterwiderstand $R = \dfrac{\varrho \cdot l}{A}$	Leitfähigkeit $\gamma = \dfrac{1}{\varrho}$	R Leiterwiderstand	Ω (Ohm)	mΩ, kΩ
		l Drahtlänge	m	—
		A Querschnittsfläche	m²	mm²
$R = \dfrac{l}{\gamma \cdot A}$		ϱ Spezifischer elektrischer Widerstand	Ω m	$\Omega \cdot mm^2/m$
		γ Elektrische Leitfähigkeit	S/m ($\varrho = 1/\Omega$)	m/($\Omega \cdot mm^2$)
			Fettdruck = bevorzugte Einheit	

Beispiel Die Erregerwicklung eines Generators hat eine Länge von 156 m und einen Drahtdurchmesser von 0,85 mm. Bestimmen Sie den Widerstand in Ω ($\varrho = 0,0178\,\Omega \cdot mm^2/m$).

Ges. R in Ω

Geg. $l = 156\,m$, $d = 0,85\,mm$, $\varrho = 0,0178\,\Omega \cdot mm^2/m$

Lös. $R = \dfrac{\varrho \cdot l}{A} = \dfrac{\varrho \cdot l}{d^2 \cdot 0,785}$

$$R = \frac{0,0178\,\Omega \cdot mm^2 \cdot 156\,m}{0,85\,mm \cdot 0,85\,mm \cdot m \cdot 0,785} = 4,896\,\Omega$$

Aufgaben

1. Welchen Widerstand hat eine 100 m lange Kupferleitung mit einem Querschnitt von 1,5 mm²?

2. Eine 250 m lange Starkstromleitung besteht aus 24 Einzeldrahten mit je 1,629 mm $\varnothing$ ($\varrho = 0,0286\,\Omega$ mm²/m). Bestimmen Sie den Gesamtwiderstand

3. Wie groß ist der Widerstand einer Aluminiumschiene von 63 m Lange, 50 mm Breite und 3 mm Dicke?

4. Wie groß ist der Widerstand einer Starterleitung aus Kupfer mit einem Querschnitt 35 mm², wenn die Leiterlange 1,8 m betragt?

5. Berechnen Sie die fehlenden Großen

	ϱ in $\dfrac{\Omega \cdot mm^2}{m}$	γ in $\dfrac{m}{\Omega \cdot mm^2}$	A in mm²	l in m	R in Ω	d in mm
a)	0,0178	?	2,5	180	?	?
b)	?	56	?	?	7,9	1,2
c)	?	?	1,5	24	4,8	?
d)	0,0286	?	50	1,8	?	?
e)	?	35	70	?	0,0024	?
f)	0,13	?	?	1,2	?	3,8

6. Der Widerstand einer Heizspirale in einem Heizflansch ist mit 0,39 Ω vermessen. Die Drahtlange der Heizspirale betragt 0,8 m, der Drahtdurchmesser 1,6 mm. Berechnen Sie
a) den spezifischen elektrischen Widerstand,
b) die elektrische Leitfahigkeit.

7. Berechnen Sie die fehlenden Großen.

	a)	b)	c)	d)	e)	f)	g)
ϱ in $\Omega \cdot mm^2/m$	0,1	?	0,016	0,4	?	0,018	?
R in Ω	?	0,11	0,4	25	6	0,4	0,22
l in m	12,5	24,6	?	?	12	2,5	6,25
A in mm²	?	4	0,5	0,05	0,06	?	?
d in mm	1,41	?	?	?	?	?	0,7

8. Es soll ein Vorschaltwiderstand mit $R = 2,8\,\Omega$ aus Nickelindraht (1,2 mm $\varnothing$) angefertigt werden. Berechnen Sie die erforderliche Drahtlange.

9. Ein 3,5 m langer Leitungsdraht mit 2,765 mm Durchmesser hat einen Widerstand von 0,01038 Ω Bestimmen Sie
a) den Querschnitt,
b) den spezifischen Widerstand,
c) den Werkstoff (nach Tabelle),
d) den Gesamtwiderstand von 100 m

10. Berechnen und vergleichen Sie die Widerstande einer Kupfer- und Aluminiumleitung, beide 7 m lang.

	Cu	Cu	Al	Al
A in mm²	1,5	2,5	1,5	2,5
R in Ω	?	?	?	?

11. Da in einem Lkw der Batteriekasten verlegt wird, muß die Anlasserleitung (Cu) von 1,2 m auf 2,5 m verlangert werden. Der alte Leitungsquerschnitt betragt 50 mm². Bestimmen Sie
a) den Widerstand der alten Leitung,
b) den Mindestquerschnitt der neuen Leitung, wenn der alte Widerstand erforderlich ist.

12. Eine Spulenwicklung mit 980 Windungen Kupferdraht hat einen Widerstand von 1,2 Ω. Bestimmen Sie
a) den Leitungsquerschnitt, wenn die mittlere Lange einer Windung 0,28 m betragt,
b) den Querschnitt, wenn Aluminium als Werkstoff gewahlt wird.

10.3 Spannungsabfall

Spannungsabfall im allgemeinen Stromkreis. Jede Leitung, die von einem Strom durchflossen wird, verursacht durch ihren Widerstand einen Spannungsverlust. Die Verbraucherspannung U ist um den Spannungsabfall U_v kleiner als die Klemmenspannung U_k.

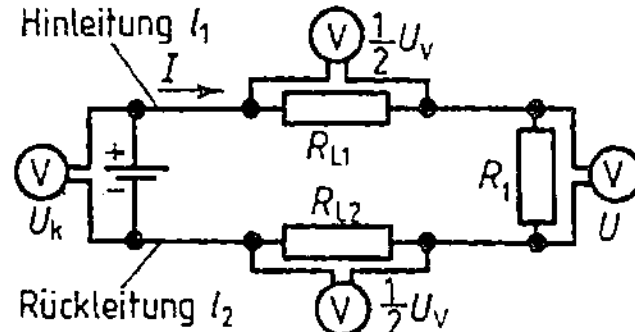

10.8   Hin- und Rückleitung

Als Leitungslänge l wird in die Formel die einfache Länge zwischen Spannungsquelle und Verbraucher eingesetzt und dann durch den Faktor 2 verdoppelt (10.8). Die Größe des Spannungsabfalls wird durch die Stromstärke und die Summe der Leitungswiderstände bestimmt (s. Ohmsches Gesetz).

$$R_{Ltg} = R_{L1} + R_{L2} = 2 \cdot R_L = 2 \cdot \frac{\varrho \cdot l}{A}$$

$$U_v = I \cdot 2R_L = I \cdot 2 \cdot \frac{\varrho \cdot l}{A} = \frac{2 \cdot I \cdot l \cdot \varrho}{A}$$

Spannungsabfall in Kfz-Anlagen. In Kfz-Anlagen wird beim Berechnen des Spannungsabfalls in der Regel nur die Hinleitung (Plusleitung) berücksichtigt. Die Rückleitung erfolgt hier im Einleitersystem über die gemeinsame Masse (Minusleitung) (10.9). Deren Querschnitt ist so groß bemessen, daß die Masse als Widerstand vernachlässigt wird.

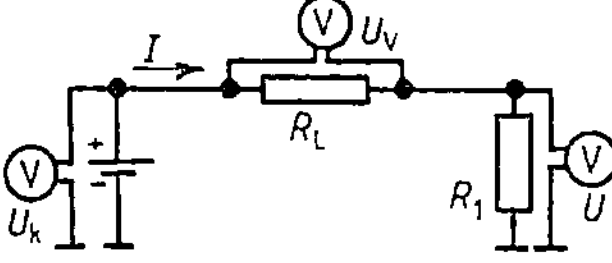

10.9   Hinleitung beim Kfz

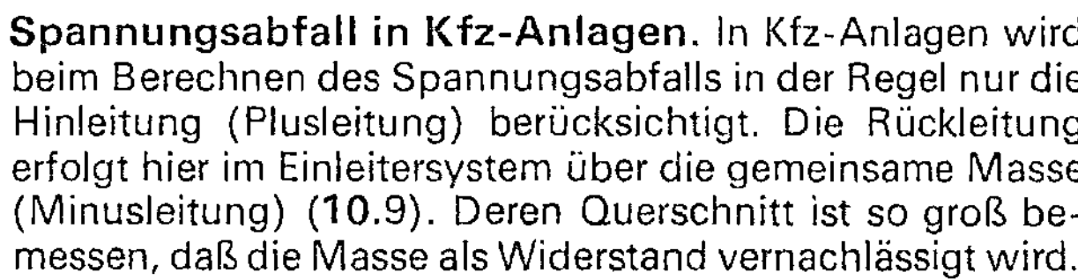

Spannungsabfall $U_v =$ Stromstärke $\cdot$ Leitungswiderstand $U_v = I \cdot R_L = \dfrac{I \cdot \varrho \cdot l}{A}$

10.3.1 Zulässiger Spannungsabfall

Spannungsabfall nach DIN 72551/3 (1951)

Um das einwandfreie Funktionieren aller elektrischen Aggregate in Kraftfahrzeugen zu gewährleisten, dürfen die Spannungsverluste der Leitungen festgelegte Höchstwerte nicht überschreiten.

Tabelle 10.10   Spannungsabfall

Klemmenspannung U_k	6 V	12 V	24 V
Verbraucherleitung U_v	0,4 V	0,8 V	1,6 V
Ladeleitungen U_v	0,15 V	0,3 V	0,6 V
Starterleitungen U_v	0,25 V	0,5 V	1,0 V

10.3.2 Nennquerschnitte und ihre Belastbarkeit

Die zulässige, erwärmungsbedingte Belastbarkeit der Leitungen richtet sich nach dem Leiterwerkstoff und nach der Stromdichte (gemessen in A je mm² Leitungsquerschnitt). Nach einer Daumenregel gilt: Die Belastbarkeit bleibt auf maximal 4,5 bis 5 A je mm² Querschnitt begrenzt.

Tabelle 10.11   Nennquerschnitte und ihre Belastbarkeit

Nennquerschnitt	Praxiswerte Dauerstrom	Höchststrom	Verwendung	Nennquerschnitt	Praxiswerte Dauerstrom	Höchststrom	Verwendung
0,5 mm²	0,5 A	1,5 A		16 mm²	80 A	160 A	
0,75 mm²	2,5 A	5 A	Kleinstverbraucher	25 mm²	125 A	250 A	
1,0 mm²	3 A	10 A		35 mm²	175 A	350 A	
1,5 mm²	6 A	15 A		50 mm²	250 A	500 A	Starterleitungen
2,5 mm²	15 A	25 A	Lichtanlagen	70 mm²	350 A	700 A	
4 mm²	20 A	40 A	Ladeleitungen	95 mm²	475 A	950 A	
6 mm²	25 A	60 A	Großverbraucher	120 mm²	600 A	1200 A	
10 mm²	40 A	100 A	Vorglühanlagen				

Werden Leitungen in Kraftfahrzeugen nur kurzzeitig belastet, kann der Belastungsstrom auf die in der Tabelle aufgeführten Höchstwerte angehoben werden (DIN 72551 T 3).

Grundformeln	Formelzeichen		Einheiten	
		Bedeutung	SI	weitere ges.
Verbraucherspannung $\boxed{U = U_k - U_v}$ Spannungsabfall $\boxed{U_v = I \cdot R_L = \dfrac{I \cdot \varrho \cdot l}{A} = \dfrac{I \cdot l}{\gamma \cdot A}}$	U U_v U_k I R_L ϱ l A γ	Verbraucherspannung (Nutzspannung) Spannungsabfall (Spannungsverlust) Klemmenspannung Stromstärke, Stromfluß Leitungswiderstand Spezifischer elektrischer Widerstand Leiterlänge Leiterquerschnitt Elektrische Leitfähigkeit	V V V A Ω Ω m m m² S/m	mV, kV, MV μA, mA, kA mΩ, kΩ $\Omega \cdot$ mm²/m — mm² m/($\Omega \cdot$ mm²)
			Fettdruck = bevorzugte Einheit	

Beispiel In einer 3,2 m langen Scheinwerferleitung aus Kupfer mit 1,5 mm² Querschnitt fließt ein Strom von 9,16 A. Berechnen Sie den Spannungsabfall U_v.

Hinweis Der Spannungsabfall kann a) mit ϱ (spezifischer elektrischer Widerstand) oder b) mit γ (elektrische Leitfähigkeit) berechnet werden.

Ges. U_v in V

Geg. $l = 3{,}2$ m
$\varrho = 0{,}0178\,\Omega \cdot$ mm²/m
$\gamma = 56$ m/($\Omega \cdot$ mm²)
$A = 1{,}5$ mm²
$I = 9{,}16$ A

Lös. a) $U_v = \dfrac{I \cdot \varrho \cdot l}{A} = \dfrac{9{,}16\,\text{A} \cdot 0{,}0178\,\Omega \cdot \text{mm}^2 \cdot 3{,}2\,\text{m}}{1{,}5\,\text{mm}^2 \cdot \text{m}}$

$U_v = \mathbf{0{,}349}$ **V**

b) $U_v = \dfrac{I \cdot l}{\gamma \cdot A} = \dfrac{9{,}16\,\text{A} \cdot 3{,}2\,\text{m} \cdot \Omega \cdot \text{mm}^2}{56\,\text{m} \cdot 1{,}5\,\text{mm}^2}$

$U_v = \mathbf{0{,}349}$ **V**

Aufgaben

1. Die Spannungsspule eines Spannungsreglers hat einen Widerstand von 18 Ω Die Stromstärke beträgt 0,667 A. Wie groß ist der Spannungsabfall?

2. Welchen Spannungsabfall verursacht eine 70 m lange Doppelleitung aus Aluminium mit einem Querschnitt von 10 mm², wenn die Stromstärke 25 A beträgt.

3. Bestimmen Sie den Spannungsabfall in einer Sammelleitung für 2 Nebelscheinwerfer bei folgenden Angaben: Stromstärke 9,16 A, Querschnitt 2,5 mm², elektrische Leitfähigkeit 56 m/($\Omega \cdot$ mm²), Leitungslänge 3,75 m

4. Berechnen Sie die fehlenden Großen.

5. Eine 40 m lange, zweiadrige Kupferleitung mit 25 mm² Querschnitt ist mit 80 A belastet.
a) Berechnen Sie den Spannungsabfall.
b) Der Spannungsabfall soll 2,5 % von 220 V nicht überschreiten. Ist diese Forderung erfüllt?

6. Ein Generator (14 V/35 A) ist mit der Batterie durch eine 2,8 m lange Kupferleitung verbunden. Berechnen Sie den Spannungsabfall bei 6 mm² Leitungsquerschnitt.

7. Eine Anlasserleitung aus Kupfer (von der Batterie zum Anlasser) ist 2,1 m lang. Berechnen Sie bei einem Leitungsquerschnitt von 25 mm² den Spannungsabfall, wenn ein Strom von 267,5 A fließt.

	Spezifischer Widerstand in $\Omega \cdot$ mm²/m	Elektrische Leitfähigkeit in m/($\Omega \cdot$ mm²)	Querschnitt in mm²	Länge in m	Stromstärke in A	Spannungsabfall in V	Durchmesser in mm	Leitungswiderstand in Ω
a)	0,0178	?	4	6,5	55	?	?	?
b)	?	2	2,5	?	9,16	18,32	?	?
c)	1,12	?	?	?	48	34,67	3,569	?
d)	?	35	?	1,8	850	0,874	?	?
e)	?	56	120	4,8	1200	?	?	?
f)	0,0286	?	16	2,4	?	0,45	?	?

10.4 Elektrische Leistung

10.4.1 Spannung, Stromstärke, Leistung

Eingeschaltete Elektrogeräte nehmen elektrische Leistung auf und geben sie als Nutzleistung wieder ab, z. B. als Heizleistung oder als mechanische Leistung.

> Die elektrische Leistung P kann durch Leistungsmesser direkt gemessen werden. Sie wird in W (Watt) angegeben.

Zusammenhang zwischen Spannung U, Stromstärke I und Leistung P

Versuchsdurchführung: Änderung der Spannung, dadurch auch verhältnisgleiche Änderung der Stromstärke bei gleichem Widerstand (10.12).

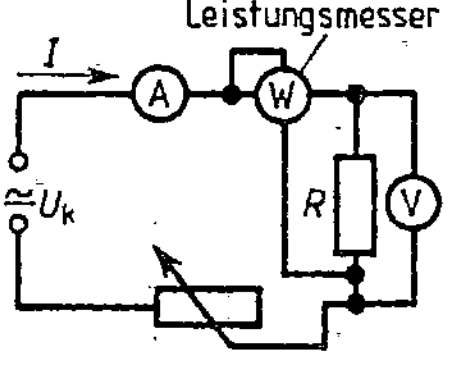

10.12 Versuchsaufbau

Potentiometer	U	I	R	P
1. Einstellung	3 V	1 A	3 Ω	3 W
2. Einstellung	6 V	2 A	3 Ω	12 W
3. Einstellung	9 V	3 A	3 Ω	27 W
4. Einstellung	12 V	4 A	3 Ω	48 W
5. Einstellung	15 V	5 A	3 Ω	75 W

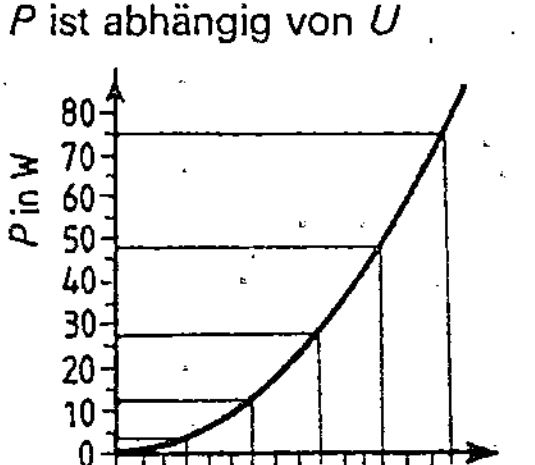

Erkenntnisse

1. Spannung und Stromstärke ändern sich in **gleichem** Verhältnis
2. Elektrische Leistung P = Spannung · Stromstärke.
   $$P = U \cdot I$$
3. Die Leistung steigt mit Spannung und Stromstärke **nicht** im gleichen Verhältnis (10.13).
4. Bei verhältnisgleicher Zunahme von Spannung und Stromstärke steigt die Leistung **quadratisch** an.

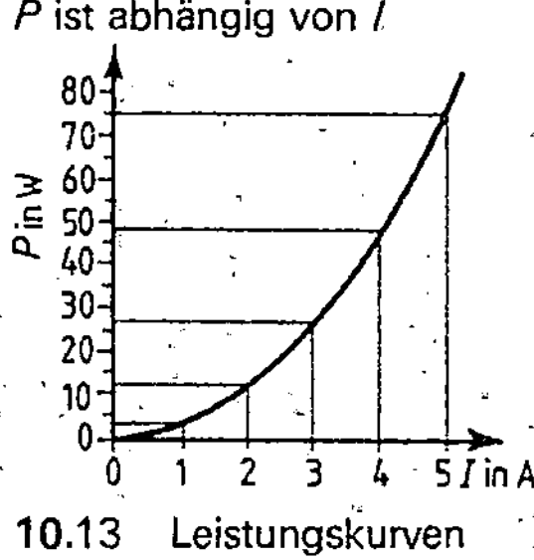

10.13 Leistungskurven

doppelte Spannung und doppelte Stromstärke ≙ vierfache Leistung
dreifache Spannung und dreifache Stromstärke ≙ neunfache Leistung
vierfache Spannung und vierfache Stromstärke ≙ sechzehnfache Leistung

10.4.2 Leistungsformel und Ohmsches Gesetz

Verknüpfung der Leistungsformel $P = U \cdot I$ mit dem Ohmschen Gesetz $U = I \cdot R$

$$P = U \cdot I \longrightarrow U = I \cdot R$$
$$P = I \cdot I \cdot R \longleftarrow$$

$$\boxed{P = I^2 \cdot R}$$

$$P = U \cdot I \longrightarrow I = \frac{U}{R}$$
$$P = U \cdot \frac{U}{R} \longleftarrow$$

$$\boxed{P = \frac{U^2}{R}}$$

Einheiten der Leistung. Die Leistung von 1 W (Watt) entsteht an einem Ohmschen Widerstand bei der Spannung von 1 V (Volt) und der Stromstärke von 1 A (Ampere).

$$\boxed{1 \text{ W} = 1 \text{ V} \cdot 1 \text{ A}}$$

1 W ist gleich einer Leistung, bei der 1 J (Joule) in 1 s in Wärmeenergie oder 1 Nm in 1 s in mechanische Energie umgesetzt wird

$$\boxed{1 \text{ W} = 1 \frac{\text{J}}{\text{s}} = 1 \frac{\text{Nm}}{\text{s}}}$$

> Elektrische, Wärme- und mechanische Leistungen werden gleichgesetzt.

Grundformeln		Formelzeichen		Einheiten	
			Bedeutung	SI	weitere ges.
Elektrische Leistung $\quad P=U\cdot I \quad P=I^2\cdot R \quad P=\dfrac{U^2}{R}$		P U I R	Leistung Spannung Stromstärke Widerstand	W V A Ω	mW, kW, MW mV, kV mA, kA mΩ, kΩ

Beispiel Welche Leistung entwickelt eine Stabglühkerze mit der Angabe 10,3 V (Nennspannung), wenn der Heizwiderstand 1,51559 Ω hat?

Ges. P in W $\qquad$ Geg. $U = 10,3$ V, $R = 1,51559\ \Omega$

Lös. $P = \dfrac{U^2}{R} = \dfrac{10,3\,\text{V} \cdot 10,3\,\text{V}}{1,51559\,\Omega} = 69,999\,\text{W} \approx \mathbf{70\,W}$

Aufgaben

1. Wie hoch ist die Leistungsaufnahme einer 24-V-Glühlampe bei $I = 2,291$ A?

2. Die Leistungsaufnahme und der Widerstand eines Heizwiderstands sind zu berechnen. Geg. 24 Volt, 28 Ampere

3. Ein Drehstromgenerator trägt die Aufschrift 14 V/55 A. Bestimmen Sie die Nennleistung.

4. In einer Halogen-Scheinwerferlampe fließt bei einer Spannung von 6 V ein Strom von 9,16 A. Wie groß sind P in W und R in Ω?

5. Wie groß ist die Leistungsaufnahme einer 12-V-Glühlampe, wenn der Heizwendel einen Widerstand von 2,618 Ω hat?

6. Berechnen Sie die Nennleistung und den Betriebswiderstand einer Glühlampe mit den Angaben 2,5 V/2 A.

7. Ein Schubtriebstarter hat laut Typenschild eine Stromaufnahme von 480 A bei 24 V. Wie groß ist die Leistungsaufnahme?

8. Ein Heizflansch mit einem Widerstand von 32,267 Ω gibt im Betriebszustand eine Leistung von 1,5 kW ab. Berechnen Sie I und U.

9. Bestimmen Sie die Stromstärken und Widerstände für Glühlampen mit folgenden Sockelaufdrucken:

5 W / 6 V	15 W / 12 V	15 W / 24 V
5 W / 12 V	45 W / 12 V	45 W / 24 V
5 W / 24 V	55 W / 12 V	55 W / 24 V

11. Durch einen Glühkerzenwiderstand mit 18,3 mΩ fließt ein Strom von 50 Ampere. Bestimmen Sie P in W und U in V.

12. Welcher Strom fließt durch einen Widerstand von 120 Ω, wenn die Heizleistung 3 kW beträgt?

13. Um wieviel Prozent steigt die Leistung eines Verbrauchers, wenn die Spannung von 12 V auf 14,7 V erhöht wird und der Verbraucher einen Widerstand von 2,618 Ω hat?

14. Berechnen Sie für einen Widerstand mit der Aufschrift 15 W/3,5 kΩ die maximale Stromstärke in mA. Wie hoch darf die angelegte Spannung höchstens sein?

15. In einer Abzweigdose hat sich ein Kontakt gelöst und bewirkte dadurch einen Übergangswiderstand von 35 mΩ. Es fließen 15 A. Bestimmen Sie den Spannungsabfall und den Leistungsverlust am Kontakt.

16. Eine Pkw-Lichtanlage mit einem Anschlußwert von 130 Watt liegt an einer Ruhespannung von 6 V. Welcher Strom fließt in der Lichtanlage?

17. An einem Verbraucher für 12 V/55 W sinkt die Klemmenspannung um 10 %. Um wieviel % sinkt dadurch die Leistung?

18. An einem Anlasser werden unter Last eine Stromaufnahme von 735 A und eine Spannung von 22,3 V gemessen. Berechnen Sie die Leistungsaufnahme und den Betriebswiderstand.

10. Berechnen Sie die fehlenden Größen Beachten Sie die angegebenen Einheiten.

		a)	b)	c)	d)	e)	f)	g)	h)	i)	j)
Spannung	U	220 V	220 V	220 V	? V	? V	? V	24 V	12 V	1,1 V	0,9 V
Stromstärke	I	4,8 A	? A	? A	2 A	2 A	? A	? A	4,583 A	? A	70 A
Widerstand	R	? Ω	87 Ω	? Ω	50 Ω	? Ω	50 Ω	10,475 Ω	? Ω	? mΩ	? mΩ
Leistung	P	? kW	? W	2,5 kW	? W	5 kW	200 W	? W	? W	70 W	? W

10.5 Elektrischer Wirkungsgrad

10.5.1 Energie- und Leistungsverluste

Elektrische Verbraucher im Kraftfahrzeug haben fast ausschließlich die Aufgabe, zugeführte (aufgenommene) Energie W_{zu} in eine andere Energieform umzuwandeln und als W_{ab} wieder abzugeben. So kann der Generator (Lichtmaschine) als Energieumwandler bezeichnet werden, weil er mechanische Energie in elektrische Energie umwandelt. Bei Energieumwandlungen entstehen zusätzlich unerwünschte Energieformen.

Sie werden als Energieverluste W_v bezeichnet: $W_v = W_{zu} - W_{ab}$.
Energieverluste bewirken in großem Maße auch Leistungsverluste.

$$P_v = P_{zu} - P_{ab}$$

10.5.2 Wirkungsgrad

Bei einem elektrischen Gerät erhält man durch das Größenverhältnis Nutzleistung zur aufgewendeten Leistung einen Ausdruck für die Güte der Energieumwandlung. Der ausgerechnete Bruch ist immer eine Dezimalzahl und heißt Wirkungsgrad η (eta).

$$\text{Wirkungsgrad } \eta = \frac{\text{abgegebene Leistung } P_{ab}}{\text{zugeführte Leistung } P_{zu}} \qquad \eta = \frac{P_{ab}}{P_{zu}} = \frac{P_2}{P_1} \qquad \text{Einheit: keine}$$

Der Wirkungsgrad ist immer eine Verhältniszahl < 1. Da P_{ab} (im Zähler) immer $< P_{zu}$ (im Nenner) ist, wird durch die größere Zahl geteilt.

Der Wirkungsgrad wird oft in % angegeben.

Beispiele
$$\eta = \frac{57{,}8\,\text{kW}}{85\,\text{kW}} = 0{,}68$$
$$\eta = 1 \quad \widehat{=}\ 100\,\%$$
$$\eta = 0{,}68 \ \widehat{=}\ 100\,\% \cdot 0{,}68 = 68\,\%$$

Tabelle 10.14 Energieumwandlungen und Wirkungsgrade bei Kfz-Aggregaten

Aggregat	zugeführte Energieform	abgegebene Energieform	Energieverluste	Wirkungsgrad in %
Generator	mechanische	elektrische	Reibung (Lüfter), Wärme, magnetische Verluste	50 bis 75
Anlasser	elektrische	mechanische	Reibung, Wärme, magnetische Verluste	50 bis 65
Batterie	elektrische	elektrische	Reibung, Wärme	90
Glühlampe	elektrische	Wärme, Licht	Wärme	0,015 bis 0,025
Zündspule	elektrische	elektrische	Wärme, magnetische Verluste	60 bis 75
Kfz-Motor	chemische	mechanische	Wärme, Reibung	24 bis 32

Den Gesamtwirkungsgrad η_{ges} erhält man durch Multiplizieren der Einzelwirkungsgrade oder durch

$$\eta_{ges} = \eta_1 \cdot \eta_2 \cdot \eta_3 \cdots$$

das Verhältnis $\dfrac{\text{am Ende abgegebene Leistung}}{\text{am Anfang zugeführte Leistung}}$

$$\eta_{ges} = \frac{P_{ab}\ (\text{am Ende})}{P_{zu}\ (\text{am Anfang})}$$

Grundformeln	Formelzeichen	Bedeutung	SI	weitere ges.
Leistungsverlust	P_v	Leistungsverlust	W	kW
$P_v = P_{zu} - P_{ab}$	P_{zu}	zugeführte, aufgenommene Leistung	W	kW, MW
	P_{ab}	abgegebene Leistung	W	kW, MW
Wirkungsgrad	η	Wirkungsgrad	—	—
$\eta_{ges} = \eta_1 \cdot \eta_2 \cdot \eta_3 \qquad \eta = \dfrac{P_{ab}}{P_{zu}}$	η_{ges}	Gesamtwirkungsgrad	—	—
	η_1, η_2	Einzelwirkungsgrad	—	—
			Fettdruck = bevorzugte Einheit	

Beispiel Ein stationärer Motor ist mechanisch mit einem Generator verbunden (10.15). Bestimmen Sie die in der Tabelle fehlenden Größen.

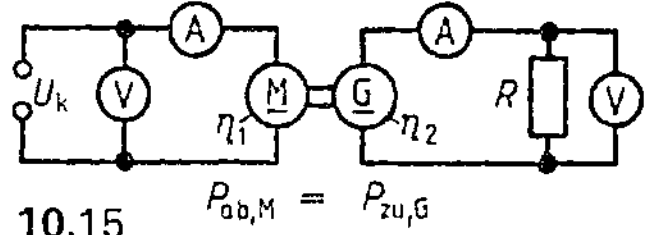

Motor					Generator				
U	I	$P_{zu,M}$	η_1	$P_{ab,M} = P_{zu,G}$	U	I	$P_{ab,G}$	η_2	η_{ges}
220 V	5 A	? W	0,55	? W	? W	24 V	15 A	? W	?	?

Lösungen

$$P_{zu,M} = U \cdot I = 220\,\text{V} \cdot 5\,\text{A} = 1100\,\text{W}$$

$$P_{ab,M} = \eta_1 \cdot P_{zu,M} = 0,55 \cdot 1100\,\text{W} = 605\,\text{W}$$

$$P_{zu,G} = P_{ab,M} = 605\,\text{W}$$

$$P_{ab,G} = U \cdot I = 24\,\text{V} \cdot 15\,\text{A} = 360\,\text{W}$$

$$\eta_2 = \frac{P_{ab,G}}{P_{zu,G}} = \frac{360\,\text{W}}{605\,\text{W}} = 0,595$$

$$\eta_{ges} = \eta_1 \cdot \eta_2 = 0,55 \cdot 0,595 = 0,326$$

$$\eta_{ges} = \frac{P_{ab,G}}{P_{zu,M}} = \frac{360\,\text{W}}{1100\,\text{W}} = 0,327$$

Aufgaben

1. Die Nennleistung P_{ab} eines Generators im Kraftfahrzeug beträgt 770 W bei einem Wirkungsgrad von 75 %. Wie groß ist die Antriebsleistung P_{zu} bei voller Leistung des Generators?

2. Ein 12-V-Anlasser muß zum Starten des Motors 2,5 kW Leistung abgeben. Wie groß ist seine Leistungsaufnahme bei einem Wirkungsgrad von 52 %?

3. Für einen belasteten Gleichstrommotor werden eine Leistung von 5,434 kW und eine Stromstärke von 517,52 A berechnet. Wie groß sind der Betriebswiderstand R und die Leistungsabgabe P_{ab} bei einem Wirkungsgrad von 60 %?

4. Dem Leistungsschild eines Gleichstrommotors entnimmt man folgende Betriebswerte für Dauerlast: $P_{ab} = 5\,\text{kW}$, $U_k = 12\,\text{V}$, $\eta = 0,67$. Bestimmen Sie die Leistung P_{zu} und die Stromaufnahme I.

5. Berechnen Sie die fehlenden Größen in SI-Einheiten.

6. Ein Gleichstromgenerator liefert bei 18 A eine Spannung von 440 V. Wie groß ist die erforderliche Antriebsleistung in W, wenn der Wirkungsgrad 62 % beträgt?

7. Bestimmen Sie den Wirkungsgrad eines Generators, wenn das Aggregat 8 kW Leistung aufnimmt. Gleichzeitig werden bei Vollast im Ladestromkreis eine Spannung von 440 V und eine Stromstärke von 12 A gemessen.

8. Ein Elektromotor treibt eine Kraftstoffpumpe an. Berechnen Sie mit den in der Skizze 10.16 angegebenen Werten

a) die Stromaufnahme des Antriebsmotors,
b) den Gesamtwirkungsgrad,
c) die abgegebene Leistung der Kraftstoffpumpe.

		a)	b)	c)	d)	e)	f)	g)	h)
Spannung	U_1	10,5 V	12 V	220 V		110 V	?	60 V	?
Stromstärke	I_1	180 A	?	5 A		?	6,25 A	?	7,5 A
Widerstand	R_1	?	3 Ω	?			7,68 Ω	?	?
Leistung	P_1	?	?	?	?	5 kW	?	?	1,2 kW
Wirkungs-grad	η_1	55 %	?	0,50	0,65	0,70	0,82	0,72	
	η_{ges}			0,327	?	0,406	?	?	0,385
	η_2			?	0,70	?	0,71	0,56	
Spannung	U_2	?	30 kV	24 V	24 V	24 V		440 V	?
Stromstärke	I_2	86,63 A	?	?	55 A	?		12,75 A	28,5 A
Widerstand	R_2	?		?				?	0,8 Ω
Leistung	P_2	?	20 W	?	?	?	?	?	?

10.6 Elektrische Arbeit

10.6.1 Spannung, Stromstärke, Einschaltzeit

Elektrischer Strom wird in der Technik als Transport negativer Ladungsträger verstanden. Die Bewegung negativer Ladungsträger bzw. der Stromfluß wird durch den Spannungsunterschied zwischen den Polen hervorgerufen. Für die Festlegung der elektrischen Arbeit als physikalische Größe und für die Größe der Arbeit muß vor allem die Einschaltdauer berücksichtigt werden.

Zusammenhang zwischen Spannung U, Stromstärke I und Einschaltzeit t

Versuchsdurchführung: Änderung der Einschaltzeit, Spannung und Stromstärke gleichbleibend (dadurch auch Leistung gleichbleibend), $R =$ konstant (10.17).

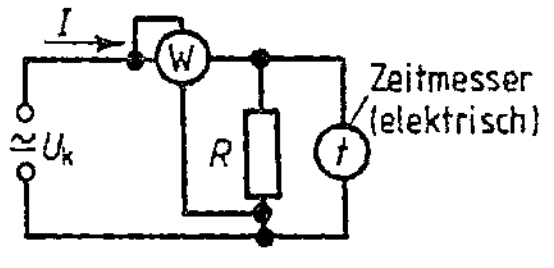

10.17   Versuchsaufbau

	t	U	I	P	R	W
1. Ablesung	1 s	12 V	5 A	60 W	2 Ω	60 Ws
2. Ablesung	60 s	12 V	5 A	60 W	2 Ω	3 600 Ws
3. Ablesung	3600 s	12 V	5 A	60 W	2 Ω	216 000 Ws

Erkenntnisse

1. elektrische Leistung	$P =$ Spannung · Stromstärke	
	$P = U \cdot I$	Einheit: W
2. elektrische Arbeit	$W =$ elektrische Leistung · Zeitdauer des Stromflusses	
	$W = P \cdot t$	Einheit: Ws (Wattsekunde)
3. elektrische Arbeit	$W =$ Spannung · Stromstärke · Zeit	
	$W = U \cdot I \cdot t$	Einheit: Ws

Einheiten der Arbeit. Elektrische Arbeit, mechanische Arbeit und Wärmemenge sind Größen gleicher Art. Ihre Einheiten können gleichgesetzt werden.

	elektrische Arbeit	mechanische Arbeit	Wärmemenge
Größengleichungen	$W = U \cdot I \cdot t = P \cdot t$	$W = F \cdot s$	$Q = m \cdot c \cdot \Delta T$
Einheitengleichungen	$[W] = V \cdot A \cdot s = W \cdot s$	$[W] = N \cdot m$	$[Q] = \dfrac{kg \cdot J \cdot K}{kg \cdot K}$

Aus der Gleichstellung der Einheiten folgt:

$$1 \text{ VAs} = 1 \text{ Ws} = 1 \text{ Nm} = 1 \text{ J}$$

Grundformeln	Formelzeichen		Einheiten	
		Bedeutung	SI	weitere gesetzliche
elektrische Arbeit	W	Arbeit	J	Nm, **Ws**, Wh, kWh
	U	Spannung	V	mV, kV,
$W = U \cdot I \cdot t$	I	Strom (Stromstärke, -fluß)	A	mA, kA
	t	Zeit (Dauer des Stromflusses)	s	h
$W = P \cdot t$	P	Leistung	W	kW, J/s

10.6.2 Kostenberechnung der elektrischen Arbeit

Aus dem öffentlichen Energienetz entnehmen wir elektrische Arbeit. Sie wird mit einem Kilowattstundenzähler gemessen und nach dem Preis für 1 kWh bezahlt.

$$\text{Kosten} = \text{Kilowattstunden} \cdot \text{Preis je 1 kWh}$$

Beispiel Eine Kfz-Batterie liefert in der Zeit von 6,5 h bei einer Spannung von 12 V einen Strom von 7,5 A. Bestimmen Sie die abgegebene elektrische Arbeit.

Ges. W in Wh

Geg. $U_k = 12\,V$, $I = 7{,}5\,A$, $t = 6{,}5\,h$

Lös. $W = U_k \cdot I \cdot t = 12\,V \cdot 7{,}5\,A \cdot 6{,}5\,h = \mathbf{585\,Wh}$

Aufgaben

1. Wieviel Wattstunden verbrauchen 12 Gluhlampen, die mit je 60 W ausgezeichnet sind, wenn sie 8 Stunden eingeschaltet sind?

2. Acht Gluhlampen mit je 100 Watt sind durchschnittlich im Monat 168 Stunden eingeschaltet. Bestimmen Sie den monatlichen Verbrauch in kWh und die Kosten. Eine Kilowattstunde kostet 36 Pf.

3. Der Anlasser in einem Lkw nimmt bei einer Spannung von 22,5 V einen Strom von 875 Ampere auf. Der Anlasser ist taglich 3,5 min in Betrieb. Bestimmen Sie die Große der elektrischen Arbeit fur 6 Tage.

4. Eine Batterie wird in 16 Stunden bei 9,5 V Spannung mit 11,25 Ampere aufgeladen. Bestimmen Sie die elektrische Arbeit in kWh.

5. Ein Gleichstrommotor nimmt bei 440 V Spannung einen Strom von 2,7 Ampere auf. Wie hoch sind die monatlichen Stromkosten, wenn der Motor im Monat 120 Stunden eingeschaltet wird und eine Kilowattstunde 0,33 DM kostet?

6. Ein Gleichstrommotor nimmt 2,5 kW auf. Wie hoch stellen sich die Stromkosten fur 1 Jahr, wenn er 8 h je Tag eingeschaltet ist? Eine Kilowattstunde wird mit 0,36 DM berechnet (1 Jahr = 300 Arbeitstage).

7. Berechnen Sie die fehlenden Großen.

8. In einer Werkstatt sind taglich folgende Verbraucher eingeschaltet:
8 Lampen mit je 100 W, 4,5 Stunden,
2 Lampen mit je 60 W, 2,5 Stunden,
1 Lampe mit 40 W, 8 Stunden,
4 Lampen mit je 25 W, 8 Stunden,
4 Heizofen mit je 1500 W, 6,5 Stunden
Wie hoch sind die monatlichen Kosten bei 21 Arbeitstagen, wenn eine Kilowattstunde 30 Pf kostet?

9. Bestimmen Sie die Stromaufnahme eines Gleichstrommotors, der bei 172 Betriebsstunden 946 kWh verbraucht hat. Die Betriebsspannung betrug 440 V. Berechnen Sie die Kosten bei 0,36 DM je kWh.

10. Ein Starter nimmt 350 A auf, wenn die Spannung der Batterie auf 10,75 V abgefallen ist. Durchschnittlich wird am Tag 18mal gestartet. Der Startvorgang beträgt 30 s. Berechnen Sie die elektrische Arbeit.

11. Berechnen Sie bei einem Strompreis von 0,32 DM je kWh die Kosten fur
a) die Brennstunde einer 100 W Lampe,
b) die Arbeitsstunde eines 650 W Bugeleisens,
c) die Heizstunde eines 3 kW Heizofens,
d) den Tagesbetrieb eines Kuhlschranks mit 100 W Leistungsaufnahme bei einer taglichen Einschaltzeit von 25 %.

	a)	b)	c)	d)	e)	f)	g)	h)
Spannung	220 V	110 V	220 V	? V	24 V	220 V	110 V	220 V
Stromstärke	4,7 A	? A	? A	6,5 A	180 A	? A	? A	? A
elektrische Leistung	? W	4800 W	? kW	10400 W	? W	2057 W	? W	1187,5 W
elektrische Arbeit	? Wh	? kWh	? kWh	? kWh	? Wh	4628,25 Wh	5,6 kWh	2,85 kWh
Betriebszeit	6,5 h	140 h	48 h	180,6 h	6,4 min	? min	84 min	? min
Preis je kWh	0,28 DM	? DM	0,28 DM	36 Pf	? DM	? DM	0,30 DM	40 Pf
Gesamtpreis	? DM	241,92 DM	29,56 DM	? DM	13,8 Pf	1,67 DM	? DM	? DM

10.7 Schaltung von Verbrauchern

10.7.1 Reihenschaltung

Bei der Reihen- oder Hintereinanderschaltung sind der Eingang des ersten Widerstands mit dem Pluspol und der Ausgang des letzten Widerstands mit dem Minuspol der Spannungsquelle verbunden. Reihenschaltungen kommen im Bereich der Kfz-Technik nur selten vor, z. B. bei Vorglühanlagen.

Meßschaltungen zum Verhalten von Stromstärke, Spannung und Widerständen

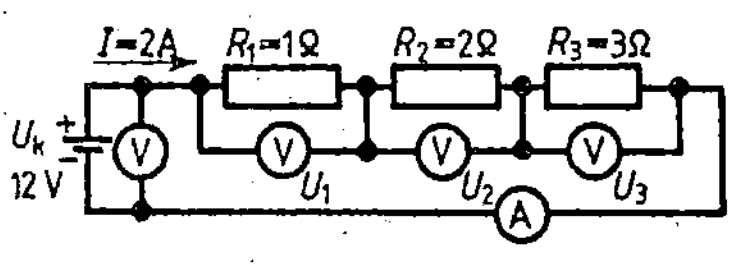

10.18   Versuchsaufbau

		bei R_1	bei R_2	bei R_3	gesamt
Stromstärke	I	$I_1 = 2\,A$	$I_2 = 2\,A$	$I_3 = 2\,A$	$I = 2\,A$
Spannung	U	$U_1 = 2\,V$	$U_2 = 4\,V$	$U_3 = 6\,V$	$U = 12\,V$
Widerstand	R	$R_1 = 1\,\Omega$	$R_2 = 2\,\Omega$	$R_3 = 3\,\Omega$	$R = 6\,\Omega$
Leistung $P = U \cdot I$		$P_1 = 4\,W$	$P_2 = 8\,W$	$P_3 = 12\,W$	$P = 24\,W$

In dieser Ergebnistabelle sind die berechneten Leistungswerte zur Kontrolle eingesetzt, um ihre Abhängigkeit von U und I zu kennzeichnen.

Erkenntnisse

1. In der Reihenschaltung werden alle Widerstände vom Strom in gleicher Stärke durchflossen.

2. In der Reihenschaltung ist die Summe der Teilspannungen gleich der Gesamtspannung.

3. In der Reihenschaltung ist die Summe der Teilwiderstände gleich dem Gesamtwiderstand.

4. In der Reihenschaltung verhalten sich die Teilspannungen wie die zugehörigen Teilwiderstände. Am höheren Widerstand liegt die höhere Spannung an.

$$I = I_1 = I_2 = I_3$$

$$U = U_1 + U_2 + U_3$$

$$R = R_1 + R_2 + R_3$$

$$U_1 : U_2 : U_3 = R_1 : R_2 : R_3$$

$$\frac{U_1}{U_2} = \frac{R_1}{R_2} \qquad \frac{U_2}{U_3} = \frac{R_2}{R_3}$$

Nach dem Ohmschen Gesetz folgt:

$$\left.\begin{array}{l} U_1 = I \cdot R_1 \\ U_2 = I \cdot R_2 \end{array}\right\} \rightarrow \frac{U_1}{U_2} = \frac{I \cdot R_1}{I \cdot R_2} \rightarrow \frac{U_1}{U_2} = \frac{R_1}{R_2}$$

Beispiel   In einer Reihenschaltung (10.19) liegen sechs Widerstände an einer Klemmenspannung von 220 V. Berechnen Sie den Gesamtwiderstand R in Ohm, die Stromstärke I in Ampere und die Teilspannungen U_1 bis U_6 in Volt.

a) $R = R_1 + R_2 + R_3 + R_4 + R_5 + R_6$
$\ R = 1\,\Omega + 1\,\Omega + 1\,\Omega + 2\,\Omega + 2\,\Omega + 4\,\Omega = 11\,\Omega$

b) $I = \dfrac{U_k}{R} = \dfrac{220\,V}{11\,\Omega} = 20\,A$

c) $U_1 = I \cdot R_1 = 20\,A \cdot 1\,\Omega = 20\,V$
$\ U_2 = I \cdot R_2 = 20\,A \cdot 1\,\Omega = 20\,V$
$\ U_3 = I \cdot R_3 = 20\,A \cdot 1\,\Omega = 20\,V$
$\ U_4 = I \cdot R_4 = 20\,A \cdot 2\,\Omega = 40\,V$
$\ U_5 = I \cdot R_5 = 20\,A \cdot 2\,\Omega = 40\,V$
$\ U_6 = I \cdot R_6 = 20\,A \cdot 4\,\Omega = 80\,V$

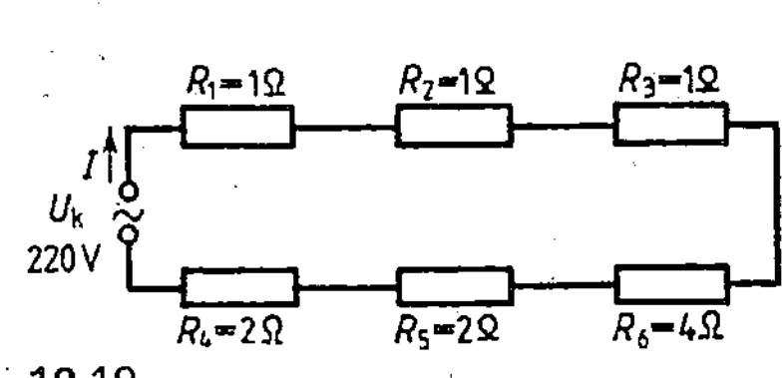

10.19

Kontrolle $U_k = U_1 + U_2 + U_3 + U_4 + U_5 + U_6 = 220\,V$

Aufgaben

1. Eine Reihenschaltung aus $R_1 = 30\,\Omega$ und $R_2 = 15\,\Omega$ wird von $I = 0,533\,A$ durchflossen. Bestimmen Sie die Spannungsabfälle U_1 und U_2 an den Widerständen R_1 und R_2 und die Klemmenspannung U_k.

2. In einer Reihenschaltung fließt ein Strom von 2,5 A. Am Widerstand R_1 entsteht ein Spannungsabfall von 75 V und am Widerstand R_2 ein Spannungsabfall von 135 V. Berechnen Sie R_1, R_2, R und U_k.

3. Berechnen Sie für folgende Reihenschaltungen die fehlenden Größen in V, A oder Ω.

		a)	b)	c)	d)	e)	f)	g)	h)
Widerstand	R_1	14 Ω	10 Ω	? Ω	3 Ω	1 Ω	1,5 Ω	? Ω	2,5 Ω
	R_2	24 Ω	10 Ω	? Ω	7 Ω	2 Ω	2,5 Ω	? Ω	7,5 Ω
	R_3		15 Ω	? Ω	10 Ω	3 Ω		? Ω	?
	R_4		12 Ω	? Ω	0,5 Ω	? Ω		? Ω	
Gesamtwiderstand	R	? Ω	? Ω	? Ω	? Ω	80 Ω	? Ω	? Ω	? Ω
Spannung	U_k	220 V	? V	? V	440 V	440 V	? V	? V	12 V
Teilspannung	U_1	? V	? V	5 V	? V	? V	? V	1,7 V	? V
Teilspannung	U_2	? V	? V	35 V	? V	? V	? V	6,7 V	? V
Teilspannung	U_3		? V	70 V	? V	? V		0,9 V	4 V
Teilspannung	U_4		? V	80 V	? V	? V		0,9 V	
Stromstärke	I	? A	6 A	7,6 A	? A	? A	4 A	70 A	? A

4. In einer Reihenschaltung mit 24 V Klemmenspannung soll ein Verbraucher verwendet werden, der aber nur für 12 V Spannung ausgelegt ist. Der Verbraucher braucht maximal einen Strom von 4,5 A. Berechnen Sie die Größe des erforderlichen Vorwiderstands in Ohm.

5. Die Spannungsspule eines Spannungsreglers hat einen Widerstand von $R_1 = 18,25\ \Omega$. Ein Widerstand $R_2 = 27,687\ \Omega$ ist mit der Spule in Reihe geschaltet. Es fließt ein Strom von 0,32 A. Bestimmen Sie
a) den Gesamtwiderstand R,
b) die Gesamtspannung U_k,
c) die Teilspannungen U_1 und U_2.

6. An den Klemmen eines Widerstands $R_1 = 8\ \Omega$ liegt eine Teilspannung $U_1 = 20$ V an. Welcher Vorwiderstand R_2 ist in Reihe einzubauen, wenn die Anlage an eine Netzspannung von 220 V angeschlossen wird? Vergleichen Sie in einer Gleichung das Verhältnis der Spannungen mit dem Verhältnis der Widerstände.

7. Mit einem Kontrollwiderstand R_1 für 1,7 V und einem Vorwiderstand R_2 liegen 6 Glühkerzen (R_3 bis R_8) in Reihe. Jede Glühkerze braucht eine Teilspannung von 0,9 V. Bei 12 V fließt ein Strom von 68 A. Bestimmen Sie
a) die Teilspannung am Vorwiderstand in V,
b) den Kontrollwiderstand in Ω,
c) den Vorwiderstand in Ω,
d) den Widerstand einer Glühkerze in Ω.

8. Prüfen Sie alle für die Schaltung **10.20** erforderlichen Meßwerte durch Berechnung.

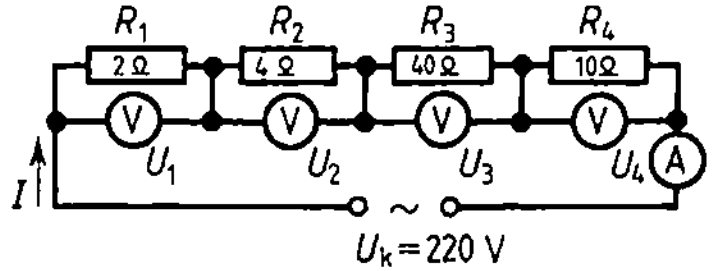

10.20

9. Für die Schalterstellungen 1, 2, 3 und 4 in Bild **10.21** sind alle Meßgrößen durch Rechnung zu bestimmen.

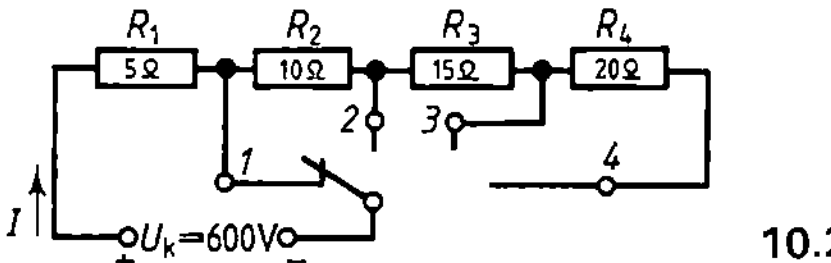

10.21

10. Bestimmen Sie für eine Vierzylinder-Vorglühanlage **10.22**
a) die Stromstärke I,
b) den Spannungsabfall am Vorwiderstand R_2,
c) den Widerstand einer Glühkerze,
d) den Gesamtwiderstand.

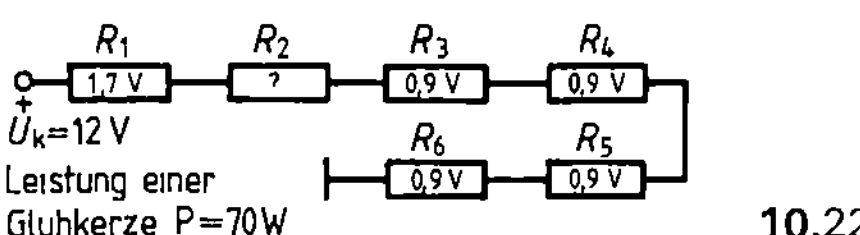

10.22

11. Bei einer Hochleistungszündspule liegt vor der Primärspule R_{Pr} der Vorwiderstand $R_1 = 1,2\ \Omega$ (**10.23**). Es fließt ein Sättigungsstrom von 4 A. Berechnen Sie die Teilspannung der Primärwicklung.

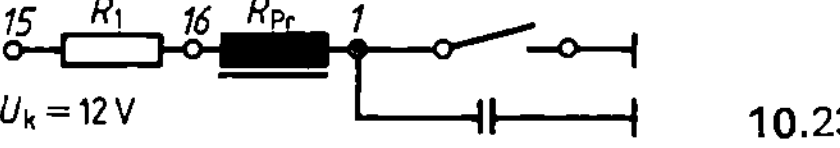

10.23

12. Bestimmen Sie in der Reihenschaltung **10.24**
a) die Stromstärke,
b) den Vorwiderstand,
c) den Gesamtwiderstand,
d) die Gesamtleistung.

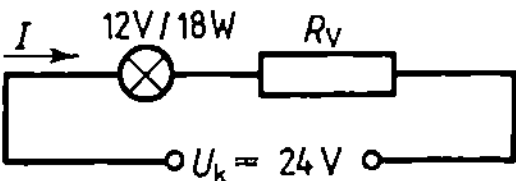

10.24

10.7.2 Parallelschaltung

Bei der Parallelschaltung sind die Eingänge und Ausgänge aller Widerstände verbunden. Die Zusammenschaltungen sind an die Spannungsquelle gelegt, so daß die Widerstände bzw. die Verbraucher zueinander „parallel" liegen.

Meßschaltungen zum Verhalten von Spannung, Stromstärke und Widerständen

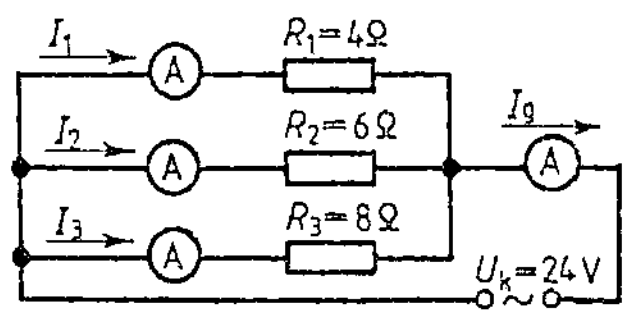

	bei R_1	bei R_2	bei R_3	gesamt
Spannung U	$U_1 = 24\,V$	$U_2 = 24\,V$	$U_3 = 24\,V$	$U_k = 24\,V$
Stromstärke I	$I_1 = 6\,A$	$I_2 = 4\,A$	$I_3 = 3\,A$	$I = 13\,A$
Widerstand R	$R_1 = 4\,\Omega$	$R_2 = 6\,\Omega$	$R_3 = 8\,\Omega$	$R = 1{,}846\,\Omega$

10.25   Versuchsaufbau

Erkenntnisse

1. In der Parallelschaltung sind Gesamtspannung und Teilspannungen gleich groß.

2. In der Parallelschaltung ist der Gesamtstrom gleich der Summe der Teilströme.

3. In der Parallelschaltung verhalten sich die Teilströme umgekehrt wie die zugehörigen Teilwiderstände. Durch den kleineren Widerstand fließt der größere Strom.

4. In der Parallelschaltung ist der Gesamtwiderstand immer kleiner als der kleinste Teilwiderstand. Es gilt also: $R < R_1$, $R < R_2$, $R < R_3$.

$$U_k = U_1 = U_2 = U_3$$

$$I = I_1 + I_2 + I_3$$

$$\frac{I_1}{I_2} = \frac{R_2}{R_1} \qquad \frac{I}{I_2} = \frac{R_2}{R}$$

$$R = \frac{1}{\dfrac{1}{R_1} + \dfrac{1}{R_2} + \dfrac{1}{R_3}}$$

Formelentwicklung für den Gesamtwiderstand

Ohmsches Gesetz als Ausgangsformel:
(Teilströme einsetzen und ersetzen)

$$R = \frac{U}{I_1 + I_2 + I_3} = \frac{U}{\dfrac{U}{R_1} + \dfrac{U}{R_2} + \dfrac{U}{R_3}}$$

U im Nenner ausklammern
und den Gesamtbruch mit U kürzen:

$$R = \frac{U}{U\left(\dfrac{1}{R_1} + \dfrac{1}{R_2} + \dfrac{1}{R_3}\right)} = \frac{1}{\dfrac{1}{R_1} + \dfrac{1}{R_2} + \dfrac{1}{R_3}}$$

Werte (s. oben) einsetzen:

$$R = \frac{1}{\dfrac{1}{4} + \dfrac{1}{6} + \dfrac{1}{8}}\,\Omega = \frac{1}{0{,}25 + 0{,}1667 + 0{,}125}\,\Omega$$

$$R = \frac{1}{0{,}5417}\,\Omega = 1846\,\Omega$$

Kontrolle:

$$R = \frac{U_k}{I} = \frac{24\,V}{13\,A} = 1{,}846\,\Omega \qquad \begin{array}{l} R < R_1 \\ 1{,}846\,\Omega < 4\,\Omega \end{array}$$

Beispiel   Zwei Widerstände von $12\,\Omega$ und $18\,\Omega$ liegen an einer Klemmenspannung von $48\,V$. Bestimmen Sie die Teilströme I_1 und I_2 sowie den Gesamtwiderstand R.

a) Ges. I_1 und I_2 in A
    Geg. $U_k = 48\,V$, $R_1 = 12\,\Omega$, $R_2 = 18\,\Omega$

    Lös. $I_1 = \dfrac{U_k}{R_1} = \dfrac{48\,V}{12\,\Omega} = 4{,}0\,A$

            $I_2 = \dfrac{U_k}{R_2} = \dfrac{48\,V}{18\,\Omega} = 2{,}67\,A$

b) Ges. R in Ω
    Geg. $R_1 = 12\,\Omega$, $R_2 = 18\,\Omega$

    Lös. $R = \dfrac{1}{\dfrac{1}{R_1} + \dfrac{1}{R_2}} = \dfrac{1}{\dfrac{1}{12\,\Omega} + \dfrac{1}{18\,\Omega}}$

            $R = \dfrac{1}{0{,}083 + 0{,}056}\,\Omega = 7{,}19\,\Omega$

Aufgaben

1. In einer Parallelschaltung liegen an der Klemmenspannung $U_k = 12\,V$ die Widerstände $R_1 = 4,8\,\Omega$, $R_2 = 1,5\,\Omega$ und $R_3 = 2,4\,\Omega$. Berechnen Sie
a) die Teilströme I_1, I_2, I_3,
b) den Gesamtstrom I,
c) den Gesamtwiderstand R.

2. In einem Ersatzteillager sind zwölf Leuchten mit je 100 W Leistung parallelgeschaltet. Die Netzspannung beträgt 220 V. Berechnen Sie
a) den Gesamtstrom,
b) den Widerstand einer Leuchte,
c) den Gesamtwiderstand.

3. Acht Glühkerzen liegen parallel an einer Heizspannung von 10,3 V. Der Betriebsstrom jeder Kerze beträgt 9,25 A. Bestimmen Sie
a) den Widerstand einer Kerze,
b) den Gesamtwiderstand,
c) den Gesamtstrom,
d) die Leistung einer Kerze,
e) die Gesamtleistung.

4. Vier parallelgeschaltete Verbraucher mit $4\,\Omega$, $8\,\Omega$, $12\,\Omega$ und $16\,\Omega$ liegen an einer Generatorspannung von 14,7 V. Berechnen Sie den Gesamtwiderstand und den Gesamtstrom.

5. Berechnen Sie
a) die Teilströme
b) den Gesamtstrom
c) den Gesamtwiderstand

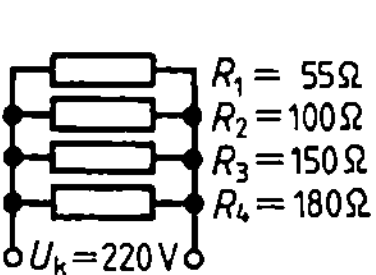

10.26

7. Ein Werkstattraum wird geheizt durch 8 parallelgeschaltete Heizkörper mit je 1,5 kW Leistung. Die Netzspannung beträgt 220 V. Berechnen Sie den Gesamtstrom und den Gesamtwiderstand.

8. Berechnen Sie
a) die Teilströme
b) den Gesamtstrom
c) den Gesamtwiderstand

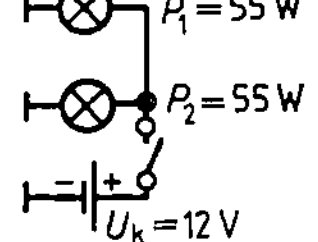

10.27

9. Sechs parallelgeschaltete Glühkerzen liegen an einer Spannung von 10,3 V. Jede Kerze hat eine Leistung von 92,7 W. Bestimmen Sie
a) die Stromstärke jeder Kerze,
b) den Gesamtstrom,
c) den Widerstand einer Kerze,
d) den Gesamtwiderstand.

10. Berechnen Sie
a) U_{Kerze},
b) I_K, I_V, I
c) R_K, $R_{K\,ges}$, R_V, R
d) P_V, P

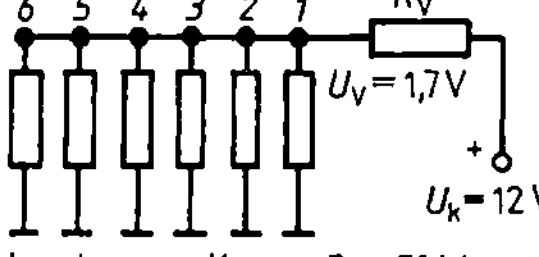

Leistung je Kerze $P_k = 70\,W$ 10.28

11. Eine 55 Watt und eine 4-Watt-Glühlampe liegen an einer Spannung von 12 Volt. Berechnen Sie alle Strom- und Widerstandswerte.

6. Berechnen Sie für folgende Parallelschaltungen die fehlenden Größen in Ω, V, A oder W.

		a)	b)	c)	d)	e)	f)	g)	h)
Teilwiderstand	R_1	$10\,\Omega$	$?\,\Omega$	$150\,\Omega$	$?\,\Omega$	$6\,\Omega$	$?\,\Omega$	$?\,\Omega$	$10\,\Omega$
	R_2	$5\,\Omega$	$?\,\Omega$	$50\,\Omega$	$?\,\Omega$	$4\,\Omega$	$?\,\Omega$	$?\,\Omega$	$10\,\Omega$
	R_3	$25\,\Omega$	$?\,\Omega$	$300\,\Omega$	$?\,\Omega$	$3\,\Omega$	$?\,\Omega$	$?\,\Omega$	$25\,\Omega$
	R_4	$10\,\Omega$	$?\,\Omega$	$100\,\Omega$	$?\,\Omega$	$1\,\Omega$	$?\,\Omega$	$?\,\Omega$	$5\,\Omega$
Gesamtwiderstand	R	$?\,\Omega$	$?\,\Omega$	$?\,\Omega$	$?\,\Omega$	$?\,\Omega$	$?\,\Omega$	$?\,\Omega$	$?\,\Omega$
Teilstrom	I_1	$?\,A$	$?\,A$	$?\,A$	$?\,A$	$10\,A$	$4\,A$	$?\,A$	$22\,A$
	I_2	$?\,A$	$?\,A$	$?\,A$	$?\,A$	$15\,A$	$8\,A$	$?\,A$	$?\,A$
	I_3	$?\,A$	$?\,A$	$?\,A$	$?\,A$	$20\,A$	$16\,A$	$?\,A$	$?\,A$
	I_4	$?\,A$	$?\,A$	$?\,A$	$?\,A$	$60\,A$	$32\,A$	$?\,A$	$?\,A$
Gesamtstrom	I	$?\,A$	$?\,A$	$?\,A$	$?\,A$	$?\,A$	$?\,A$	$4\,A$	$?\,A$
Klemmenspannung	U_k	$24\,V$	$220\,V$	$480\,V$	$220\,V$	$?\,V$	$110\,V$	$?\,V$	$?\,V$
Teilleistung	P_1	$?\,W$	$60\,W$	$?\,W$	$1,5\,kW$	$?\,W$	$?\,W$	$6\,W$	$?\,W$
	P_2	$?\,W$	$60\,W$	$?\,W$	$2\,kW$	$?\,W$	$?\,W$	$6\,W$	$?\,W$
	P_3	$?\,W$	$60\,W$	$?\,W$	$2,5\,kW$	$?\,W$	$?\,W$	$12\,W$	$?\,W$
	P_4	$?\,W$	$60\,W$	$?\,W$	$3\,kW$	$?\,W$	$?\,W$	$?\,W$	$?\,W$
Gesamtleistung	P	$?\,W$	$?\,W$	$?\,W$	$?\,kW$	$?\,W$	$?\,W$	$48\,W$	$?\,W$

10.8 Bleiakkumulator

Die Kfz-Batterie ist ein Energiespeicher und liefert die elektrische Energie für das Starten und für die zum Parken vorgeschriebenen Verbraucher. Bei laufendem Motor wird der gesamte Energiebedarf durch den Generator gedeckt, der zusätzlich die Batterie auf volle Spannungshöhe hält. Bei Bleibatterien beträgt die Ruhespannung jeder Zelle etwa 2 Volt. Die Einzelzellen sind in Reihe geschaltet, um eine Spannungserhöhung zu erreichen (**10.29**). Auch bei der Batterie gilt:

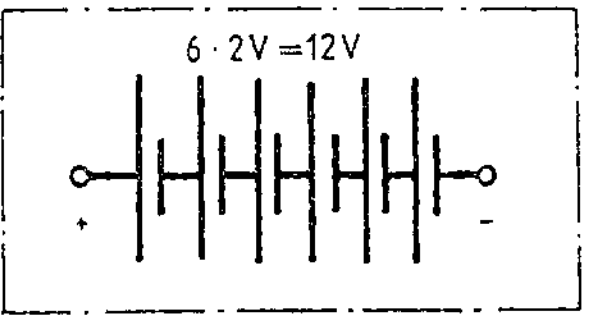

10.29 Reihenschaltung von Batteriezellen

$$U_k = U_1 + U_2 + U_3 \ldots$$

Kennwerte. Batterien werden nach Spannung, Kapazität und Kälteprüfstrom unterschieden.

Beispiel 12 V 84 Ah 280 A bedeuten:

    ⟶ **Kälteprüfstrom** in Ampere bei $-18\,^\circ$C; nach 30 s Belastung durch den angegebenen Kälteprüfstrom darf die Spannung je Zelle nicht unter 1,4 V absinken und nach 180 s nicht unter 1,0 V;

    ⟶ **Nennkapazität** in Amperestunden bei 20stündiger Entladung; der Entladestrom beträgt dann $\frac{1}{20}$ des Zahlenwertes der Nennkapazität, z. B. 84 Ah : 4 h = 4,2 A;

    ⟶ **Nennspannung** in Volt, z. B. 6 · 2 V = 12 V.

Batteriekapazität. Kapazität ist ein Begriff für das Speichervermögen elektrischer Energie und ein Ausdruck für die „Strommenge", die eine voll geladene Batterie in 20 Stunden bis zur Entladeschlußspannung von 1,75 V je Zelle abgeben kann.

Nennkapazität K = Entladestrom · Entladedauer $K = I \cdot t$	Einheit: Ah (Amperestunden)

Die Kapazität einer Batterie ist abhängig

— von der Größe und Anzahl der Platten je Zelle,
— von der Dichte und Temperatur des Elektrolyten,
— von der Größe des Entladestroms.

Als Batteriegrößen sind üblich:

— für Motorräder   8 Ah bis 16 Ah
— für Pkw   36 Ah bis 84 Ah
— für Lkw   84 Ah bis 180 Ah

Entladen:	Entladekapazität K_2 = Entladestrom · Entladedauer	$K_2 = I_2 \cdot t_2$
Aufladen:	Aufladekapazität K_1 = Aufladestrom · Aufladedauer	$K_1 = I_1 \cdot t_1$

Die Entladekapazität ist stets kleiner als die Aufladekapazität.

Kapazitätsverlust K_V = Aufladekapazität − Entladekapazität	$K_V = K_1 - K_2$

Amperestunden-Wirkungsgrad

Der Gütegrad einer Batterie wird durch den Amperestunden-Wirkungsgrad ausgedrückt.

$$\text{Amperestunden-Wirkungsgrad} \quad \eta_{Ah} = \frac{\text{Entladekapazität}}{\text{Aufladekapazität}} \qquad \eta_{Ah} = \frac{K_2}{K_1} \qquad \eta_{Ah} = \frac{I_2 \cdot t_2}{I_1 \cdot t_1}$$

Beispiel Die Nennkapazität einer Batterie beträgt 135 Ah. Der Amperestundenwirkungsgrad ist mit 0,82 angegeben.
a) Wie groß ist die Aufladekapazität?
b) Bestimmen Sie die Stromstärke, die in 25 Stunden entnommen werden kann.

a) Geg. $K_2 = 135$ Ah, $\eta_{Ah} = 0,82$ b) Geg. $K_2 = 135$ Ah, $t = 25$ h

  Ges. K_1 in Ah   Ges. I_2 in A

  Lös. $K_1 = \dfrac{K_2}{\eta_{Ah}} = \dfrac{135\,\text{Ah}}{0,82} = 164,6\,\text{Ah}$ Lös. $I_2 = \dfrac{K_2}{t} = \dfrac{135\,\text{Ah}}{25\,\text{h}} = 5,4\,\text{A}$

Grundformeln		Formelzeichen		Einheiten	
			Bedeutung	SI	weitere ges.
Batteriekapazität $$K = I \cdot t$$	Kapazitätsverlust $$K_V = K_1 - K_2$$	K	Kapazität	As	Ah
		I	Strom, Strommenge	A	—
		t	Zeit, Dauer	s	h
Amperestunden-Wirkungsgrad $$\eta_{Ah} = \frac{K_2}{K_1}$$	$$\eta_{Ah} = \frac{I_2 \cdot t_2}{I_1 \cdot t_1}$$	K_V	Kapazitätsverlust	As	Ah
		K_1	Aufladekapazität	As	Ah
		K_2	Entladekapazität	As	Ah
		η_{Ah}	Amperestunden-Wirkungsgrad	—	—
		I_1, I_2	Auflade- und Entladestrom	A	—
		t_1, t_2	Auflade- und Entladedauer	s	h

Aufgaben

1. Ein Akkumulator hat einen Amperestundenwirkungsgrad von 0,9 und wird 22,3 Stunden lang mit durchschnittlich 9 Ampere geladen.
a) Bestimmen Sie die Entladekapazität.
b) Wie groß ist der Kapazitätsverlust?

2. An einem Lkw sind Verbraucher mit insgesamt 210 Watt während der Nachtfahrt eingeschaltet. Bei Ausfall des Generators werden die Verbraucher aus einer Batterie mit 12 V/180 Ah versorgt. Die Batterie kann 80 % ihrer Nennkapazität abgeben. Nach wieviel Stunden ist die Batterie leer?

3. Ein Pkw wird versehentlich mit eingeschalteter Zündung abgestellt. Durch die Primärspule fließt ein Ruhestrom von 3,8 A. Nach welcher Zeit ist die Batterie leer, wenn sie von 56 Ah Nennkapazität nur 80 % hat?

4. Eine Notstromanlage wird von einer 24-V-Batterie versorgt. Wie groß muß die Kapazität K_2 sein, wenn täglich 12 Lampen mit je 18 Watt 5,5 Stunden lang eingeschaltet werden? Wie groß ist die Kapazität K_1 bei $\eta_{Ah} = 0,87$?

5. Berechnen Sie die fehlenden Werte

6. An einem Pkw bleiben folgende Verbraucher eingeschaltet:
2 Scheinwerfer 12 V mit je 55 W,
2 Standlichter 12 V mit je 4 W,
2 Schlußlampen 12 V mit je 10 W,
2 Kennzeichenleuchten 12 V mit je 5 W
a) Wie groß ist der Leistungsverbrauch?
b) Berechnen Sie den Stromfluß.
c) Nach wieviel Stunden ist die Batterie bei einer Kapazität von 84 Ah entleert?

7. Bei Nachtfahrt sind an einem Pkw folgende Verbraucher eingeschaltet:
Abblendlicht mit 2 × 12 V/55 W,
Standlicht mit 2 × 12 V/4 W,
Schlußleuchten mit 2 × 12 V/10 W,
Kennzeichenleuchten mit 2 × 12 V/5 W,
Zündanlage mit 40 W,
Radio mit 18 W und Luftermotor mit 12 W

Folgende Werte sind zu berechnen:
a) Gesamtverbraucherleistung in Watt,
b) Gesamtverbraucherstrom in Ampere,
c) Ladestrom zur Batterie, wenn der Generator maximal 450 W leistet.

		a)	b)	c)	d)	e)	f)
Aufladestrom	I_1		9 A		4,2 A	6 A	4,8 A
Aufladezeit	t_1		?		22,98 h	?	9,08 h
Aufladekapazität	K_1	?	207 Ah	?	?	409,75 Ah	?
Zellenspannung	U	2 V	2 V	2 V	?	2 V	2 V
Gesamtspannung	U_K	?	?	24 V	12 V	?	12 V
Anzahl der Zellen	n	12	24	?	6	60	?
Verbraucherleistung	P	60 W		160 W	90 W	?	45 W
Entladestrom	I_2	?		?	?	0,5 A	?
Entladezeit	t_2	?		?	?	?	?
Entladekapazität	K_2	84 Ah	?	135 Ah	?	4 × 84 Ah	?
Kapazitätsverlust	K_V	?	?	33,75 Ah	?	?	?
Ah-Wirkungsgrad	η_{Ah}	0,82	0,87	?	0,87	?	0,78

11 Betriebswirtschaftliches Rechnen

11.1 Lohnrechnen

11.1.1 Lohnformen

Lohn ist das tariflich oder privat vereinbarte Entgelt für geleistete Arbeit. Man unterscheidet Tarif-, Zeit-, Leistungs-, Akkord- und Prämienlohn.

Der Tariflohn (Stundenlohn) wird für die verschiedenen Berufsgruppen zwischen Gewerkschaften und Arbeitgeberverbänden ausgehandelt und meist für ein Jahr durch Lohntarifverträge festgelegt. Die Lohntarifverträge enthalten die vereinbarten Stundenlöhne der einzelnen Lohngruppen. E c k l o h n (entspricht 100 %) ist der Lohn eines 21jährigen Facharbeiters. Darauf sind die anderen Lohngruppen nach prozentualen Richtsätzen bezogen. Die sozialen Rahmenbedingungen (Lohngruppen, Lohnzuschläge, Arbeitszeiten, Arbeitsbedingungen, Regelungen für Krankheitsfälle, Urlaub und Kündigungen) werden in Manteltarifverträgen festgelegt.

Tabelle 11.1   **Lohngruppen und Tariflöhne** nach dem Lohntarifvertrag vom 1.4.1983 für Arbeiter im Kraftfahrzeuggewerbe NRW

Lohn-gruppe	Einstufungsmerkmale	Tariflohn in DM/h	Lohngruppensatz
1	ungelernter Arbeiter	9,68	≙ 100 % (Ecklohn)
2	angelernter Arbeiter	10,53	≙ 100 % (Ecklohn)
3	Facharbeiter im 1. Gesellenjahr	9,96	≙ ? %
	Facharbeiter im 2. Gesellenjahr	10,54	≙ 100 % (Ecklohn)
	Facharbeiter im 3. Gesellenjahr	11,33	≙ ? %
	Facharbeiter im 4. Gesellenjahr	12,07	≙ ? %
4	qualifizierter Facharbeiter	13,05	≙ ? %
5	Facharbeiter mit aufsichtsführender Tätigkeit	13,88	≙ ? %

> Tariflöhne sind M i n d e s t löhne, die also nur überschritten werden können.

Der Zeitlohn berechnet sich nach der am Arbeitsplatz verbrachten Zeit (keine Vorgabezeit). Diese Lohnform wendet man meist an, weil Einzelheiten der Arbeitsleistung kaum meßbar sind und der Arbeitnehmer die Arbeitsmenge durch größeren Einsatz nicht beeinflussen kann. Der Zeitlohn wird als Monats-, Wochen-, Tages- oder Stundenlohn berechnet.

> Zeitlohn = Arbeitsstunden · Stundenlohn

Beispiel   Ges.   Arbeitsverdienst in DM
           Geg.   Arbeitszeit 173 h, Stundenlohn 10,54 DM/h
           Lös.   173 h · 10,54 DM/h = **1823,42 DM**

Zuschläge zum Stundenlohn für Mehr-, Nacht-, Sonntags- und Feiertagsarbeit sind im Manteltarifvertrag angegeben.

Tabelle 11.2   **Lohnzuschläge** (gültig bis 31.12.1984)

für die ersten 2 Stunden Mehrarbeit	25 %
für jede weitere tägliche Stunde	50 %
für unregelmäßige Nachtarbeit	55 %
für Arbeit an Sonntagen	70 %
für Arbeiten an gesetzlichen Feiertagen, die auf Werktage fallen	125 %

Beispiel	Ges.	Arbeitsverdienst in DM

Geg. 185 Arbeitsstunden, davon 12 Stunden Mehrarbeit, Stundenlohn 13,05 DM/h

$$173\,h \cdot 13{,}05\,\text{DM}/h = 2257{,}65\,\text{DM}$$

$$\frac{2\,h \cdot 13{,}05\,\text{DM} \cdot 125\%}{h \cdot 100\%} = 32{,}63\,\text{DM}$$

$$\frac{10\,h \cdot 13{,}05\,\text{DM} \cdot 150\%}{h \cdot 100\%} = 195{,}75\,\text{DM}$$

$$\text{Arbeitsverdienst} = 2486{,}03\,\text{DM}$$

Aufgaben

1. In der Tariflohntabelle **11.1** fehlen einige Angaben. Berechnen Sie für alle Lohngruppen den Tariflohn der Facharbeiter in Prozent.

2. Ein Monteur im 2. Gesellenjahr erhält als Stundenlohn den tariflich vereinbarten Ecklohn (**11.1**). Berechnen Sie den wöchentlichen Bruttolohn bei 43 Arbeitsstunden.

3. Der Stundenlohn eines Kfz-Schlossers betrug 11,65 DM/h. Nach dem neuen Tarifvertrag verdient er bei 42 Arbeitsstunden 506,94 DM. Wieviel % beträgt die tarifliche Verbesserung?

4. Nach dem Lohntarifvertrag erhält ein angelernter Arbeiter mit 18 Jahren 70% des Ecklohns. Seine Arbeitsleistung wird durch die Anhebung des Tariflohns um 12,5% besonders anerkannt. Wie hoch ist dann der Stundenlohn?

5. Ein ungelernter Arbeiter erhält mit 17 Jahren 60% vom Ecklohn der Lohngruppe 1. Wie hoch ist sein Tariflohn?

6. Berechnen Sie für einen Facharbeiter den wöchentlichen Bruttolohn bei einem Stundenlohn von 10,54 DM/h und bei 50 Arbeitsstunden. Die tägliche Arbeitszeit beträgt 10 Stunden (einschließlich 2 h Mehrarbeit).

7. Ermitteln Sie den monatlichen Bruttolohn eines Kfz-Mechanikers mit folgenden Angaben: 5-Tage-Woche, 8 h täglich, Monat mit vier Wochen, 2 gesetzliche Feiertage an Werktagen, 3 unentschuldigte Fehltage, Tariflohn 12,07 DM/h.

8. Berechnen Sie den monatlichen Bruttolohn eines Kfz-Mechanikers mit folgenden Angaben: 172 Arbeitsstunden (einschließlich 16 tatsächlichen Arbeitsstunden, die an zwei gesetzlichen Feiertagen geleistet wurden), Tariflohn 11,33 DM/h.

9. Der wöchentliche Bruttolohn eines Kfz-Mechanikers mit aufsichtsführender Tätigkeit ist nach folgenden Unterlagen zu berechnen: Stundenlohn 13,88 DM/h, 8stündige normale tägliche Arbeitszeit, Arbeitszeiten laut Stempelkarte Mo. 11 h, Di. 10 h, Mi. 8 h, Do. 13 h, Fr 8 h. Bei der Berechnung der Mehrarbeit sind die unterschiedlichen Zuschläge zu beachten.

10. Ein Kfz-Mechaniker erhält einen Stundenlohn von 11,33 DM/h. Auf der Lohnabrechnung ist ein Bruttolohn von 2107,38 DM angegeben. Berechnen Sie die Arbeitszeit in h.

11. Bei einem Akkordstundenlohn von 13,88 DM/h wurde zum Tariflohn ein Zuschlag von 1,81 DM/h gezahlt.
a) Wie groß ist der Tariflohn?
b) Wie groß war der Zuschlag in %?

12. Zu dem Stundenlohn von 13,05 DM/h wird ein Akkordzuschlagssatz von 18% gezahlt. Berechnen Sie den Akkordstundenlohn in DM/h. Um wieviel DM ist der Akkordwochenverdienst bei 48 Stunden höher als vorher?

13. Für Arbeiter im Kfz-Gewerbe in NRW wurde der Ecklohn der Lohngruppe 3 um 3,6% angehoben und beträgt jetzt 10,54 DM/h.
a) Wieviel DM/h betrug der Ecklohn vorher?
b) Um wieviel DM hat sich der monatliche Bruttolohn bei 168 Stunden erhöht?

14. Wie hoch ist der Stundenlohn eines Kfz-Mechanikers, wenn bei 179 Arbeitsstunden der Bruttolohn 2335,95 DM beträgt?

15. Bei einer wöchentlichen Arbeitszeit von 40 Stunden erhält ein Kfz-Mechaniker den tariflichen Stundenlohn von 12,07 DM/h. An vier Tagen leistet er täglich 2 Stunden Mehrarbeit. Berechnen Sie den Wochenbruttolohn einschließlich geleisteter Mehrarbeit.

16. Für das Ausdrehen und Schleifen von Bremstrommeln braucht ein Facharbeiter 8 Stunden und erhält dafür einen Tagesbruttolohn von 127,37 DM. Die Arbeit ist im Akkord mit einem Zuschlag von 22% zum Tariflohn vergeben worden. Wie groß ist der tarifliche Stundenlohn?

17. Der tarifliche Stundenlohn für einen Kfz-Mechaniker mit aufsichtsführender Tätigkeit beträgt 13,88 DM/h. Durch eine Leistungszulage erhöht sich der Bruttolohn für vier Wochen auf 2998,08 DM. Die wöchentliche Arbeitszeit beträgt 45 Stunden. Wieviel Prozent beträgt die Leistungszulage?

11.1.2 Lohnabrechnung

Bruttolohn ist die Vergütung für eine geleistete Arbeit. Er setzt sich aus mehreren Beträgen zusammen (z. B. dem Arbeitslohn und den Zuschüssen wie vermögenswirksame Leistung des Arbeitgebers, Treueprämie oder eine vom Betrieb abgeschlossene Lebensversicherung).

Als Nettolohn bezeichnet man den um die gesetzlichen Lohnabzüge verminderten Bruttolohn. Zu den Lohnabzügen gehören Lohnsteuer, Kirchensteuer und der halbe Arbeitnehmeranteil der Sozialversicherungsbeiträge (Kranken-, Renten- und Arbeitslosenversicherung).

> Nettolohn = Bruttolohn − gesetzliche Lohnabzüge

Die Lohnsteuer wird vom Arbeitgeber einbehalten und an den Staat (Finanzamt) abgeführt. Sie richtet sich nach dem Bruttolohn, der zugeordneten Steuerklasse laut Lohnsteuerkarte und der Anzahl der Kinder.

Die Kirchensteuer wird nach einem Prozentsatz der Lohnsteuer ermittelt (Baden-Württemberg, Bayern, Bremen und Hamburg 8 %, in den anderen Bundesländern 9 %.

Die Sozialversicherungsbeiträge werden in Prozenten vom Bruttolohn festgelegt und je zur Hälfte vom Arbeitnehmer und Arbeitgeber bezahlt.

Die Beiträge zur Unfallversicherung trägt der Arbeitgeber allein.

Tabelle **11.3** Lohnsteuer

Brutto-lohn in DM bis	St.-Kl.	Lohn-steuer in DM	St.-Kl.	Lohnsteuer in DM Anzahl der Kinder				
				0	1	2	3	4
1882,49	I	253,40	II	—	163,30	149,50	136,60	128,70
	V	476,60	III	154,50	146,50	138,60	130,60	122,80
↓	VI	519,80	IV	253,40	246,50	240,50	233,60	226,70
2008,49	I	280,30	II	—	188,00	175,20	161,40	151,50
	V	541,10	III	178,10	170,30	162,30	154,50	146,50
↓	VI	588,10	IV	280,30	272,90	265,50	258,40	252,50
2624,99	I	450,00	II	—	317,60	301,40	286,90	271,80
	V	905,10	III	299,00	285,10	273,30	265,30	257,50
↓	VI	959,00	IV	450,00	432,80	418,60	408,90	399,20
3259,49	I	678,50	II	—	508,90	472,20	451,50	431,30
	V	1314,30	III	425,60	411,80	398,00	384,10	372,30
↓	VI	1370,60	IV	678,50	657,50	636,70	614,50	596,00

Steuerklasse I
Ledige, kinderlos, bis 50 alt

Steuerklasse II
Ledige, mit Kinder, über 50 alt

Steuerklasse III
Verheiratete, ein Ehegatte verdient allein oder der andere ist in V

Steuerklasse IV
Verheiratete, beide verdienen, keiner ist in V

Steuerklasse V
Verheiratete, der Ehegatte ist in III

Steuerklasse VI
Arbeitnehmer mit zwei oder mehreren Arbeitsstellen

Beispiel einer monatlichen Lohnabrechnung (Lohnempfänger: Steuer-Kl. III, 1 Kind)

I. Steuerpflichtiger Lohn
a) Arbeitslohn (192 h · 10,17 DM/h) 1952,64 DM
b) vermögensw. Leist. des Arbeitgebers + 52,00 DM

Bruttolohn = 2004,64 DM (steuerpflichtiger Betrag)

II. Steuern
a) Lohnsteuer − 170,30 DM
b) Kirchensteuer − 10,83 DM

(Lohnsteuer − 50 DM Kinderfreibetrag = 120,30 DM, 9 % von 120,30 DM = 10,83 DM)

III. Sozialversicherungsbeiträge
a) Krankenversicherung − 142,33 DM
b) Rentenversicherung − 185,43 DM
c) Arbeitslosenversicherung − 46,11 DM

(7,1 %) bezogen auf Bruttolohn; halber Anteil des
(9,25 %) Arbeitnehmers
(2,3 %)

IV. Sonstige Abzüge und Bezüge
a) vermögens. L. d. Arbeitg. (wie oben) − 52,00 DM
b) Rückzahlung von Vorschuß − 200,00 DM

Weitere mögliche Abzüge: Miete für Werkswohnung, Lohnpfändung, Schadenshaftung

Nettolohn = 1197,64 DM

c) Arbeitnehmer-Sparzul. (steuerfrei) + 8,32 DM

V. Auszahlung = 1205,96 DM

Aufgaben

1. In einer Lohnabrechnung stehen Bruttolohn 3258,20 DM, Nettolohn 2227,31 DM. Ermitteln Sie die Gesamtabzüge in Prozent.

2. Der Bruttolohn eines Kfz-Schlossers beträgt 2622,45 DM. Er ist ledig, 35 Jahre alt, konfessionslos und hat keine Kinder. Bestimmen Sie den Nettolohn, wenn der Arbeitnehmeranteil an Sozialversicherungsbeitragen 18,65 % beträgt

3. Nach einer Lohnabrechnung hat ein Arbeiter folgende Abzüge: Lohnsteuer 258,54 DM, Kirchensteuer 32,27 DM. Überprüfen Sie die Kirchensteuer bei einem Prozentsatz von 9 %.

4. Bei einem Bruttolohn von 2351,25 DM beträgt der Lohnsteuersatz 9,21 %. Berechnen Sie die Lohnsteuer und die Kirchensteuer (9 %).

6. Ein Mechaniker erhält einen Bruttolohn von 2832,64 DM. Lohnsteuer 274,20 DM, Kirchensteuer 21,94 DM. Berechnen Sie in % den Lohn- und Kirchensteuersatz.

7. Ges. Gesamtbetrag der Sozialversicherungsbeiträge bei folgenden Angaben: Bruttolohn 2345,80 DM, Krankenversicherung (KV) 7,1 %, Rentenversicherung (RV) 9,25 %, Arbeitslosenversicherung (AV) 2,3 %.

8. Nach einer älteren Lohnabrechnung betrugen die Gesamtsozialversicherungsabzuge 398,12 DM (18 %), Rentenversicherung 204,59 DM, Arbeitslosenversicherung 44,23 DM. Berechnen Sie den Bruttolohn in DM, die Krankenversicherung in %

5. Bestimmen Sie die fehlenden Werte von folgenden monatlichen Lohnabrechnungen.
(Die eingesetzten Stundenlohne entsprechen dem Lohntarifvertrag v. 1.3.82 für NRW.)

	a)	b)	c)	d)	e)	f)
Steuerklasse (laut Lohnsteuerkarte)	I	III,1	III,3	IV,4	II,2	V
Tariflohn in DM/h	9,61	9,61	11,65	?	?	10,16
Arbeitszeit in h	170	170	172	161	175	?
Zeitlohn	?	?	?	?	2345,00	?
Mehrarbeit in h			?		12	10
Mehrarbeitslohn (mit 25 % Zuschlag)			145,63		?	?
Grundlohn	?	?	?	1761,34	?	1833,88
Leistungszuschlagssatz	12 %	12 %	15 %	? %	? %	
Zuschlag in DM	?	?	?	?	?	
Leistungslohn	?	?	?	1955,09	3055,20	
vermögensw. Leistung des Arbeitgebers	52,00	52,00	26,00		30,00	
Sonderprämie			126,00	50,00	170,00	172,00
Bruttolohn	?	?	?	?	?	?
Lohnsteuer	?	?	?	?	?	?
Kinderfreibetrag		50,00	280,00	215,00	130,00	
Lohnsteuer minus Kinderfreibetrag		?	?	?	?	
Kirchensteuer 9 %	?	?	?	?	?	?
Krankenversicherung 6,8 %	?	?	?	?	?	?
Rentenversicherung 9 %	?	?	?	?	?	?
Arbeitslosenversicherung 2,3 %	?	?	?	?	?	?
Abzüge vermögensw. Leistung. a) des Arbeitgebers	52,00	52,00	?		?	
Abzüge vermögensw. Leistung. b) des Arbeitnehmers			26,00	52,00	22,00	
sonstige Abzüge			?		300,00	
Nettolohn	?	?	?	1334,28	?	?
steuerfreie Arbeitnehmer-Sparzulage (16 % von 52 DM, ab 3 Kindern 26 %)	?	?	13,52	?	?	?
Auszahlung	?	?	1715,14	?	?	?

11.2 Kostenrechnen

11.2.1 Kostenarten

Dem Kfz-Reparaturbetrieb entstehen bei der Erledigung eines Kundenauftrags unterschiedliche Kosten, die durch den Verkaufserlös wieder ausgeglichen werden müssen. Dazu zählen Lohn- und Materialkosten sowie Gemeinkosten, die unabhängig vom Auftrag als allgemeine (feste) Kosten anfallen (z.B. Miete, Strom und Heizung). Außer diesen Selbstkosten muß der Betrieb einen Gewinn erzielen, der auch nicht vorausberechenbare Betriebsverluste auffängt und der zum Teil wieder für neue Werkzeuge und Maschinen angelegt wird. Der Rechnungsbetrag einer Reparaturrechnung enthält daher anteilmäßig

- Einzelkosten, die dem Auftrag direkt zurechenbar sind,
- Gemeinkosten, die meist den Lohnkosten prozentual zugeschlagen werden,
- Gewinnzuschlag,
- Umsatzsteuer (Mehrwertsteuer).

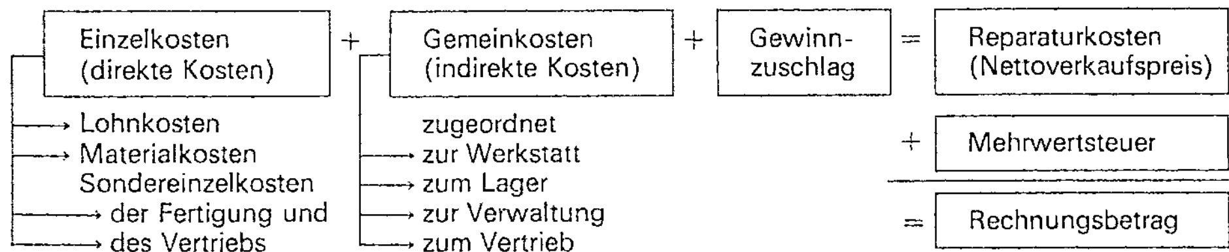

Die Lohnkosten setzen sich aus produktiven (direkten) und unproduktiven (indirekten) Lohnkosten zusammen. Die Gesamtlohnkosten eines Betriebs bezeichnet man als B r u t t o - L o h n k o s t e n.

> Brutto-Lohnkosten = produktive + unprodukt. Löhne + produktive Unternehmeranteil

Produktive Lohnkosten entstehen durch die Ausführung des Reparaturauftrags in der Werkstatt. Sie sind für jeden Auftrag leicht erfaßbar und gehören zu den Einzelkosten. Dazu zählen auch die produktiven Anteile der mitarbeitenden Auszubildenden und des mitarbeitenden Meisters oder Unternehmers.

Unproduktive Lohnkosten hängen nicht unmittelbar mit der Fertigung zusammen. Sie werden deshalb den Gemeinkosten zugeordnet und vielfach als Hilfslöhne bezeichnet. So lassen sich z.B. folgende Löhne und Gehälter keinem Auftrag direkt zuschreiben:

Löhne
- für Leerlauf- und Wartezeiten,
- für Gewährleistungsarbeiten,
- für Urlaub und Feiertage,
- für Krankheitstage (Lohnfortzahlung);

Gehälter
- für kaufmännische Mitarbeiter,
- für Mitarbeiter im Vertrieb,
- für die unproduktiven Stunden des Meisters und des Unternehmers.

Beispiel Ges. a) Unproduktive Löhne (UprL) in DM, b) Brutto-Lohnkosten (BLK) in DM

Geg. Produktive Löhne $PrL = 91\,188\,DM$, Unproduktive Löhne $UprL = 15\,\%$ der BLK

Lös. a) $UprL = \dfrac{91\,188\,DM \cdot 15\,\%}{85\,\%} = 16\,092\,DM$

b) $BLK = PrL + UprL$
$BLK = 91\,188\,DM + 16\,092\,DM = 107\,280\,DM$

Die Materialkosten werden für jeden Auftrag besonders erfaßt und abgerechnet. Es handelt sich um Kosten für Ersatz- und Austauschteile, Reifen, Kleinteile, Schmier- und Kraftstoffe. Auch im Bereich des Ersatzteillagers entstehen auftragsunabhängige Kosten (z.B. Frachtgebühren, Kosten für Lagerraumnutzung und Verwaltung), also materialabhängige Gemeinkosten.

Die Sondereinzelkosten fallen nur für einen bestimmten Auftrag bei der Fertigung bzw. beim Vertrieb an. Sie können also direkt einem Auftrag zugeordnet werden. Darum zählt man sie bei der Kalkulation als besondere Einzelkosten hinzu. Es handelt sich z.B. um den Einsatz besonderer Werkzeuge, um eine Dienstleistung wie Zulassung eines Fahrzeugs oder um Arbeiten, die einem fremden Betrieb übertragen werden (Fremdarbeiten).

Die Gemeinkosten lassen sich keinem Auftrag direkt zuordnen. Sie werden den entsprechenden Einzelkosten als lohn- oder materialabhängige Gemeinkosten oder nur den Lohnkosten als Gesamtgemeinkosten prozentual zugeschlagen. Dazu gehören:

— unproduktive Löhne und Gehälter,
— soziale Aufwendungen,
— Miete, Pacht, Umlagen, Beiträge,
— Instandsetzung an Betriebsfahrzeugen, Einrichtungen und Gebäuden,
— Betriebssteuern, Versicherungen,
— Energie- und Brennstoffkosten,
— Gewährleistungsarbeiten.

Weil Kfz-Reparaturwerkstätten lohnintensive Betriebe sind (die Lohnkosten überwiegen), werden die Gemeinkosten meist insgesamt den Fertigungslöhnen zugeschlagen. Der Zuschlagssatz wird mindestens einmal jährlich durch eine entsprechende Betriebskalkulation ermittelt. Er liegt zwischen 250 % und 350 %.

$$\text{Gemeinkosten} = \frac{\text{Fertigungslöhne} \cdot \text{Gemeinkostensatz}}{100\,\%} \qquad GK = \frac{FL \cdot GKS}{100\,\%}$$

Beispiel Ges. a) Fertigungslohn (FL), b) Gemeinkosten (GK), c) Fertigungskosten (FK)

Geg. Stundenlohn 12,07 DM/h, Arbeitszeit 8 h, Gemeinkostensatz 270 %

Lös. a) $FL = 12{,}07\,\text{DM/h} \cdot 8\,\text{h} = \mathbf{96{,}56\,DM}$

b) $GK = \dfrac{96{,}56\,\text{DM} \cdot 270\,\%}{100\,\%} = \mathbf{260{,}71\,DM}$

c) $FK = FL + GK$
$FK = 96{,}56\,\text{DM} + 260{,}71\,\text{DM} = \mathbf{357{,}27\,DM}$

Herstellkosten. In einem Fertigungsbetrieb bzw. in einer Reparaturwerkstatt bilden die Herstellkosten eine grundlegende Kostenart. Hier werden mehrere Kosten zusammengefaßt. Herstellkosten plus Gewinnzuschlag ergeben den Kalkulationsendbetrag bzw. den Nettopreis einer Rechnung.

> Im allgemeinen werden die Herstellkosten auch als S e l b s t k o s t e n bezeichnet. Nur in besonderen Fällen unterteilt man die Selbstkosten in Herstellkosten, Verwaltungs- und Vertriebsgemeinkosten und Sondereinzelkosten des Vertriebs.

Fertigungslohnkosten
+ fertigungsabhängige Gemeinkosten

Materialeinzelkosten
+ materialabhängige Gemeinkosten

= **Fertigungskosten**
+ Materialkosten ←————————————————┘

= Materialkosten

= **Herstellkosten**
+ Verwaltungsgemeinkosten
+ Vertriebsgemeinkosten
+ Sondereinzelkosten des Vertriebs

werden nur in besonderen Fällen herausgestellt und den Herstellkosten zugeschlagen

= **Selbstkosten**

Gewinnzuschlag. Ein Betrieb, der nur seine Selbstkosten erwirtschaftet, ist nicht leistungs- und lebensfähig. Er muß vielmehr einen Gewinn erzielen, um durch Neuanschaffungen (Investitionen) wettbewerbsfähig zu bleiben, um unvorhergesehene Verluste (z. B. durch Reklamationsansprüche) auszugleichen und um dem Inhaber eine angemessene Rendite (Kapitalertrag) zu ermöglichen.

> Den Gewinnzuschlag berechnet man durch einen festgelegten Prozentsatz von den Selbstkosten.

Dieser Gewinnzuschlagssatz ist von der Höhe der Selbstkosten und vor allem von den Wettbewerbsbedingungen des Marktes abhängig.

11.2.2 Kostenstellen

In einem Betriebsabrechnungsbogen (BAB) werden die verschiedenen Kostenarten anteilmäßig den verursachenden Betriebsabteilungen (d. h. den Kostenstellen) zugeordnet, um die verschiedenen Gemeinkosten zu ermitteln.

Tabelle 11.4 Schema eines Betriebsabrechnungsbogens (BAB)

Gemeinkostenart	Summe in DM	Verteilerschlüssel				Fertigungslöhne in DM	Material in DM	Verwaltung in DM	Vertrieb in DM
		FL	M	Vw	Vtr				
Soziale Aufwendungen	16850	4	3	3	1	?	?	?	1685
Hilfslöhne (unpr. L.)	35550	9	6	3	–	?	11850	?	–
Energiekosten	20460	9	2	3	1	12276	?	?	?
Abschreibungen auf Anlagevermögen	84600	6	2	3	1	?	?	21150	?

> Im BAB werden die Kosten nach einem Verteilerschlüssel auf die Kostenstellen verteilt. Daraus ergeben sich die Gemeinkosten jeder Kostenstelle und die entsprechenden Gemeinkostensätze in %.

Aufgaben

1. Im Schema **11.4** fehlen bei den Kostenstellen einige Angaben. Ergänzen Sie das Schema mit Hilfe der angegebenen Verteilerschlussel.

2. Wieviel Gemeinkosten sind 19250 DM Fertigungslöhnen zuzuordnen, wenn ein Gemeinkostensatz von 240 % gerechnet wird?

3. Die monatlichen Bruttolohnkosten eines Kfz-Betriebs betragen 25600 DM. Auf unproduktive Lohnkosten entfallen 30 %. Berechnen Sie den Durchschnittsstundenlohn im produktiven Lohnbereich, wenn von 8 Kfz-Schlossern jeder im Monat durchschnittlich 175 h gearbeitet hat.

4. In einer Kfz-Reparaturwerkstatt werden einem Kundenauftrag folgende Kosten zugeordnet: Ersatzteile 122 DM, Fertigungslöhne 168,50 DM, Gemeinkostensatz 212 % (bezogen auf die Fertigungslöhne). Wie hoch sind die Herstellkosten?

5. Die Buchhaltung ermittelte folgende Bewertungszahlen und Prozentsätze: Löhne und Gehälter 185600 DM; Unternehmergehalt 25600 DM, davon 82 % kalkulatorische Kosten; unproduktive Löhne 16 % (bezogen auf die Brutto-Lohnkosten); Gemeinkostensatz 215 % (bezogen auf die produktive Lohnsumme). Bestimmen Sie
a) die Brutto-Lohnkosten,
b) die produktiven Lohnkosten,
c) die Gemeinkosten,
d) die Fertigungskosten.

6. Die Herstellkosten für einen Reparaturauftrag betrugen bisher 1638,04 DM. Der Tariflohn ist um 8 % erhöht worden. Wieviel % mussen die Gemeinkosten sinken, wenn alle anderen Kosten gleichbleiben sollen? Zusätzliche Angaben: 34 Arbeitsstungen je 12,60 DM/h (bisher), Gemeinkosten 210 % (alter Satz, bezogen auf die Lohnkosten), Materialkosten 310,– DM.

7. Fur einen bestimmten Berechnungszeitraum sind der Materialgemeinkostensatz in % und der Fertigungsgemeinkostensatz in % mit folgenden Angaben zu berechnen: Materialeinzelkosten 175000 DM ($\hat{=}$ 100 %), Materialgemeinkosten 28000 DM, Fertigungslohnkosten 324800 DM ($\hat{=}$ 100%), Fertigungsgemeinkosten 438480 DM.

8. Berechnen Sie die Herstellkosten fur eine Teillackierung mit folgenden Angaben: 15 Arbeitsstunden je 13,88 DM/h, Fertigungsgemeinkostensatz 140 %, Materialeinzelkosten 86,25 DM, Materialgemeinkostensatz 12 %.

9. In einem industriellen Fertigungsbetrieb sind für einen Auftrag die voraussichtlichen Selbstkosten zu berechnen. Fertigungslöhne 234 DM, Fertigungsgemeinkostensatz 185 %, Materialeinzelkosten 178 DM, Materialgemeinkostensatz 22 %, Material- und Vertriebsgemeinkostenzuschlag zu den Herstellkosten 124 DM. Berechnen Sie
a) die Fertigungskosten,
b) die Materialkosten,
c) die Herstellkosten,
d) den Verwaltungs- und Vertriebsgemeinkostensatz in %,
e) die Selbstkosten.

10 Vervollstandigen Sie folgendes BAB-Schema durch entsprechende Eintragungen.

a) Ubertragen Sie zunachst das Schema mit den vorgegebenen Eintragungen auf ein kariertes DIN-A4-Blatt.
b) Gesamtsumme der Gemeinkosten,
c) Gemeinkostensumme jeder Kostenstelle,
d) Fertigungskosten,
e) Materialkosten,
f) Zuschlagsatze zu den Einzelkosten in %,
g) Herstellkosten,
h) Zuschlagsatze zu den Herstellkosten in %

Kostenart	Gesamtsumme in DM	Werkstatt, Fertigungslöhne in DM	Ersatzteillager, Material in DM	Verwaltung, Kosten in DM	Vertrieb Kosten in DM
Hilfs-, Betriebsstoffe	5 423	4 290	853	280	
Energiekosten	17 206	9 603	1 868	2 874	2 861
Hilfslöhne (unprod. L.)	23 814	14 230	2 894	4 848	1 842
Gehälter	78 247	21 340	7 116	42 678	7 113
Sozialkosten	73 838	59 396	2 172	10 313	1 957
Instandsetzungen	17 027	6 608	1 451	7 118	1 850
Steuern, Abgaben	19 924	3 846	7 115	6 621	2 342
sonstige Kosten	66 707	18 560	24 703	21 630	1 814
kalkulatorische Kosten	171 537	96 730	26 750	29 738	18 319
Gemeinkosten	?	?	?	?	?
Einzelkosten		119 088	426 981		
Fertigungskosten		?			
Materialkosten			?		
Zuschlagsätze in %		?	?		
Sondereinzelkosten der Fertigung		3 998			
Herstellkosten		?			
Zuschlagssätze in %				?	?

11. Auf eine Kfz-Reparatur entfallen 142,– DM Ersatzteilkosten, 12 Arbeitsstunden je 12,07 DM/h. Bestimmen Sie die Herstellkosten, wenn den Lohnkosten 175 % Gemeinkosten zugeschlagen werden.

12 In einem handwerklichen Fertigungsbetrieb werden fur die Herstellkosten eines Ersatzteils 2630,30 DM veranschlagt. Folgende Kosten wurden ermittelt: Materialeinzelkosten 850,– DM, Materialgemeinkostensatz 16 %, Stundenlohn 13,05 DM/h, Fertigungsgemeinkostensatz 180 %. Zu berechnen sind:
a) die Materialkosten, b) die Fertigungskosten, c) die Fertigungslohnkosten und d) die einzuhaltende Arbeitszeit.

13. In einem industriell gefuhrten Reparaturbetrieb entstehen bei einer Auftragserledigung folgende Kosten: Fertigungslohne 201,– DM, Fertigungsgemeinkosten 422,10 DM, Ersatzteile und Reinigungsmaterial 122,80 DM, Materialgemeinkosten 14,74 DM, Verwaltungsgemeinkosten 121,70 DM, Vertriebsgemeinkosten 31,94 DM. Berechnen Sie die einzelnen Gemeinkostensatze in %.

14. In einem Reparaturbetrieb entfallen auf die Kostenstelle Werkstatt 217 280 DM Gemeinkosten. Der Gemeinkostensatz ist mit 160 % angesetzt. Wie hoch sind die Fertigungslöhne?

15. In einem Reparaturbetrieb werden aus dem Vorjahr folgende Kennzahlen ermittelt: Lohne und Gehalter 576 320 DM; Ausbildungsvergutungen fur Auszubildende 24 276 DM; Unternehmergehalt 45 600 DM, davon 15 % produktiver Anteil; unproduktive Lohnkosten 285 816 DM; Gemeinkosten (insgesamt) 828 879 DM. Berechnen Sie mit diesen Angaben a) die Bruttolohnkosten, b) die produktiven Lohnkosten und c) den Gemeinkostensatz in % (bezogen auf die produktiven Lohnkosten).

16. In einem handwerklichen Kfz-Reparaturbetrieb werden fur die einzelnen Kostenstellen folgende Gemeinkosten ermittelt: Werkstatt 71 550 DM, Ersatzteillager 21 450 DM, Verwaltung 19 350 DM, Vertrieb 10 950 DM. Bestimmen Sie die Gesamtsumme der Gemeinkosten und den Gemeinkostensatz in %, wenn die produktive Lohnsumme (Bezugsgrundlage) 88 071 DM betragt.

11.2.3 Betriebliche Kennwerte

Die Wirtschaftlichkeit eines Betriebs läßt sich durch geeignete Kennwerte überprüfen. Sie können auch als Bezugszahlen bei Betriebsvergleichen oder bei Preisvergleichen unter den Mitbewerbern herangezogen werden. Zur Festlegung betrieblicher Kennwerte müssen alle anfallenden Kosten bei einer Betriebskalkulation in Ansatz gebracht werden.

> Kalkulieren bedeutet Kosten ermitteln

Werkstattumsatz (Lohnerlöse). Eine Grundlage für die richtige Kalkulation der Reparaturkosten ist z. B. die Feststellung des Werkstattumsatzes für einen bestimmten, meist jährlichen Zeitraum. Als Werkstattumsatz oder Lohnerlöse bezeichnet man die Summe der produktiven Löhne, Gemeinkosten und Gewinnzuschläge. Materialkosten (Ersatzteile) werden dabei nicht berücksichtigt.

> Werkstattumsatz = (produktive Löhne + Gemeinkosten) + Gewinnzuschlag

Beispiel Ges. Werkstattumsatz (WU)

Geg. Fertigungslöhne FL = 170711,67 DM, Gemeinkostensatz GKS = 260 %, Gewinnzuschlagssatz GZS = 8 %

Lös. $GK = \dfrac{FL \cdot GKS}{100\%} = \dfrac{170711,67\ DM \cdot 260\%}{100\%} = 443850,34\ DM$

$GZ = \dfrac{(FL + GK) \cdot GZS}{100\%} = \dfrac{(170711,67 + 443850,34)\ DM \cdot 8\%}{100\%} = 49164,96\ DM$

$WU = (FL + GK) + GZ$

$WU = (170711,67 + 443850,34 + 49164,96)\ DM \approx \mathbf{662727\ DM}$

Werkstattindex. Setzt man den Werkstattumsatz eines bestimmten Zeitraums zu den in dieser Zeit aufgewendeten Fertigungslöhnen ins Verhältnis, erhält man den Werkstattindex.

> $\text{Werkstattindex} = \dfrac{\text{Werkstattumsatz}}{\text{Fertigungslöhne}}$ $WI = \dfrac{WU}{FL}$ Erfahrungswerte: 3 bis 4,8

Beispiel Ges. Werkstattindex (WI)

Geg. Werkstattumsatz WU = 2629885 DM, Fertigungslöhne FL = 626163 DM

Lös. $WI = \dfrac{WU}{FL} = \dfrac{2629885\ DM}{626163\ DM} = \mathbf{4,2}$

Stundenverrechnungssatz. Den Preis einer Arbeitsstunde, den der Kunde bezahlen muß, nennt man Stundenverrechnungssatz. Er enthält den Stundenlohn des Monteurs, die anteiligen betrieblichen Gemeinkosten und den entsprechenden Gewinnzuschlag. Bei der Berechnung dient der Werkstattindex als Lohnmultiplikator.

> Stundenverrechnungssatz = Stundenlohn · Werkstattindex   StVS = StL · WI

Wenn bei einem bestimmten Werkstattumsatz die zugehörenden produktiven Stunden bekannt sind, kann der erforderliche Lohnerlös je Stunde errechnet werden.

> $\text{Stundenverrechnungssatz} = \dfrac{\text{Werkstattumsatz (Lohnerlöse)}}{\text{produktive Arbeitsstunden}}$ $StVS = \dfrac{WU}{PrSt}$

Beispiel Ges. Stundenverrechnungssatz (StVS) (2 Lösungen)

Geg. durchschnittlicher Stundenlohn 12,80 DM/h, Werkstattindex 4,3; Lohnerlöse 663727 DM, produktive Arbeitsstunden 12059 h

Lös. $StVS = StL \cdot WI$

$StVS = 12,80\ DM/h \cdot 4,3 = \mathbf{55,04\ DM/h} = \dfrac{WU}{PrSt} = \dfrac{663727\ DM}{12059\ h} = \mathbf{55,04\ DM/h}$

Arbeitswerte (AW) und Zeiteinheiten (ZE)

Eine wichtige Voraussetzung für die Leistungslohnberechnung und Rechnungserstellung ist die genaue Erfassung der Arbeitszeiten. Sie sind meist als Vorgabezeiten (Richtzeiten) für normale Wartungs- und Instandsetzungsarbeiten festgelegt.

1. Möglichkeit: **Arbeitswerte (AW)**   2. Möglichkeit: **Zeiteinheiten (ZE)**

12 AW $\triangleq$ 60 min = 1 h 1 AW $\triangleq$ 5 min	100 ZE $\triangleq$ 60 min = 1 h 1 ZE $\triangleq$ 0,6 min

ZE sind in der Regel auf 100 bezogen. Sie heißen auch Dezimalminuten.

Die erreichbaren Arbeitswerte je Stunde sind von den Ausstattungen und Räumlichkeiten jeder Werkstatt abhängig. Der Richtwert beträgt 12 AW/h. Auf eine Werkstatt bezogen wird dieser Richtwert als **Werkstatt-Leistungsfaktor** bezeichnet. Er liegt bei den einzelnen Betrieben ungefähr zwischen 11,8 und 13,5 AW/h.

AW- und ZE-Verrechnungssatz. Die Kosten für eine AW- bzw. ZE-Einheit werden durch den AW- bzw. ZE-Verrechnungssatz ausgedrückt. Die Lohnkostenerfassung wird dadurch vereinfacht. Beim Einsetzen der Arbeitszeit werden kleinere Zeiteinheiten berücksichtigt, die eine korrektere Abrechnung ermöglichen.

$$\text{AW-Verrechnungssatz (in DM/AW)} = \frac{\text{Stundenverrechnungssatz (in DM/h)}}{\text{Werkstatt-Leistungsfaktor (in AW/h)}} \qquad AWVS = \frac{StVS}{WLF}$$

Der Werkstatt-Leistungsfaktor entspricht meist 12 AW/h.

$$\text{ZE-Verrechnungssatz} = \frac{\text{Stundenverrechnungssatz (in DM/h)}}{100 \, ZE/h} \qquad ZEVS = \frac{StVS}{100 \, ZE/h}$$

Der AW-Verrechnungssatz gibt an, wieviel der Kunde für 1 AW bezahlen muß. Die AW-Vergütung ist der Betrag, der dem Kfz-Mechaniker für 1 AW als Lohn vergütet wird.

Beispiel Ges. AW-Verrechnungssatz (AWVS) in DM/AW, ZE-Verrechnungssatz (ZEVS) in DM/ZE

Geg. Stundenverrechnungssatz = 62 DM/h, Werkstatt-Leistungsfaktor WLF = 12,9 AW/h

$$\text{Lös.} \quad AWVS = \frac{StVS}{WLF} = \frac{62 \, DM/h}{12,9 \, AW/h} = 4,81 \, DM/AW$$

$$ZEVS = \frac{StVS}{100 \, ZE/h} = \frac{62 \, DM/h}{100 \, ZE/h} = 0,62 \, DM/ZE$$

Aufgaben

1. Wie groß ist der Werkstattumsatz bei 307 750 DM Fertigungslohnen? Der Werkstatt-Index beträgt 3,58.

2. Bestimmen Sie den Werkstattindex bei einem Werkstattumsatz von 109 874,88 DM Die Fertigungslohne betrugen in diesem Zeitraum 34 992 DM.

3. Ermitteln Sie den Stunden-Verrechnungssatz bei einem Werkstattindex von 3,8 und einem Stundenlohn von 13,50 DM/h

4. Berechnen Sie die produktive Lohnsumme bei einem Werkstattumsatz von 1 018 021 DM und einem Werkstattindex von 4,2.

5. In 182 Arbeitsstunden wurden in einer Werkstatt verschiedene Reparaturarbeiten mit 2275 vorgegebenen AW ausgeführt. Ermitteln Sie den Werkstatt-Leistungsfaktor in AW/h, indem Sie die Anzahl der AW je Stunde berechnen.

6. Bei einer Betriebsüberprufung werden 846 329,87 DM Fertigungskosten u. 589 866,25 DM Gemeinkosten festgestellt. Der Gewinnzuschlag beträgt 71 938,03 DM. Ermitteln Sie
a) die Hohe der Fertigungslohne FL in DM,
b) den Gemeinkostensatz GKS in %,
c) den Gewinnzuschlagssatz GZS in %,
d) den Werkstattumsatz WU in DM.

7. Fur die Instandsetzung einer Kupplung sind die Zeitvorgaben zu bestimmen (Werkstatt-Leistungsfaktor 12,2 AW/h). Arbeitspositionen: Kupplung (mit Getriebe) aus- und einbauen 28 AW, Kupplungsscheibe ersetzen 3 AW, Kupplungsdrucklager erneuern 4 AW, Kupplungsspiel einstellen 2 AW. Berechnen Sie
a) die Zeitvorgabe fur 1 AW in min,
b) die Zeitvorgabe fur jede Arbeitsposition,
c) die Gesamtarbeitszeit in h, min und s.

8. In einer Werkstatt mit einem Leistungsfaktor WLF = 12,7 AW/h beträgt der Durchschnittsstundenlohn 13,85 DM/h. Für den AW-Verrechnungssatz werden 4,80 DM/AW eingesetzt. Berechnen Sie:
a) den Werkstattindex WI,
b) den Stundenverrechnungssatz in DM/h,
c) den ZE-Verrechnungssatz ZEVS in DM/ZE.

9. Wie groß ist der Stundenverrechnungssatz bei einem Werkstattumsatz von 830524 DM und einer produktiven Arbeitszeit von 12214 h?

10. In einer Werkstatt wurden 6307 produktive Arbeitsstunden geleistet. Der Durchschnittsstundenlohn betrug in dieser Zeit 12,80 DM/h. Wie groß war der Werkstattumsatz bei einem Index von 4,3?

11. Der bisher verwendete Werkstattindex soll mit Hilfe neuer Betriebszahlen überpruft werden. Fertigungslöhne 49862 DM, Gewinnzuschlag 8816 DM, Gemeinkostensatz 254 %. Mit diesen Angaben sind zu bestimmen:
a) Gemeinkosten,
b) Gewinnzuschlagssatz in %,
c) Werkstattumsatz,
d) Werkstattindex.

12. Bei einem Lkw werden zur gleichen Zeit 3 Reparaturen durchgeführt. Sie entsprechen unterschiedlichen Arbeitsplatzbewertungen. Berechnen Sie die verschiedenen Stunden-Verrechnungssätze bei einem Werkstattindex von 3,6.
a) Instandsetzung der Druckluftbremsanlage: Stundenlohn des Mechanikers 17,20 DM/h,
b) Überprüfung der elektrischen Anlage: Stundenlohn des Elektrikers 14,60 DM/h,
c) Reinigungsarbeiten des Fahrzeugs: Stundenlohn des Arbeiters 10,61 DM/h.

13. Angaben aus der Buchhaltung: Produktive Arbeitszeit 18125 h, Durchschnittsstundenlohn 13,40 DM/h, Gemeinkostensatz 280 %, Gewinnzuschlag 101521,75 DM. Berechnen Sie:
a) Fertigungslöhne,
b) Gemeinkosten,
c) Gewinnzuschlagssatz in %,
d) Werkstattumsatz,
e) Werkstattindex,
f) Stundenverrechnungssatz.

14. Einige Betriebszahlen mussen überprüft werden: Zur Verfügung stehen folgende Angaben: Werkstattumsatz 309035 DM, Fertigungslöhne 90626 DM, Durchschnittsstundenlohn 11,30 DM/h und Gemeinkosten 190315 DM. Ermitteln Sie
a) die produktiven Arbeitsstunden,
b) den Stundenverrechnungssatz,
c) den Werkstattindex,
d) den Gemeinkostensatz,
e) den Gewinnzuschlag,
f) den Gewinnzuschlagssatz in %.

15. Bei der Kostenermittlung für das vergangene Jahr ergaben sich folgende Daten: produktive Arbeitszeit 438540 h, Gemeinkostensumme 11068284 DM, Gemeinkostensatz 200 %, Werkstattindex 3,3. Berechnen Sie der Reihe nach:
a) Produktive Lohnsumme,
b) Durchschnittsstundenlohn,
c) Werkstattumsatz,
d) Gewinnzuschlag,
e) Gewinnzuschlagssatz in %

16. In der Buchhaltung einer Kfz-Reparaturwerkstatt werden folgende Jahreskosten ermittelt: 186870 DM Fertigungslöhne und 386733 DM Gemeinkosten. Berechnen Sie
a) den Gemeinkostensatz in %
b) den Gewinnzuschlag in DM bei einem Zuschlagssatz von 12 %
c) den Werkstattumsatz in DM,
d) den Werkstattindex.

17. In einem Reparaturbetrieb stellt die Buchhaltung für verschiedene Berechnungen folgende Unterlagen zur Verfügung: Durchschnittsstundenlohn 13,20 DM/h, Werkstatt-Leistungsfaktor 12,4 AW/h, Fertigungslöhne 80784 DM, Gemeinkostensatz 248 %, Gewinnzuschlagssatz 12 %. Berechnen Sie
a) die Gemeinkosten GK in DM,
b) den Gewinnzuschlag GZ in DM,
c) den Werkstattumsatz WU in DM,
d) den Werkstattindex WI,
e) den Stundenverrechnungssatz StVS in DM/h,
f) den AW-Verrechnungssatz AWVS in DM/AW,
g) den ZE-Verrechnungssatz ZEVS in DM/ZE.

18. In einem Kfz-Handwerksbetrieb betrugen die Fertigungslöhne 58320 DM und die Gemeinkosten 104976 DM. Als Gewinnzuschlag wurden 12 % eingesetzt. Berechnen Sie
a) den Gewinnzuschlag in DM,
b) den Werkstattumsatz in DM.

19. 4 Kfz-Mechaniker erreichen an 5 Tagen mit je 7 Arbeitsstunden folgende Arbeitswerte: 458 AW, 480 AW, 465 AW, 473 AW. Berechnen Sie den Werkstatt-Leistungsfaktor WLF in AW/h.

20. Für eine Kfz-Werkstatt sollen verschiedene betriebliche Kennwerte mit folgenden Angaben berechnet werden: Tariflohn eines qualifizierten Facharbeiters StL = 13,05 DM/h, Werkstattindex WI = 4,2, Werkstatt-Leistungsfaktor WLF = 12,8 AW/h.
a) Berechnen Sie den Stundenverrechnungssatz StVS in DM/h.
b) Wie groß ist der AW-Verrechnungssatz AWVS in DM/AW, den der Kunde bezahlt?
c) Bestimmen Sie die AW-Vergütung AWV in DM/AW, der dem Kfz-Mechaniker für 1 AW vergütet wird.

11.2.4 Kalkulation und Rechnungserstellung

Kalkulation. In lohnintensiven Handwerksbetrieben und in kleinen Industriebetrieben wird überwiegend die Zuschlagskalkulation in vereinfachter Form angewendet. Den Fertigungslohnkosten werden die anderen Kosten wie Gesamtgemeinkosten, Materialkosten, Sondereinzelkosten, Sonderleistungen und Fremdleistungen durch Addition zugeschlagen.

Sonderleistungen im Kfz-Handwerk sind z. B. Zulassungskosten, Überführungen, Probefahrten, Bergungs- und Abschlepparbeiten.

Fremdleistungen werden durch fremde Spezialwerkstätten erbracht, z. B. Kurbelwellen- und Zylinderschleifen, Kühlerreparaturen, Reifenrunderneuerungen, Lackierungen, Sattler- und Polsterarbeiten. Auf den Netto-Rechnungsbetrag (ohne MWSt) kann ein Gewinnzuschlag von 5 % bis 15 % erhoben werden.

Kalkulationsschema

Fertigungslohnkosten (FLK)
+ Gesamtgemeinkosten (GK)
+ Materialkosten (MK), Einkaufspreise
+ Sondereinzelkosten (SEK)
  der Fertigung und des Vertriebs
+ Sonderleistungen
+ Fremdleistungen

= Selbstkosten (SK), Herstellkosten (HK)
+ Gewinnzuschlag (GZ)

= **Reparaturkosten** (RK), Nettopreis

Die Selbstkosten bzw. Herstellkosten sind die Bezugsgrößen für die Berechnung des Gewinnzuschlags.

Beispiel	Ges.	Reparaturkosten (RK)
	Geg.	Fertigungslohnkosten FLK = 258,30 DM,
		Gemeinkostenzuschlagssatz GKS = 220 %,
		Materialkosten MK = 148 DM,
		Gewinnzuschlagssatz GZS = 8 %

$$\text{L\"os.} \quad GK = \frac{FLK \cdot GKS}{100\,\%} = \frac{258{,}30\,DM \cdot 220\,\%}{100\,\%} = 568{,}26\,DM$$

$$GZ = \frac{SK \cdot GZS}{100\,\%} = \frac{974{,}56\,DM \cdot 8\,\%}{100\,\%} = 77{,}96\,DM$$

$$RK = FLK + GK + MK + GZ$$

Zusammenstellung:

Fertigungslohnkosten	258,30 DM
Gemeinkosten	568,26 DM
Materialkosten	148, — DM
Selbstkosten	974,56 DM
Gewinnzuschlag	77,96 DM
Reparaturkosten	= 1052,52 DM

Rechnungserstellung. Auf einer Rechnung werden die Preise für Arbeitsleistungen, Ersatzteile und Materialien, Sonderleistungen und Fremdleistungen gesondert aufgeführt. Außerdem wird die Mehrwertsteuer in % und in DM angegeben. Im Gegensatz zur Kalkulation werden in einer Rechnung die Gemeinkosten und der Gewinnzuschlag nicht besonders aufgeführt. Sie sind bereits in dem anzugebenden Arbeitspreis bzw. Arbeitslohn enthalten.

> Arbeitspreis = Stundenzahl · Stundenverrechnungssatz
> Netto-Rechnungsbetrag = Arbeitspreis + Materialpreis (Listenpreis, Verkaufspreis)

Der auf der Rechnung aufgeführte Listenpreis setzt sich zusammen aus: Einkaufspreis, Beschaffungskosten wie Telefon-, Fracht- und Portokosten, Gemeinkosten des Ersatzteillagers und etwa 10 % Zuschlag für Gewinn und Wagnis.

Beispiel 1   Ges.   Rechnungserstellung (mit MWSt)

Geg.   Arbeitszeit St = 11 h,
Stundenverrechnungssatz StVS = 64 DM/h
Ersatzteile und Material MK = 385 DM
Sondereinzelkosten des Vertriebs
(Vorführung beim TÜV) SEK = 80 DM

Lös.   Arbeitspreis AP = St · StVS
AP = 11 h · 64 DM/h = 704 DM

Rechnung

Arbeitspreis	704, − DM
Ersatzteile und Material	385, − DM
Sondereinzelkosten	80, − DM
(Vorführung beim TÜV)	
Nettopreis	1169, − DM
14 % Mehrwertsteuer	163,66 DM
Rechnungsbetrag	1332,66 DM

Beispiel 2   (Altteilewert bei Austauschteilen)

Rechnung

Kupplung ein- und ausgebaut, Drucklager und
Nehmerzylinder erneuert

Arbeitslohn	167,50 DM
Austauschteile	205,00 DM
Original-Ersatzteile	47,40 DM
Kleinmaterial	3,42 DM
Abschleppen (12 km)	128,00 DM
Reparaturkosten (netto)	551,32 DM
14 % MWSt	77,18 DM
Altteilewert (10 %) = 20,50 DM	
14 % MWSt auf Altteilewert	2,87 DM
Rechnungsbetrag (brutto)	631,37 DM

**Besonderheit bei Austausch-
teilen.** Zusätzlich werden für den
Altteilewert 14 % MWSt berechnet. Der Altteilewert beträgt 10 %
vom Austauschteilewert.

Beispiel 3   (mit AW-Angaben)

Rechnung

Bremsanlage überprüft und gereinigt	18 AW		
Bremsanlage entlüftet	4 AW		
Bremsscheiben aus- und eingebaut	12 AW		
Bremsbelag vorn erneuert	3 AW		
Bremslichtschalter	4 AW	41 AW je 4,90 DM	200,90 DM
2 Bremsscheiben je 82,00 DM			164,00 DM
1 Satz Scheibenbremsbeläge			49,50 DM
0,25 l Bremsflüssigkeit je 23,20 DM			5,80 DM
Netto-Rechnungsbetrag (Zwischensumme)			420,20 DM
14 % MWSt			58,82 DM
Rechnungsbetrag			479,02 DM

Der Rechnungsbetrag (brutto) setzt sich aus Netto-Rechnungsbetrag plus Mehrwertsteuer zusammen.

Aufgaben

1. An einem Pkw werden 4 Gürtelreifen erneuert (Stückpreis 94,80 DM). Für Montage,
Auswuchten und Kleinteile werden 10, − DM
je Reifen berechnet. Bestimmen Sie den Rechnungsbetrag.

2. Für Karosserie- und Lackierarbeiten, die in
Fremdleistung erstellt wurden, beträgt der
Netto-Rechnungspreis der Spezialwerkstatt
(ohne MWSt) 1862, − DM. Wie hoch ist der
Netto-Rechnungsbetrag für den Kunden, wenn
die Kfz-Werkstatt noch einen Zuschlag von
15 % für Gewinn, Wagnis und Verwaltung in
Rechnung gestellt hat?

3. Kalkulieren Sie die Reparaturkosten einer
Instandsetzungsarbeit mit folgenden Angaben:
Fertigungslöhne 168,30 DM, Gemeinkostensatz 270 %, Ersatzteile 472, − DM, Kleinmaterial 21,20 DM, Reinigungsmaterial und Schmier-
stoffe 48,60 DM, Gewinnzuschlag 14 %.

4. An einem Pkw werden Kupplungsscheibe und Druckplatte in 3,5 h erneuert und eingestellt. Der Stundenlohn betragt 11,33 DM/h. Der Werkstattindex ist mit 3,8 angegeben. Ersatzteilkosten: Kupplungsscheibe 48, – DM, Druckplatte 54, – DM, Kleinmaterial 8,60 DM
Berechnen Sie
a) die Lohnkosten, b) den Netto-Rechnungsbetrag, c) den Rechnungsbetrag (brutto).

5. Bei einer Fahrzeuginspektion werden folgende Arbeiten ausgefuhrt: Lenkungsdampferbuchse und Lenkungsdampfer ersetzen 7 AW, Achsvermessung und Einstellung 8 AW, Zundung einstellen 5 AW, Vergaser reinigen und einstellen 11 AW Material. Lenkungsdampfer 48,90 DM, 2 Dichtungen je 1,20 DM, 2 Klemmen je 0,65 DM, Fuhrungsbuchse 4,80 DM. Der AW-Verrechnungssatz betragt 4,75 DM/AW.
Berechnen Sie
a) den Arbeitspreis,
b) den Rechnungsbetrag.

6. Bestimmen Sie fur eine Rechnung die Lohnkosten einer Getriebeinstandsetzung, wenn 1 Kfz-Mechaniker 8 h bei einem Stundenlohn von 13,05 DM/h und 1 Kfz-Mechaniker 6 h bei einem Stundenlohn von 9,96 DM/h mit der Reparatur und dem Aus- und Einbau beschaftigt waren. In dem Betrieb wird mit einem Index von 4,6 gearbeitet.

7. Von einem Kfz-Reparaturbetrieb wurde bei einer Autolackiererei die Teillackierung eines Pkw in Auftrag gegeben. Der Rechnungsbetrag dieser Fremdleistung betragt 412,45 DM (einschließlich MWSt). Der Kfz-Reparaturbetrieb stellt dem Kunden eine Rechnung mit einem Rechnungsbetrag von 488,76 DM aus. Wieviel % wurden aufgeschlagen?

8. Ein Unfallwagen muß an einem Feiertag abgeschleppt werden. Fur die Rechnung stehen folgende Angaben zur Verfugung: Entfernung 40 km, Bergungdauer insgesamt 2,5 h, Einsatz von 2 Bergungsmechanikern, Stundenlohn 18,60 DM/h, Feiertagszuschlag 100 %, Miete fur Abschleppgerät 32 DM/h, Werkstattindex 3,9. Kilometerpreise: Leerfahrt 2,10 DM/km, Schleppfahrt 2,80 DM/km. Berechnen Sie
a) Leerfahrt- und Schleppfahrtkosten,
b) Lohnkosten einschließlich Zuschlag,
c) Mietpreis fur Abschleppgerat,
d) Rechnungsbetrag fur das Abschleppen.

9. Fur die geplante Grunduberholung eines Pkw sind die Reparaturkosten zu kalkulieren. Bei dieser Gelegenheit soll der bisherige Stundenverrechnungssatz von 46,50 DM/h mit folgenden Betriebsdaten uberpruft werden: Fertigungslohne 174 750 DM, lohnbezogene Gemeinkosten 441 109 DM, Gewinnzuschlag 13,5 %.

a) Ermitteln Sie zunachst den Werkstattindex.
b) Wie groß ist der Stundenverrechnungssatz bei einem Durchschnittsstundenlohn von 12,80 DM/h.
c) Berechnen Sie den Arbeitspreis, wenn 18 Arbeitsstunden vorgesehen werden.
d) Bestimmen Sie die voraussichtlichen Reparaturkosten bei 1287,40 DM Materialkosten.
e) Wie hoch sind die Reparaturkosten bei Anwendung der Zuschlagskalkulation?

10. Durch einen Defekt in der Ladeanlage bei einem Pkw muß der Drehstromgenerator im Austausch erneuert werden. Einige Leitungsverbindungen mussen ersetzt werden. Materialkosten: Generator (im Austausch) 238,– DM, 2 Stecker je 1,20 DM, Kabelmaterial 7,80 DM, Kleinteile und Reinigungsmaterial 8,20 DM. Der AW-Verrechnungssatz ist mit 5,55 DM/AW festgelegt Arbeitswerte: Aus- und Einbau des Generators 5 AW, Instandsetzung der Anlage 6 AW, Prufen des Generators am Fahrzeug 2 AW, Prufen und Warten der Batterie 2 AW
Bestimmen Sie
a) die Materialkosten,
b) die Lohnkosten,
c) die Reparaturkosten (Nettobetrag),
d) den Mehrwertsteuerbetrag auf Altteilewert,
e) den Rechnungsbetrag (Bruttobetrag).

11 Die Buchhaltung erstellt eine Rechnung nach folgenden Angaben:
1. Eigenleistung, Demontage und Montage des Zylinderkopfs 125 ZE, Ventilschaftabdichtung erneuern 60 ZE, Ventile einstellen 34 ZE.
2. Materialkosten 109,60 DM.
3. Fremdleistung, Drehen und Schleifen der Ventilsitze und der Ventilteller, Planschleifen des Zylinderkopfs mit einem Netto-Rechnungsbetrag von 168,80 DM, Gewinnzuschlag 12 %.
Ermitteln Sie den Rechnungsbetrag (brutto), wenn ein Stundenverrechnungssatz von 58,70 DM/h kalkuliert ist.

12. Bei der Reparatur einer Zundanlage fallen 108,20 DM Materialkosten an. Fur die einzelnen Arbeitspositionen gelten folgende Arbeitswerte: Kompressionsprufung 3 AW, Zundkerzen erneuern 2 AW, Zundspule und Kontakte einbauen 2 AW, Schließwinkeleinstellen 2 AW, Zundzeitpunkteinstellung 2 AW, Prufung auf dem Leistungsstand 4 AW. Sondereinzelkosten: TUV-Abnahme 54,20 DM.
a) Berechnen Sie den Stundenverrechnungssatz bei einem Stundenlohn von 13,88 DM/h und einem Werkstattindex von 4,8.
b) Ermitteln Sie die Reparaturzeit bei einem Richtwert von 12 AW je h.
c) Bestimmen Sie die Lohnkosten.
d) Wie hoch ist der Netto-Rechnungsbetrag?
e) Berechnen Sie den Rechnungsbetrag (brutto).

11.3 Kraftfahrzeug-Unterhaltskosten

Die Berechnungsverfahren für Kraftfahrzeug-Unterhaltskosten sind sehr unterschiedlich. Daher weichen die Rechenergebnisse oft beträchtlich voneinander ab. Folgende Überlegungen geben einen allgemeinen Überblick:

Die ersten Kosten entstehen mit der Zulassung eines Kraftfahrzeugs. Hinzu kommen zahlreiche Kosten, deren Höhe ebenfalls nicht von der Fahrleistung abhängt. Diese Kosten nennt man feste oder **fixe** Kosten. Durch die Benutzung des Fahrzeugs entstehen Kosten, die von der Anzahl der gefahrenen km, von der Art des Gebrauchs und von den äußeren Einwirkungen abhängig sind. Diese Kosten nennt man veränderliche oder **variable** Kosten. (Vielfach werden sie auch als Betriebskosten bezeichnet.)

> Bei jeder Kostenberechnung für den Unterhalt eines Kraftfahrzeugs ist zwischen festen (fixen) Kosten und veränderlichen (variablen) Kosten zu unterscheiden.

11.3.1 Feste Kosten

Die festen Kosten werden in der Regel in DM/a (d.h. in DM/Jahr) angegeben. Dazu gehören:

1. Kalkulatorische Zinsen (Finanzierung des Betriebsfahrzeugs). Damit die Zinsbelastungen gleichmäßig auf die Nutzungsjahre verteilt werden, legt man eine Durchschnittswert-Verzinsung zugrunde. Dabei werden die halben Anschaffungskosten als Bemessungsgrundlage eingesetzt. Die Anschaffungskosten bestehen aus Listenpreis und Kosten für zusätzliche Ausstattung, Überführung und Zulassung.

$$\text{Kalkulatorische Zinsen in DM/a} = \frac{1}{2} \cdot \frac{\text{Anschaffungskosten in DM} \cdot \text{Zinssatz in \%/a}}{100\,\%}$$

2. Für Betriebsfahrzeuge die bilanzmäßige Abschreibung (zeitabhängig). Die jährliche Wertminderung wird hier auf den **Zeitverschleiß** zurückgeführt. Wenn auch die gebrauchsabhängige Wertminderung berücksichtigt wird, setzt man bei der Abschreibung die halbe Abschreibungssumme ein. Die Abschreibungssumme entspricht den Anschaffungskosten, vermindert um die Reifenkosten, weil diese bei den veränderlichen Kosten besonders berücksichtigt werden. Bei genauer Berechnung ist auch noch der zu erwartende Wiederverkaufserlös als Restwert abzuziehen.

$$\text{Bilanzmäßige Abschreibung in DM/a} = \frac{1}{2} \cdot \frac{\text{Anschaffungskosten} - \text{Reifenkosten} - \text{Restwert}}{\text{Nutzungszeit in Jahren}}$$

Beispiel Ein Pkw mit einem Motorhubvolumen von 1,956 l wird mit einem Listenpreis von 17 500 DM angeboten. Die Kosten für Überführung und Zulassung belaufen sich auf 520 DM. Der Preis für die Sonderausrüstung beträgt 1230 DM. Nach einer Nutzungszeit von 7 Jahren wird mit einem Wiederverkaufserlös von 10 % der Anschaffungskosten gerechnet. Die vierfache Bereifung kostet 338 DM. a) Welche Abschreibungssumme ist einzusetzen? b) Wie groß ist die bilanzmäßige Abschreibung in DM/a, wenn das Fahrzeug nur betrieblich genutzt wird?

Ges. a) Abschreibungssumme AS in DM, b) bilanzmäßige Abschreibung BA in DM/a

Geg. Listenpreis LP = 17 500 DM, Überführung u. Zulassung ÜZ = 520 DM, Sonderausrüstung SA = 1230 DM
Nutzungszeit NZ = 7 Jahre, Restwert RW = 10 % der Anschaffungskosten, Reifenkosten RK = 338 DM

Lös. a) $AS = LP + ÜZ + SA = 17\,500\,\text{DM} + 520\,\text{DM} + 1230\,\text{DM} = \mathbf{19\,250\,DM}$

b) $BA = \dfrac{1}{2} \cdot \dfrac{AS - RK - RW}{NZ} = \dfrac{1}{2} \cdot \dfrac{(19\,250 - 338 - 1925)\,\text{DM}}{7\,\text{Jahre}} \approx 1213\,\text{DM/a}$

3. Kfz-Steuer (jährliche Zahlweise), je angefangene 100 cm³ Hubraum 14,40 DM/a
4. Kfz-Haftpflichtversicherung (Jahresbetrag)
5. Fahrzeugversicherung (Jahresbetrag)
6. Garagenkosten (Jahresbetrag)

Beispiel

	Listenpreis eines Pkw	25595,– DM	Nutzungszeit	5 Jahre
	Überführung, Zulassung	450,– DM	Wiederverkaufserlös in %	
	zusätzliche Ausstattung	500,– DM	vom Anschaffungswert	15 %
	Zinssatz (je Jahr)	8 %/a	Kraftstoffverbrauch	10,7 l/100 km
	Motorhubvolumen (V_H)	2144 cm³	Kraftstoffpreis	1,35 DM/ l
	Fahrleistung je Jahr	30000 km/a	Schmierstoffkosten	1,10 DM/100 km
	Reifenkosten	942,– DM	Instandsetzung und	
	Reifenlaufleistung	35000 km	Wartung je Jahr	2847,– DM/a
	Haftpflichtversicherung	745,60 DM	Garagenmiete, monatlich	40,– DM
	Teilkasko	105,– DM		

	Betriebsfahrzeug	Privatfahrzeug
1. Kapitalverzinsung	1061,80	–
2. Bilanzmäßige Abschreibung	2162,13	–
3. Kfz-Steuer	316,80	316,80
4. Haftpflichtversicherung	745,60	745,60
5. Fahrzeugversich. (Teilkasko)	105,–	105,–
6. Garagenkosten	480,–	480,–
Feste Kosten	4871,33 DM/a	1647,40 DM/a

Werden beim Privatfahrzeug die Kapitalverzinsung und die bilanzmäßige Abschreibung nicht mitgerechnet, erscheint der Unterhalt des Pkw viel zu kostengünstig!

11.3.2 Veränderliche Kosten (Betriebskosten)

Durch die Inbetriebnahme des Fahrzeugs treten veränderliche Kosten auf. Sie sind überwiegend von der Fahrleistung in km abhängig. Diese Betriebskosten werden vielfach in DM/100 km angegeben. Man rechnet dazu folgende Positionen:

7. Kalkulatorische Abschreibung bei Betriebsfahrzeugen (gebrauchsabhängig). Hier werden Wertminderungen durch den Gebrauchsverschleiß erfaßt. Auch bei dieser Abschreibung werden die Anschaffungskosten ohne Reifenkosten eingesetzt. Von der Abschreibungssumme wird jedoch nur die Hälfte benötigt (die andere Hälfte wird bei der bilanzmäßigen Abschreibung berücksichtigt).

Die kalkulatorische Abschreibung bezieht sich manchmal auf die Fahrleistung je 1 km. Dann gilt:

$$\text{Kalkulatorische Abschreibung in DM/km} = \frac{1}{2} \cdot \frac{\text{Anschaffungskosten} - \text{Reifenkosten}}{\text{Fahrleistung in der Gesamtnutzungszeit in km}}$$

Soll sich die Abschreibung auf die Fahrleistung je 100 km beziehen, werden Zähler und Nenner mit 100 erweitert. Im Nenner wird der Erweiterungsfaktor 100 mit der Einheit km zu der neuen Bezugseinheit je 100 km verbunden.

$$\frac{\text{Kalkulatorische Abschreibung}}{\text{in DM/100 km}} = \frac{1}{2} \cdot \frac{\text{Anschaffungskosten} - \text{Reifenkosten}}{\text{Fahrleistung in der Gesamtnutzungszeit in km} \cdot 100} \cdot 100$$

8. Kraftstoffkosten (werden in DM/100 km umgerechnet)
9. Schmierstoffkosten (werden in DM/100 km eingesetzt)
10. Reifenkosten (Reifenkosten und Reifenlaufleistung werden in DM/100 km umgerechnet.)
11. Kosten für Instandsetzung und Wartung (werden in DM/100 km umgerechnet)

Beispiel Zusammenstellung der veränderlichen Kosten (in DM/100 km)

	Betriebsfahrzeug	Privatfahrzeug
7. Kalkul. Abschreib.	8,53	–
8. Kraftstoffkosten	14,45	14,45
9. Schmierstoffkosten	1,10	1,10
10. Reifenkosten	2,69	2,69
11. Instandsetzung und Wartung	9,49	9,49
Veränderliche Kosten	36,17 DM/100 km	27,64 DM/100 km

Beim Privatfahrzeug entfällt in der Regel die kalkulatorische Abschreibung.

11.3.3 Unterhaltskosten

Bei Kraftfahrzeugen setzen sich die Unterhaltskosten aus festen und veränderlichen Kosten (Betriebskosten) zusammen, bezogen auf 1 Jahr, 1 Monat oder die Fahrleistungseinheit 1 km. Dabei werden die Betriebskosten von DM/100 km auf DM/a umgerechnet.

Veränderliche Kosten in DM/a = veränd. Kosten in DM/100 km · Fahrleistung in km/a

Unterhaltskosten in DM/a = feste Kosten in DM/a + veränderliche Kosten in DM/a

$$\text{Kilometerkosten in DM/km} = \frac{\text{Unterhaltskosten in DM/a}}{\text{Fahrleistung in km/a}}$$

Beispiel **Ges.** a) Veränderliche Kosten VK_a in DM/a, b) Unterhaltskosten UK_a in DM/a, c) Kilometerkosten KmK in DM/km

Geg. Feste Kosten $FK = 4871{,}33$ DM/a, Veränderliche Kosten $VK_{100} = 36{,}17$ DM/100 km, Fahrleistung $FL = 300\,000$ km/a

Lös. a) $VK_a = VK_{100} \cdot FL = \dfrac{36{,}17\,\text{DM} \cdot 30\,000\,\text{km}}{100\,\text{km} \cdot a} = 10851$ DM/a

b) $UK_a = FK + VK_a = 4871{,}33$ DM/a $+ 10851$ DM/a ≈ 15722 DM/a

c) $KmK = \dfrac{UK_a}{FL} = \dfrac{15722\,\text{DM/a}}{30\,000\,\text{km/a}} \approx 0{,}52$ DM/km

Aufgaben

1. Überprufen Sie in den auf S. 147 angegebenen Beispielen die Zusammenstellung der Unterhaltskosten für einen Pkw. Fuhren Sie als einfuhrende Übung alle erforderlichen Rechnungen aus, die für die zusammengestellten festen und veränderlichen Kosten erforderlich sind.

2. Der Listenpreis eines Pkw ist mit 18 600 DM angegeben. Fur die Uberfuhrung und Zulassung werden 380 DM und fur Sonderausstattung 425 DM gerechnet. Wie hoch ist der Zinssatz in %/a, wenn fur die Kapitalverzinsung 1086,68 DM/a eingesetzt werden?

3. Die Anschaffungskosten eines Pkw betragen 17 755 DM. Bei kalkulatorischen Berechnungen sind die Reifenkosten mit 591,50 DM einzusetzen. Die Nutzungszeit des nur als Betriebsfahrzeug eingesetzten Pkw ist auf 5 Jahre veranschlagt. Die bilanzmäßige Abschreibung umfaßt 50 % der ganzen Abschreibungssumme. Berechnen Sie den berücksichtigten Wiederverkaufserlös in DM und in %, wenn als jährlicher Abschreibungsbetrag 1538,75 DM/a ermittelt werden?

4. Bei der Kfz-Steuerberechnung wird der angegebene Hubraum in cm³ auf volle 100 cm³ aufgerundet. Der Steuersatz von 14,40 DM/a bezieht sich auf 100 cm³ Hubraum.
a) Berechnen Sie die Kfz-Steuer fur folgende Hubräume: 1754 cm³, 1,035 l, 986 cm³.
b) Ermitteln Sie die gerundeten Hubräume, die bei der Berechnung folgender Steuerbeträge eingesetzt wurden: 230,40 DM/a, 360 DM/a, 561,60 DM/a.

5. Bei einer halbjahrlichen Zahlweise entstehen folgende Kosten: Haftpflicht 382,20 DM plus 3 % Zuschlag und Teilkasko 94,50 DM plus 3 % Zuschlag. Wie hoch sind die jahrlichen Kosten
a) für die Kfz-Haftpflichtversicherung?
b) fur die Teilkasko-Fahrzeugversicherung?
c) fur die gesamte Versicherung?

6. Ein Kran-Abschleppwagen soll voll nach Leistungseinheiten (d. h. nach Fahrkilometern) abgeschrieben werden. Die Anschaffungskosten betragen 148 400 DM. Die Reifenkosten sind mit 3250 DM veranschlagt. Die Jahresfahrleistung beträgt durchschnittlich 25 000 km. Die Gesamtfahrleistung ist mit 280 000 km veranschlagt.
a) Berechnen Sie den Abschreibungsbetrag je Fahrkilometer in DM/km.
b) Wie groß ist der Abschreibungsbetrag für 1 Jahr in DM/a?
c) Ermitteln Sie den Buchwert des Fahrzeugs nach erfolgter Abbuchung bei einer Fahrstrecke von 160 000 km.

7. Die Kostenkalkulation fur ein Motorrad hat folgende Kostenbeträge ergeben: Feste Kosten 587,75 DM/Monat, Betriebskosten (veränderliche Kosten) 4890 DM/a bei einer Fahrleistung von 20 000 km/a. Berechnen Sie folgende Kosten:
a) Betriebskosten in DM/Monat,
b) Unterhaltskosten in DM/Monat,
c) Betriebskosten in DM/100 km,
d) Kilometerkosten in DM/km.

8 Berechnen Sie mit folgenden Angaben in der Tabelle: Feste Kosten in DM/a, veränderliche Kosten in DM/100 km und in DM/a, Unterhaltskosten in DM/a und Kilometerkosten in DM/km.

		a) Betriebsfahrzeug	b) Privatfahrzeug	c) Betriebsfahrzeug	d) Betriebsfahrzeug
Listenpreis eines Pkw (LP)		37 400 DM		29 950 DM	15 430 DM
Überführung, Zulassung (ÜZ)		580 DM		540 DM	450 DM
Sonderausstattung (SA)		928 DM		1262 DM	680 DM
Zinssatz (je Jahr) (ZS)		9,6 %		10,5 %	7,8 %
Motorhubvolumen (V_H)		2,769 l	1981 cm³	2,772 l	1272 cm³
Versicherungen (halbjährlich, ohne 3 % Teilzahlungszuschlag)	a) Haftpflicht	215,14 DM	215,70 DM	286,70 DM	172 DM
	b) Teilkasko	142,80 DM	111,90 DM	94,60 DM	24,40 DM
Fahrleistung je Jahr		40 000 km/a	20 000 km/a	50 000 km/a	25 000 km/a
Reifenkosten (RK)		2,52 DM/100 km	691,60 DM	3,01 DM/100 km	1,38 DM/100 km
Reifenlaufleistung (RL)		35 000 km	28 000 km	30 000 km	35 000 km
Nutzungszeit (NZ)		4 Jahre	7 Jahre	3 Jahre	6 Jahre
Restwert (RW)		15 %		15 %	10 %
Kraftstoffverbrauch (KV)		10,6 l/100 km	10,2 l/100 km	12,5 l/100 km	7,3 l/100 km
Kraftstoffpreis (KP)		1,39 DM/l	1,32 DM/l	16,88 DM/100km	1,31 DM/l
Schmierstoffkosten (SchK)		10 DM/1000 km	0,96 DM/100 km	1,18 DM/100 km	0,66 DM/100 km
Instandhaltung u. Wartung (IuW)		9,53 DM/100 km	9,31 DM/100 km	4720 DM/a	2130 DM/a

9. Ein Pkw wird als Privatfahrzeug benutzt. Stellen Sie zu verschiedenen jährlichen Fahrleistungen (5000 km, 10 000 km, 20 000 km, 30 000 km, 40 000 km und 50 000 km) folgende Kosten in einer Tabelle zusammen:
a) Unterhaltskosten in DM/a,
b) Kilometerkosten in DM/km.

Zusätzliche Angaben· $V_\mathrm{H} = 1,688$ l, $P_\mathrm{e} = 55$ kW, jährliche Haftpflichtversicherung 531,90 DM/a, jährliche Fahrzeugversicherung (Teilkasko) 34,51 DM/a, Reifenkosten 1,58 DM/100 km, monatliche Garagenmiete 60 DM, Kraftstoffkosten 16,88 DM/100 km, Schmierstoffkosten 1,03 DM/100 km, Reparaturen und technische Wartung 8,20 DM/100 km.

10. Für 26 100 DM wurde ein Lieferwagen gekauft. Angaben zur Kostenrechnung: Abschreibung 20 % vom vollen Anschaffungswert, Kfz-Steuer 176 DM/a, Versicherungen 884 DM/a, Dieselkraftstoffverbrauch 10,8 l/100 km, Abstellplatz 45 DM/Monat, Reparaturkosten 72 DM/1000 km. Die Abschreibung wird nur bilanzmäßig vollzogen. Berechnen Sie
a) die festen Kosten in DM/a,
b) die veränderlichen Kosten in DM/a, wenn im letzten Jahr 24 400 km gefahren wurden,
c) die Kosten je Kilometer.

11. Bei den Kostenberechnungen für ein Betriebsfahrzeug soll nur die zeitabhängige Wertminderung für die ganze Abschreibungssumme berücksichtigt werden. Ermitteln Sie
a) die bilanzmäßige Abschreibung in DM/a,
b) die jährlichen Unterhaltskosten in DM/a,
c) die Kilometerkosten in DM/km.

Anschaffungskosten als Gebrauchtfahrzeug 12 000 DM, geschätzte Nutzungszeit 4 Jahre, Fahrleistung 18 000 km/a, Kfz-Versicherung (Haftpflicht und Teilkasko) 571,24 DM/a, monatliche Betriebskosten im Durchschnitt 245 DM, $V_\mathrm{H} = 1,288$ l, Zinssatz für kalkulatorische Verzinsung 12,2 %/a, Reifen (vierfach) 345 DM.

12. Ein Gebrauchtwagen kostet 13 500 DM, dazu kommen 815 DM für Sonderwünsche und Sonderzubehör, 78 DM für Kfz-Brief und Zulassung. Weitere Angaben: $V_\mathrm{H} = 1488$ cm³, Haftpflicht- und Teilkaskoversicherung 882 DM/a, vierfache Bereifung 524 DM, Garagenmiete monatlich 55 DM, Zinssatz für die Kapitalverzinsung 11,8 %/a, Kraftstoffverbrauch 11,2 l/100 km, Kraftstoffpreis 1,38 DM/l, Schmierstoffkosten 1,74 DM/100 km, jährliche Instandsetzungskosten 2520 DM/a, Nutzungszeit 3 Jahre bei 40 000 km im Jahr, Reifenlaufleistung 25 000 km. Berechnen Sie
a) die festen Kosten in DM/a,
b) die veränderlichen Kosten in DM/100 km,
c) die Unterhaltskosten in DM/a,
d) die Unterhaltskosten für 1 km in DM/km.

12 Wiederholungsaufgaben

12.1 Formelumstellen

12.1.1 Auflösen von Gleichungen nach x

Wenn in einer Gleichung ein einziger Wert unbekannt ist, ersetzt man ihn meist durch den Buchstaben x. Den Wert für x bestimmt man durch das Umstellen der Gleichung nach x.

Aufgaben

1. a) $28 - x = 12$
b) $9 = x - 14$
c) $6,9 = 3,14 - x$

2. a) $0,78 = 1,3x$
b) $3ax = 43,8\,ab$
c) $6,2\,bc = 15,2\,bc - 3\,cx$

3. a) $2a\,(ax - 6) = 3\,(a^2 - 4a)$
b) $(12x - 3,5) - 116 = -11,9x$
c) $4x - (2ab - 2x) = 2\,(x + ab)$

4. a) $\dfrac{x}{6} = 17$
b) $8b = \dfrac{x}{3b}$
c) $\dfrac{x}{b^2} = \dfrac{2a}{b}$
d) $\dfrac{5}{x} = \dfrac{1}{0,7}$
e) $1,9 = \dfrac{0,57}{x}$

5. a) $5 = \dfrac{60}{x + 7}$
b) $2x + 7 = \dfrac{12x + 18}{4}$
c) $\dfrac{0,72}{x - 24} = 0,2$
d) $\dfrac{2,5x + 3}{12} = 0,25x$
e) $\dfrac{8x + 12}{4} + 24 = 77$

6. a) $\dfrac{2x - 6}{2x - 9} = \dfrac{2}{5}$
b) $\dfrac{\frac{x}{120}}{4,8} = \dfrac{x + 5}{600}$
c) $\dfrac{32}{28} - \dfrac{6x}{7} = 2$
d) $\dfrac{8,7}{3(3x + 5)} = \dfrac{3}{6x + 3}$

12.1.2 Grundaufgaben zum Formelumstellen

Beim Umstellen nach dem Formelzeichen der gesuchten Größe gelten sinngemäß die gleichen Regeln wie beim Umstellen nach x. Solange noch Unsicherheiten beim Formelumstellen auftreten, ist das algebraische Umstellen in Einzelschritten zu bevorzugen.

Aufgaben   Stellen Sie nach den durch **Fett**druck hervorgehobenen Formelzeichen um.

7. a) $l = l_2 - l_1$
b) $\gamma = \alpha + \beta$
c) $A = l \cdot b$
d) $A = d_1 \cdot d_2 \cdot 0,785$
e) $F_G + F_1 = F_A + F_B$
f) $F_1 \cdot l_1 = F_2 \cdot l_2$
g) $d_1 \cdot n_1 = d_2 \cdot n_2$
h) $d_1 \cdot d_3 \cdot n_1 = d_2 \cdot d_4 \cdot n_2$

8. a) $v = \dfrac{s}{t}$
b) $I = \dfrac{U}{R}$
c) $\dfrac{M_2}{M_1} = i$
d) $\dfrac{P_{eff}}{P_1} = \eta$
e) $m_{P,M} = \dfrac{m_M}{P_{eff}}$

9. a) $P = \dfrac{F \cdot v}{1000}$
b) $v_m = \dfrac{2 \cdot s \cdot n}{1000 \cdot 60}$
c) $P_1 = \dfrac{V_H \cdot p_m \cdot n}{1\,200\,000}$
d) $F_s = G \cdot \dfrac{h}{l}$
e) $i_{ges} = \dfrac{d_2}{d_1} \cdot \dfrac{d_4}{d_3}$

10. a) $U = 2\,(l + b)$
b) $V_2 = V_1\,(1 + \gamma \cdot \Delta T)$
c) $d_f = d - 2\left(m + \dfrac{1}{6}m\right)$
d) $V_2 = V_1\,(1 + \gamma \cdot \Delta T)$
e) $d_f = d - 2\left(m + \dfrac{1}{6}m\right)$
f) $F_1 \cdot r_1 = F_2 \cdot r_2 + F_3 \cdot r_3$

11. a) $A = d^2 \cdot 0,785$
b) $s = \dfrac{v^2}{2 \cdot a}$
c) $c^2 = a^2 + b^2$
d) $A = \dfrac{d^2 \cdot 0,785}{3} \cdot h$
e) $a = \sqrt{c^2 - b^2}$
f) $A = \dfrac{2}{3} \cdot s \cdot h$

12. a) $s = \dfrac{v_2^2 - v_1^2}{2 \cdot a}$
b) $A = (d_1^2 - d_2^2) \cdot 0,785$
c) $s_A = v \cdot t_R + \dfrac{a \cdot t_B^2}{2}$
d) $s_A = v \cdot t_R + \dfrac{v^2}{2 \cdot a}$
e) $A = \dfrac{l_1 + l_2}{2} \cdot b$

12.2 Vorbereitungsaufgaben zu Abschlußprüfungen

1. Ein Vierzylinder-Ottomotor leistet 84 kW bei einer Drehzahl von 4800 1/min. Bestimmen Sie das Drehmoment M in Nm.

2. Ein Zehnzylinder-Dieselmotor mit einem Gesamthubvolumen von 15,945 l hat eine Bohrung von 125 mm. Wie groß ist der Hub s in mm?

3. Ein Kühlsystem mit 14 l Inhalt soll eine Frostschutzmischung mit einem Kälteschutz bis -30 °Celsius erhalten. Die Mischung wird aus 56 Teilen Wasser und 44 Teilen Frostschutzmittel hergestellt. Wieviel l Frostschutzmittel werden gebraucht?

4. Ein Schmierölbehälter hat folgende Innenmaße: Länge 900 mm, Breite 580 mm, Höhe 580 mm. Berechnen Sie die Schmierölmenge in l und ihr Gewicht in kg bei einer Füllung von 80 %. Rechnen Sie mit $\varrho = 0,84$ kg/dm³

5. Bei einer Schadensfreiheitsklasse SF 3 = 70 % mußten für die Kfz-Haftpflichtversicherung 340 DM gezahlt werden. Durch Schadensfälle erfolgte eine Zurückstufung nach SF 1/2 gleich 125 %. Wie hoch ist der zu zahlende Betrag?

6. Berechnen Sie den Hub s in mm und das Hubvolumen V_h in cm³ mit folgenden Angaben: $n = 4800$ 1/min, mittlere Kolbengeschwindigkeit 14 m/s, Zylinderdurchmesser 84 mm.

7. Von der Scheibenbremsanlage eines Pkw sind folgende Angaben bekannt: $d_H = 22,5$ mm (Hauptzylinder), $d_v = 55$ mm (vorderer Radzylinder), $d_h = 39$ mm (hinterer Radzylinder). Beim vorderen Radzylinder wirkt eine Spannkraft von $F_{s,v} = 9200$ N. Berechnen Sie
a) den Leitungsdruck p in bar,
b) die Spannkraft $F_{s,h}$ in N am hinteren Radzylinderkolben,
c) die Kolbenstangenkraft F_H am Hauptzylinder,
d) die hydr. Übersetzungen $i_{hyd,v}$ und $i_{hyd,h}$.

8. Ein zylindrischer Kraftstoffbehälter hat einen Durchmesser von 350 mm und eine Länge von 950 mm. Er ist zu 82 % mit Dieselkraftstoff gefüllt. Der Lkw hat einen mittleren Kraftstoffverbrauch von 12,7 l/100 km. Wieviel km können mit der vorhandenen Kraftstoffmenge zurückgelegt werden, wenn 10 % der maximalen Tankfüllung als Reserve im Tank bleiben?

9. Ein Stahlbolzen mit 24 mm Durchmesser wird auf Zug beansprucht. Wie groß kann die zulässige Belastung F_{zul} in N bei 5facher Sicherheit sein, wenn die Zugfestigkeit $R_m = 430$ N/mm² gegeben ist?

10. Ein Pkw wird mit der Verzögerung von $a = 6,8$ m/s² bis zum Stillstand abgebremst. Dabei wird ein Bremsweg von 72 m gemessen.
a) Wie groß war die Geschwindigkeit in km/h?
b) Berechnen Sie die Bremszeit in s.

11. Berechnen Sie die Kolbenkraft F in kN, wenn der maximale Verbrennungsdruck mit $p_{max} = 36,8$ bar angegeben ist. Die Zylinderbohrung beträgt $d = 76,8$ mm.

12. Bei einem Pkw-Motor soll die mittlere Kolbengeschwindigkeit nicht über $v_m = 13$ m/s hinausgehen. Die berechnete Höchstdrehzahl beträgt $n = 4756$ 1/min. Welche Größe wurde für den Hub s eingesetzt?

13. Ein Sechszylindermotor mit einer Verdichtung von 9,5 und einer Bohrung von 81 mm hat einen ausgeliterten Verdichtungsraum $V_c = 49,5$ cm³. Berechnen Sie V_h in cm³, V_H in l und s in mm

14. Eine Schleifscheibe mit einem Durchmesser von 250 mm ist für eine maximale Umfangsgeschwindigkeit $v_u = 25$ m/s ausgelegt. Berechnen Sie die höchstzulässige Drehzahl des Antriebsmotors.

15. Ein Pkw-Motor hat einen Hub $s = 69,8$ mm. Als Gesamtübersetzung im IV. Gang ist 3,67 einzusetzen. Der Schwungscheibendurchmesser beträgt 280 mm, der dynamische Reifenhalbmesser 281 mm. Berechnen Sie
a) die mittlere Kolbengeschwindigkeit in m/s bei einer Teillastdrehzahl von $n = 3466$ 1/min,
b) die Umfangsgeschwindigkeit der Schwungscheibe v_u in m/s,
c) die Fahrgeschwindigkeit in m/s und km/h.

16. Die Schwungscheibe eines Pkw hat einen Durchmesser von 320 mm. An ihr sollen die Markierungen Eö = 26 °v. OT und Es = 68 °n. UT angerissen werden. Bestimmen Sie
a) am Schwungscheibenumfang den Abstand zwischen Eö und Es in mm,
b) die Öffnungszeit des Einlaßventils in s bei einer Drehzahl von $n = 6200$ 1/min.

17. Auf der 620 km langen Fahrt von Köln nach München hat ein Pkw einen mittleren Kraftstoffverbrauch von 11,75 l/100 km. Bestimmen Sie
a) den Kraftstoffverbrauch K in l,
b) die Kraftstoffersparnis in l, wenn der Durchschnittsverbrauch durch energiebewußtes Fahren um 10,5 % gesenkt wird.

18. Ein Pkw fährt auf einer Straße mit 8,5 % Steigung. Das Gewicht beträgt 2130 kg.
a) Wie groß ist der Steigungswiderstand F_s?
b) Wieviel m beträgt der Höhenunterschied bei einer Fahrstrecke von 820 m?

19. Ein Starter nimmt während des Anlaßvorgangs bei einer Spannung von 10,5 V einen Strom von $I = 360$ A auf. Bestimmen Sie
a) die aufgenommene Leistung P_1 in kW.
b) die abgegebene Leistung P_2 in kW, wenn ein Wirkungsgrad von $\eta = 58$ % gegeben ist.

20. Die Bereifung eines Pkw wird von 185/70 R 13 ($r_{dyn} = 291$ mm) auf 195/70 R 14 ($r_{dyn} = 309$ mm) umgerustet. Bestimmen Sie die Geschwindigkeitssteigerung in km/h bei einer Antriebsdrehzahl von $n_A = 830$ 1/min.

21. Ein Sechszylinder-Viertakt-Ottomotor mit einem Hubvolumen von 2,986 l und einer Nenndrehzahl von 5800 1/min hat einen mittleren indizierten Arbeitsdruck von $p_m = 8,9$ bar. Berechnen Sie
a) die indizierte Leistung P_i in kW,
b) die effektive Leistung P_{eff} in kW, wenn der Wirkungsgrad η_{mech} mit 85 % angegeben ist.

22. Ein Fahrzeug wird mit einer Bremsverzögerung von 5,5 m/s² abgebremst und kommt nach einem Bremsweg von 62 m zum Stehen.
a) Berechnen Sie die Fahrgeschwindigkeit v in m/s und km/h.
b) Bestimmen Sie die Bremszeit in s.

23. Ein Generator hat eine Höchstdrehzahl von 8000 1/min, die bei der Vollastdrehzahl des Motors nicht überschritten werden darf. Der Durchmesser der Generatorriemenscheibe beträgt 65 mm. Berechnen Sie den Durchmesser der Kurbelwellenriemenscheibe und die maximale Motordrehzahl, wenn die Übersetzung mit 0,58 angegeben ist.

24. Der Starterkranz auf der Schwungscheibe eines Dieselmotors weist 154 Zähne auf, das im Eingriff stehende Starterritzel 11 Zähne. Wie groß muß die Ankerdrehzahl des Starters sein, wenn zum Anlassen des Motors eine Kurbelwellendrehzahl $n = 115$ 1/min erforderlich ist?

25. Nach einer Reaktionszeit von $t_R = 1,5$ s wird ein Pkw mit einer Geschwindigkeit von 165 km/h bis zum Stillstand abgebremst. Der Bremsweg beträgt 154 m.
a) Berechnen Sie die Bremsverzögerung a in m/s².
b) Wie groß ist der Reaktionsweg s_R?
c) Bestimmen Sie den Anhalteweg s_A.

26. Eine Bremstrommel wird mit einer Schnittgeschwindigkeit von 22 m/min ausgedreht. Die Drehzahl beträgt $n = 30$ 1/min. Bestimmen Sie den Durchmesser der Bremstrommel in mm.

27. Ein 2,5-l-Motor leistet 75 kW bei einer Drehzahl von 4200 1/min. Die Übersetzung im Wechselgetriebe beträgt $i_W = 3,2$. Das Antriebsritzel im Ausgleichgetriebe hat 11 Zähne, das Tellerrad 40 Zähne. Als Gesamttriebwerks-Wirkungsgrad wird $\eta_{Tr} = 0,77$ eingesetzt. Der dynamische Reifenhalbmesser ist mit 310 mm angegeben. Berechnen Sie a) i_A, b) i_{ges}, c) v in km/h, d) M_A an den Antriebsrädern in Nm.

28. Von einem Zweitaktmotor sind folgende Angaben bekannt: $d = 80$ mm, $s = 75$ mm, $z = 3$, $n = 6400$ 1/min, $\eta_{mech} = 0,84$ und $P_i = 73$ kW. Zu berechnen sind

a) der Gesamthubraum V_H in cm³,
b) der mittlere, indizierte Arbeitsdruck p_m in bar,
c) die Nutzleistung P_{eff} in kW,
d) das Drehmoment M in Nm.

29. Zwei Verbraucher mit einer Leistung von je 55 W haben eine 3,2 m lange Zuleitung. Der Querschnitt dieser Kupferleitung entspricht mit 2,5 mm² der Norm. Die Klemmenspannung beträgt 12 V. Berechnen Sie den Leitungswiderstand in Ω mit $\varrho = 0,01785$ Ω mm²/m und den Spannungsabfall in V.

30. Bei einem Testversuch wird ein Pkw aus dem Stand auf die Geschwindigkeit von 100 km/h gebracht. Die Beschleunigung erreicht einen mittleren Wert $a = 2,315$ m/s².
a) In wieviel Sekunden wird die Testgeschwindigkeit erreicht?
b) Bestimmen Sie den Beschleunigungsweg s.

31. Die Tragarme einer Hebebühne haben ein Eigengewicht von 450 kg und werden bis an die Grenze ihrer Tragfähigkeit mit 3 t belastet. Der Kolbendurchmesser des Hubstempels beträgt 265 mm. Welcher hydraulische Druck ist mindestens erforderlich, um die Gesamtlast zu heben?

32. Der Bremsdruck in einer Scheibenbremsanlage erreicht bei Vollbremsung einen Höchstwert von $p = 84$ bar. Dadurch entsteht an einem Kolben des Vorderradzylinders die Spannkraft $F_{S,v} = 10550$ N und an einem Kolben des Hinterradzylinders die Spannkraft $F_{S,h} = 7181$ N. Berechnen Sie von den beiden Radzylindern die Kolbendurchmesser d_v und d_h in mm.

33. Von einem Pkw sind folgende Angaben bekannt: $M = 180$ Nm bei 4800 1/min, $\eta_W = 0,97$, $\eta_A = 0,9$. Bestimmen Sie
a) die Nutzleistung in kW,
b) die Leistung an der Antriebswelle in kW.

34. Eine Ladeleitung aus Kupfer in einer 12-V-Anlage ist 1,8 m lang und wird von einem maximalen Ladestrom $I = 50$ A durchflossen ($\gamma_{Cu} = 56$ m/Ω mm²). Welcher Normquerschnitt ist erforderlich, wenn ein höchster zulässiger Spannungsverlust von 2,5% der Nennspannung nicht überschritten werden darf?

35. Ein Spiralbohrer mit 12 mm Durchmesser bohrt mit einer Schnittgeschwindigkeit $v = 36$ m/min. Berechnen Sie die erforderliche Drehzahl in 1/min.

36. Berechnen Sie die Antriebskraft F_A in N an den Antriebsrädern eines Pkw mit folgenden Angaben: $r_{dyn} = 283$ mm, $M_1 = 117$ Nm, $i_{l,W} = 3,54$, $i_A = 3,92$, $\eta_{Tr} = 0,83$.

37. Berechnen Sie für einen Pkw die Durchschnittsgeschwindigkeit und den mittleren Kraftstoffverbrauch in l/100 km mit folgenden Angaben: $s = 160$ km, $t = 1$ h 45 min, Kraftstoffverbrauch $K = 17,6$ l.

38. Die Beläge einer Scheibenkupplung haben einen Haftreibbeiwert $\mu_H = 0{,}15$. Die Kupplungsdruckfedern üben eine Anpreßkraft von $F = 6800\,N$ aus. Der mittlere Radius der Kupplungsscheibe beträgt $r_m = 85\,mm$.
a) Wie groß ist die Reibungskraft F_R in N?
b) Berechnen Sie das übertragbare Drehmoment M_K in Nm.

39. Die Geschwindigkeit eines Pkw beträgt nach Tachoanzeige 115 km/h. Die Anzeige liegt um 7,5 % niedriger als die tatsächliche Geschwindigkeit. Vom Fahrzeug sind noch folgende Angaben bekannt· $i_{III.\,W} = 1{,}402$, $i_A = 3{,}45$, Reifengröße 205/70 VR 14 mit $r_{dyn} = 317\,mm$. Berechnen Sie
a) die tatsächliche Geschwindigkeit in km h,
b) die Drehzahl der Antriebsräder in 1/min,
c) die Kurbelwellendrehzahl in 1/min,

40 Im Teillastbereich beträgt die Drehzahl eines Motors 3800 1/min. Die Kardanwellendrehzahl ist mit $n_K = 2280$ 1/min angegeben Das Kegelrad im Ausgleichgetriebe hat 9 Zähne, das Tellerrad 39 Zähne. Berechnen Sie
a) die Übersetzung im Wechselgetriebe i_W,
b) die Übersetzung im Ausgleichgetriebe i_A,
c) die Gesamtübersetzung i_{ges},
d) die Drehzahl der Antriebswellen n_A

41. Ein Fahrzeug wird in 7,5 s aus einer Geschwindigkeit von 92 km/h bis zum Stillstand abgebremst.
a) Geben Sie die Geschwindigkeit vor dem Abbremsen in m/s an.
b) Wie groß ist die Bremsverzögerung a in m/s²?
c) Bestimmen Sie den Bremsweg s in m
d) Berechnen Sie die Reaktionszeit t_R in s, wenn als Anhalteweg 136,74 m ermittelt wurden.

42. Berechnen Sie die fehlenden Daten.

43. Der Sockel einer Halogen H4-Glühlampe trägt die Aufschrift 12 V 55 W. Berechnen Sie
a) die Stromaufnahme in A,
b) den Widerstand des Glühfadens in Ω.

44. Bestimmen Sie den Bohrungsdurchmesser eines Fünfzylindermotors mit einem Gesamthubvolumen $V_H = 2143{,}3\,cm^3$ und einem Hub $s = 86{,}4\,mm$.

45. Der Schließwinkel bei einem Vierzylinder-Viertaktmotor beträgt $\alpha = 56\,\%$. Bestimmen Sie
a) den Zündwinkel in Grad und in %,
b) den Schließwinkel in Grad,
c) den Öffnungswinkel in % und in Grad,
d) die Schließzeit t in s bei der Teillastdrehzahl von 2800 1/min und bei der Vollastdrehzahl von 6000 1/min,
e) den Funkenbedarf f bei den angegebenen Drehzahlen.

46. Auf der Autobahn muß ein Pkw plötzlich bei einer Geschwindigkeit von 142 km/h abgebremst werden. Die Reaktionszeit beträgt 0,9 s. Nach weiteren 7 s kommt das Fahrzeug zum Stehen. Zu berechnen sind
a) die Bremsverzögerung a in m/s²,
b) der Bremsweg s_B in m,
c) der Anhalteweg s_A in m.

47. Bei einem 2,5-l-Motor öffnet das Einlaßventil 40 ˙ v. OT und schließt 94 ˙ n. UT. Bestimmen Sie
a) den Öffnungswinkel des Einlaßventils in ,
b) das Bogenmaß in mm zwischen Eo und Es bei einem Schwungscheibendurchmesser von 280 mm
c) die Ventilöffnungszeiten
bei der Leerlaufdrehzahl von 850 1/min,
bei der Teillastdrehzahl von 3200 1/min,
bei der Vollastdrehzahl von 5000 1/min.

	a)	b)	c)	d)	e)	f)	g)
Arbeitsweise (Motor)	4 T.	4 T.	2 T.	4 T.	4 T.	4 T.	2 T.
Gesamthubvolumen V_H	653 cm³	1588 cm³	? cm³	? cm³	? cm³	? cm³	? cm³
Zylinderzahl z	?	4	3	?	4	6	2
Bohrung d	63,0 mm	76,5 mm	? mm	? mm	? mm	? mm	54 mm
Hub s	52,4 mm	? mm	? mm	? mm	84,4 mm	? mm	54 mm
Hubvolumen V_h	? cm³	? cm³	246 cm³	499,5 cm³	? cm³	? cm³	? cm³
Verdichtungsvolumen V_c	19,91 cm³	? cm³	43,16 cm³	? cm³	59,76 cm³	51,925 cm³	? cm³
Verdichtungsverhältnis ε	?	23,5	?	22,0	9,3	9,0	6,7
Indizierte Leistung P_i	? kW	? kW	53,03 kW	47,51 kW	102,22 kW	131,82 kW	? kW
Nenndrehzahl n in 1/min	9400	?	6500	4200	?	5600	?
Mittlerer, indizierter Arbeitsdruck p_m	11,29 bar	7,32 bar	? bar	6,794 bar	10,66 bar	? bar	6,39 bar
Mittlere Kolbengeschwindigkeit v_m	? m/s	13,824 m/s	13,87 m/s	11,9 m/s	? m/s	12,75 m/s	14,4 m/s

48. Auf einer Urlaubsreise legt ein Pkw-Fahrer in 4 h 48 min eine Strecke von 504 km zuruck. Auf der Heimreise fährt er die gleiche Strecke mit einer Durchschnittsgeschwindigkeit von 84 km/h. Berechnen Sie
a) die Durchschnittsgeschwindigkeit auf der Hinfahrt,
b) die Fahrzeit für die Rückfahrt in h,
c) den Kraftstoffverbrauch in l mit folgenden Angaben: Hinfahrt 11,4 l/100 km und Rückfahrt 10,8 l/100 km.

50. Ein Olfaß mit $d = 480$ mm enthält einen Rest von 45 l $\cong$ 30 % der vollen Fullung.
a) Wieviel l enthält das volle Faß?
b) Bestimmen Sie das Gewicht der Olmenge in kg bei 100 % Füllung ($\varrho = 0{,}91$ kg/dm³).
c) Berechnen Sie die Höhe der Olmenge in mm bei 30 % Füllung.

51. Um wieviel % steigt der Stromverbrauch, wenn ein älteres Fahrzeug von asymmetrischen Scheinwerfern mit 12 V 45 W-Biluxlampen auf 12 V 55 W-H 4-Leuchten umgerustet wird?

49. Bestimmen Sie die fehlenden Größen in den angegebenen Einheiten. Die Ergebnisse sind so zu runden, wie es allgemein im Bereich der Kfz-Technik üblich ist. (Hinweis: Benutzen Sie bei Verwendung eines elektronischen Rechners die π-Taste.)

	a)	b)	c)	d)	e)
Zylinderbohrung d	? mm	79,5 mm	? mm	89,0 mm	? mm
Hub s	? mm	77,4 mm	82,0 mm	? mm	? mm
Zylinderquerschnitt A	49,64 cm²	? cm²	? cm²	62,21 cm²	70,88 cm²
Hubverhältnis s/d	?	?	0,9318	0,9017	?
Hubvolumen V_h	384,2 cm³	? cm³	? cm³	? cm³	494,75 cm³
Zylinderzahl z	5	?	4	?	4
Gesamthubvolumen V_H	? cm³	1921 cm³	? cm³	1997 cm³	? cm³
Verdichtungsvolumen V_c	? cm³	42,69 cm³	? cm³	? cm³	58,9 cm³
Verdichtungsverhältnis ε	10,0	?	9,2	9,0	?
Nenndrehzahl n	? 1/min	5400 1/min	? 1/min	5200 1/min	5400 1/min
Mittlere Kolbengeschwindigkeit v_m (bei Nenndrehzahl)	15,22 m/s	? m/s	15,033 m/s	? m/s	? m/s
Mittlerer, indizierter Arbeitsdruck p_m	? bar	10,57 bar	? bar	10,87 bar	? bar
Indizierte Leistung P_i	104,9 kW	? kW	92,9 kW	? kW	94,2 kW
Mechanischer Wirkungsgrad η	?	?	?	0,85	0,86
Nutzleistung P_{eff}	85 kW	? kW	78 kW	? kW	? kW
Motordrehmoment M_{max}	? Nm	145 Nm	165 Nm	? Nm	162 Nm
bei Drehzahl n	3700 1/min	? 1/min	3000 1/min	3000 1/min	? 1/min
Leistung $P_{eff,1}$ beim größten Motordrehmoment M_{max}	59,67 kW	57,7 kW	? kW	53,4 kW	50,89 kW
Hubraumleistung P_H	? kW/l	38,52 kW/l	? kW/l	? kW/l	? kW/l
Übersetzungen i: IV. Gang				1,000	1,000
V. Gang	0,537	0,537	0,600		
Achsantrieb i_A	4,900	?	4,540	3,690	3,670
Reifenbezeichnung (s. S. 85)	185/70 HR 13	165 SR 14	?	?	175 HR 14
dynamischer Reifenhalbmesser r_{dyn} (s. S. 85)	? mm	? mm	316 mm	? mm	? mm
Abrollumfang U_{Rad} (s. S. 85)	1825 mm	1895 mm	? mm	? mm	? mm
Höchstgeschwindigkeit v_{max}	186,5 km/h	? km/h	? km/h	169,8 km/h	181,8 km/h
Motordrehzahl n_M (bei v_{max})	? 1/min	? 1/min	4158 1/min	? 1/min	? 1/min
Drehzahl der Antriebsräder n_A (bei v_{max})	? 1/min	1519 1/min	? 1/min	1463 1/min	? 1/min

52. Von einem Sechszylindermotor sind der Hub mit 72,8 mm und der Zylinderdurchmesser mit 82 mm angegeben. Die Verdichtung betragt 8,7. Berechnen Sie
a) das Hubvolumen V_h in cm³,
b) das Gesamthubvolumen V_H in l,
c) das Verdichtungsvolumen V_c in cm³.

53. Bestimmen Sie die Höchstdrehzahl eines Motors, wenn die mittlere Kolbengeschwindigkeit 13 m/s nicht uberschreiten darf. Der Kurbelkreis hat einen Durchmesser von 78 mm.

55. Mit den Angaben fur einen Mittelklasse-Pkw $d=80$ mm, $s=84$ mm, $z=4$, $V_c=40$ cm³, $n=5800$ 1/min, $\eta=0,85$, $p_m=10,9$ bar, Riemenscheibendurchmesser 182 mm, $Zz=8°$ v. OT sind zu berechnen
a) Hubvolumen V_h und Motorhubvolumen V_H,
b) das Verdichtungsverhältnis,
c) die effektive Leistung in kW,
d) das Drehmoment in Nm,
e) Zz als Bogenmaß in mm,
f) die mittlere Kolbengeschwindigkeit in m/s.

54. Bestimmen Sie die fehlenden Großen in den angegebenen Einheiten. Die Antworten sind auf den ublichen Genauigkeitsgrad zu runden. Benutzen Sie bei Verwendung eines elektronischen Rechners die π-Taste.

	a)	b)	c)	d)	e)
Zylinderbohrung d	? mm	? mm	90 mm	? mm	? mm
Hub s	89 mm	? mm	? mm	? mm	? mm
Zylinderquerschnitt A	? cm²	49,64 cm²	? cm²	? cm²	60,82 cm²
Hubverhältnis s/d	1,0113	?	?	0,802	?
Hubvolumen V_h	? cm³	428,89 cm³	382,36 cm³	? cm³	? cm³
Zylinderzahl z	4	?	6	6	?
Gesamthubvolumen V_H	? cm³	2144 cm³	? cm³	? cm³	1995 cm³
Verdichtungsvolumen V_c	65,98 cm³	? cm³	? cm³	50,61 cm³	60,82 cm³
Verdichtungsverhältnis ε	?	8,3	9,0	?	9,2
Nenndrehzahl n	5500 1/min	? 1/min	5300 1/min	5200 1/min	? 1/min
Mittlere Kolbengeschwindigkeit v_m (bei Nenndrehzahl)	? m/s	15,84 m/s	? m/s	12,1 m/s	? m/s
Mittlerer, indizierter Arbeitsdruck p_m	10,08 bar	? bar	10,46 bar	? bar	10,78 bar
Indizierte Leistung P_i	? kW	105 kW	? kW	106 kW	? kW
Mechanischer Wirkungsgrad η	? %	?	?	?	86,9 %
Nutzleistung P_{eff}	85 kW	? kW	? kW	? kW	81 kW
Motordrehmoment M	180 Nm	? Nm	176 Nm	179 Nm	? Nm
bei Drehzahl n	? 1/min	4000 1/min	3000 1/min	? 1/min	4000 1/min
Leistung $P_{eff,1}$ beim größten Motordrehmoment M	56,545 kW	69,53 kW	? kW	74,97 kW	69,95 kW
Hubraumleistung P_H	? kW/l	39,65 kW/l	36,62 kW/l	34,14 kW/l	? kW/l
Übersetzungen i: IV. Gang			1,000	1,000	
V. Gang	0,821	0,684			?
Achsantrieb i_A	4,111	3,889	?	3,7	4,111
Reifenbezeichnung (s. S. 85)	165 SR 14	?	185 SR 14	175 HR 14	?
dynamischer Reifenhalbmesser r_{dyn} (s. S. 85)	? mm	? mm	? mm	308 mm	? mm
Abrollumfang U_{Rad} (s S. 85)	1895 mm	1895 mm	? mm	? mm	1935 mm
Höchstgeschwindigkeit v_{max}	176,5 km/h	? km/h	? km/h	176,5 km/h	? km/h
Motordrehzahl n_M bei v_{max}	? 1/min	4148 1/min	5315 1/min	? 1/min	5105 1/min
Drehzahl der Antriebsräder n_A bei v_{max}	? 1/min	? 1/min	1460 1/min	? 1/min	1513 1/min

56. Ein Klein-Omnibus mit 28 Sitzen ist mit einem Sechszylindermotor ausgerüstet. Der Motor wird als luftgekühlter Viertakt-Diesel-Reihenmotor mit Direkteinspritzung und Aufladung näher beschrieben. Ermitteln Sie die gesuchten Motor- und Fahrzeugdaten a) bis z). Stellen Sie bei jeder Aufgabe einen vollständigen Lösungsgang auf und rechnen Sie in den üblichen Einheiten.

Gegeben:

Verdichtung 15,5
Hubverhältnis 1,2255
Mittlere Kolbengeschwindigkeit 10,42 m/s
Maximale Fahrgeschwindigkeit 112,4 km/h
Bereifung 9,5 R 17,5 L PR 14 mit einem
Abrollumfang von 2565 mm
Maximale Nutzleistung 107 kW bei 2500 1/min
Drehzahl 1700 1/min (bei M_{max})
Nutzleistung 82,24 kW (bei M_{max})
Mechanischer Wirkungsgrad 82,9 %
Übersetzungen
   Getriebe: 7,63–4,44–2,64–1,79–1,29–1,027
         R-Gang 6,85
   Achsantrieb: 3,33
   Lenkung· 17,88 (i_{ges})
Leergewicht 6500 kg
Zulässiges Gesamtgewicht aufgeteilt in zulässige Achslasten (im Reiseverkehr): vorn $m_v = 3200$ kg, hinten $m_h = 6000$ kg
Kraftstoff-Durchschnittsverbrauch 19,1 l/100 km
Stündlicher Kraftstoffverbrauch auf dem Prüfstand 23,433 kg/h
Kraftstofftankvolumen 150 l
Elektrische Angaben.
zwei in Reihe geschaltete 12-V-Batterien mit einer Gesamt-Nennkapazität von 88 Ah (Entladekapazität)
Amperestundenwirkungsgrad 0,846
Lichtmaschine 28 V/55 A

Gesucht:

a) Nenndrehzahl bei v_{max}
b) Drehzahl der Antriebsräder im VI Gang bei Nenndrehzahl
c) Dynamischer Reifenhalbmesser
d) Hub
e) Zylinderbohrung
f) Zylinderquerschnitt (in cm²)
g) Hubvolumen eines Zylinders (in cm³)
h) Gesamthubvolumen (in cm³ und l)
i) Verdichtungsvolumen (in cm³)
j) Motordrehmoment
k) Leistungsgewicht des Fahrzeugs
l) Indizierte Leistung
m) Mittlerer indizierter Arbeitsdruck
n) Hubraumleistung
o) Gesamtübersetzungen für alle Gänge
p) Fahrgeschwindigkeiten in allen Gängen (bei Nenndrehzahl)
q) Gesamtschwenkwinkel δ, Lenkraddrehwinkel α, Anzahl der Lenkradumdrehungen beim größten Einschlag der Vorderräder. Innenrad 45°, Außenrad 33°
r) Gewichtsleistung
s) Spezifischer Kraftstoffverbrauch
t) Fahrbereich s_F in km
u) Aufladekapazität der Batterie K_1
v) Theoretische Entladezeit t_2 bei einem Entladestrom von $I_2 = 2,5$ A
w) Gesamtspannung U_k
x) Kapazitätsverlust K_v
y) Abgabestrom I bei 450 W Verbraucherleistung
z) Nennleistung des Generators

57. Berechnen Sie die fehlenden Daten.

	a)	b)	c)	d)	e)	f)	g)	h)
Beschleunigung bzw. Verzögerung	? m/s²	4,8 m/s²	? m/s²	? m/s²	? m/s²	1,2 m/s²	6,82 m/s²	6,4 m/s²
Geschwindigkeit	22,5 m/s	129,6 km/h		? km/h				? km/h
Zeit	7,5 s	? s	? s	4 s	5 s	25 s	? s	? s
Weg	? m	? m	781,25 m	48 m	69,45 m	? m	? m	80 m
Anfangsgeschwindigkeit			90 km/h		0 km/h	? km/h	126 km/h	
Endgeschwindigkeit	0 km/h	0 km/h	135 km/h	0 km/h	? km/h	162 km/h	72 km/h	0 km/h

58. Ermitteln Sie die fehlenden Angaben.

	Angaben zum größten Drehmoment			Übersetzungen		Wirkungs-grad η_{Tr}	Angaben zum Antrieb (III. G.)		
	M_{max}	P_{eff}	n	$i_{III,W}$	i_A		M_A	n_A	P_A
a)	57 Nm	42,97 kW	? 1/min	$i_{III,ges} = 8,06$		0,9	? Nm	893 1/min	? kW
b)	102 Nm	? kW	2000 1/min	1,29	3,89	?	481,1 Nm	? 1/min	20,08 kW
c)	? Nm	43,48 kW	5500 1/min	$i_{III,ges} = ?$		0,91	412,6 Nm	916 1/min	? kW
d)	115 Nm	? kW	? 1/min	?	3,67	0,94	531,6 Nm	488 1/min	27,17 kW
e)	165 Nm	60,47 kW	3500 1/min	1,458	3,889	?	? Nm	? 1/min	57,45 kW
f)	? Nm	89,21 kW	4000 1/min	1,345	?	0,96	1127,6 Nm	725 1/min	? kW
g)	24,5 Nm	24,5 kW	? 1/min	$i_{III,ges} = 10,676$		?	? Nm	703 1/min	17,12 kW

59. Von einem Pkw mit einem Sechszylinder-Viertakt-Reihenmotor, ausgerustet mit L-Jetronic, sind einige Angaben bekannt und als vorgegebene Daten aufgefuhrt. Berechnen Sie zu a) bis z) die gesuchten Werte in den entsprechenden Einheiten.

Vorgegebene Daten
Bohrung 86 mm
Mittlere Kolbengeschwindigkeit 15,467 m/s
bei einer Nenndrehzahl von 5800 1/min
Verdichtungsvolumen 55,96 cm³
Indizierte Leistung 156,98 kW
Mechanischer Wirkungsgrad 0,86
Nutzleistung 105,55 kW (bei M_{max})
Drehzahl 4200 1/min (bei M_{max})
Bereifung 195/70 VR 14
Hochstgeschwindigkeit 214,2 km/h
Drehzahl 5162 1/min (bei v_{max})
Ubersetzungen im Wechselgetriebe 3,822–2,202–
–1,398–1,000–0,813
Fahrgeschwindigkeit im Ruckwartsgang 25,5 km/h
bei einer Motordrehzahl von 2800 1/min
Testfahrten zur Kraftstoffverbrauchsmessung nach DIN 70030
1 Testfahrt 12 min, 18 km, Kraftstoffverbrauch 1242 cm³
2 Testfahrt 11 min, Kraftstoffverbrauch 1892 cm³, Kraftstoff-Normverbrauch 8,6 l/100 km
3 Testfahrt 20 km, Kraftstoff-Normverbrauch 14,9 l/100 km, Durchschnittsgeschwindigkeit von 43,2 km/h (Stadtzyklus)
Kraftstofftank 70 l
Leergewicht 1350 kg, Zuladung 480 kg
Vorderachsbelastung 58 %
Radstand 2625 mm
Beschleunigung:
    von 40 auf 100 km/h in der Zeit von 16,9 s
    von 0 auf 100 km/h mit $a = 3,429$ m/s²
1 km (mit stehendem Start) in 29,3 s
Drehstromgenerator 14 V/65 A

Gesucht
a) Zylinderquerschnittsflache in cm²
b) Hub in mm
c) Hubverhaltnis
d) Hubvolumen fur 1 Zylinder
e) Gesamthubvolumen in cm³ und l
f) Verdichtungsverhaltnis
g) Mittlerer indizierter Arbeitsdruck in bar
h) Effektive Hochstleistung in kW
i) Hubraumleistung in kW/l
j) Fahrzeugleistungsgewicht in kg/kW
k) Maximales Motordrehmoment in Nm
l) Achsantriebsubersetzung
m) Drehzahl der Antriebsrader bei der Hochstgeschwindigkeit in 1/min
n) Theoretische Fahrgeschwindigkeiten in allen Gangen (ohne R-Gang) bei einer Motordrehzahl von 5162 1/min
o) Getriebeubersetzung i_R
p) Kraftstoffverbrauchsmessungen: 1 Testfahrt Geschwindigkeit in km/h, Kraftstoff-Normverbrauch in l/100 km
2 Testfahrt Fahrstrecke in km, Fahrgeschwindigkeit in km/h
3 Testfahrt (Stadtzyklus) Kraftstoffverbrauch in cm³, Fahrzeit in min und s
q) Fahrbereich in km bei einem Kraftstoff-Durchschnittsverbrauch von 13,5 l/100 km
r) Zulassiges Gesamtgewicht in kg und Gesamtgewichtskraft in N
s) Vorder- und Hinterachslast in kg
t) Schwerpunktabstand von der Vorderachse in mm
u) Beschleunigung in m/s² bei Geschwindigkeitsanderung von 40 auf 100 km/h und zuruckgelegter Weg in m
v) Anfangsgeschwindigkeit in km/h und zuruckgelegter Weg in m mit folgenden Angaben: Endgeschwindigkeit 120 km/h, Beschleunigungszeit 25,1 s, Beschleunigung 0,664 m/s²
w) Beschleunigungszeit in s bei Geschwindigkeitserhohung von 0 auf 100 km/h
x) Theoretische Endgeschwindigkeit in m/s und km/h nach 1 km (mit stehendem Start) und Beschleunigung in m/s²
y) Nennleistung des Generators P_2
z) Leistungsaufnahme des Generators P_1 mit einem Wirkungsgrad von 83,2 %